高等学校计算机专业教材精选·计算机基础

计算机科学导论教程
（第3版）

黄思曾　编著

清华大学出版社

北京

内 容 简 介

和同类的教材相比,本书的特点在于以"一个核心、三条纲领"来组织教学内容。计算机的核心功能是数据处理,计算机科学要提供数据表示和数据加工表示的理论、方法、技术,并最终在计算机系统上实现。

全书共分7章,内容包括认识计算机和计算机科学、计算机系统组成、计算机软件系统、计算机通信与网络、数据表示方法、数据加工表示方法、计算学科的知识领域。

按照本书的体系,初学者容易理解在后续课程中展开的专业概念,并关注专业课程之间的内在关联。

本书既适合作为高等学校的教材,也适合有兴趣了解计算机科学概貌的读者阅读。

图书在版编目(CIP)数据

计算机科学导论教程/黄思曾编著. —3版. —北京:清华大学出版社,2017(2024.8 重印)
(高等学校计算机专业教材精选·计算机基础)
ISBN 978-7-302-47684-9

Ⅰ. ①计… Ⅱ. ①黄… Ⅲ. ①计算机科学—教材 Ⅳ. ①TP3

中国版本图书馆 CIP 数据核字(2017)第 155284 号

责任编辑:焦 虹
封面设计:傅瑞学
责任校对:梁 毅
责任印制:沈 露

出版发行:清华大学出版社
　　　　　网　　　址:https://www.tup.com.cn,https://www.wqxuetang.com
　　　　　地　　　址:北京清华大学学研大厦 A 座　　　　　　　邮　　编:100084
　　　　　社 总 机:010-83470000　　　　　　　　　　　　　　邮　　购:010-62786544
　　　　　投稿与读者服务:010-62776969,c-service@tup.tsinghua.edu.cn
　　　　　质量反馈:010-62772015,zhiliang@tup.tsinghua.edu.cn
　　　　　课件下载:https://www.tup.com.cn,010-83470236
印 装 者:三河市龙大印装有限公司
经　　　销:全国新华书店
开　　　本:185mm×260mm　　　印　　张:16.75　　　字　　数:412 千字
版　　　次:2007 年 8 月第 1 版　　2017 年 9 月第 3 版　　印　　次:2024 年 8 月第 8 次印刷
定　　　价:49.00 元

产品编号:073608-03

出 版 说 明

我国高等学校计算机教育近年来发展迅猛,应用所学计算机知识解决实际问题,已经成为当代大学生的必备能力。

时代的进步与社会的发展对高等学校计算机教育的质量提出了更高、更新的要求。现在,很多高等学校都在积极探索符合自身特点的教学模式,涌现出一大批非常优秀的精品课程。

为了适应社会需求,满足计算机教育的发展需要,清华大学出版社在大量调查研究的基础上,组织编写了本套教材。本套教材从全国各高校的优秀计算机教材中精挑细选了一批很有代表性且特色鲜明的计算机精品教材,把作者对各自所授计算机课程的独特理解和先进经验推荐给全国师生。

本套教材特点如下。

(1) 编写目的明确。本套教材主要面向普通高校的计算机专业学生,使学生通过本套教材,学习计算机科学与技术方面的基本理论和基本知识,接受应用计算机解决实际问题的基本训练。

(2) 注重编写理念。本套教材的作者均为各校相应课程的主讲教师,有一定的经验积累,且编写思路清晰,有独特的教学思路和指导思想,其教学经验具有推广价值。本套教材中不乏各类精品课程的配套教材,并力图把不同学校的教学特点反映到每本教材中。

(3) 理论知识与实践相结合。本套教材贯彻从实践中来到实践中去的原则,书中许多必须掌握的理论都将结合实例讲述,同时注重培养学生分析、解决问题的能力。

(4) 易教易用,合理适当。本套教材编写时注意结合教学实际的课时数,把握教材的篇幅。同时,对一些知识点按照教育部教学指导委员会的最新精神进行合理取舍与难易控制。

(5) 注重教材的立体化配套。大多数教材都将配套教学课件、习题及其解答、实验指导、教学网站等辅助教学资源,方便教学。

随着本套教材的陆续出版,我们相信能够得到广大读者的认可和支持,为我国计算机教材建设和计算机教学水平的提高,以及计算机教育事业的发展作出应有的贡献。

清华大学出版社

第3版前言

众所周知,计算机技术和应用的发展日新月异,引起人类社会变革的广度和深度是空前的,可能也是绝后的。但是,不是所有人都了解到,计算机系统的核心基础原理几十年来并没有发生根本的变化。所以,当这本以大学一年级学生为对象的专业入门教材再版时,全书框架和主要内容并没有改变,只是对介绍计算机技术和应用的段落做了与时俱进的增补。计算机的安全保障措施日益重要,因此增加了7.3节。

根据作者的教学经验,这本教材对不同程度的学生班级都适合。学生的领悟能力越强,教师可以讲得越具体;反之可以讲得粗略一些,但课程体系仍应该保持完整。不必期待学生对教材里出现的,或者老师讲授到的每个专业概念都完全理解,毕竟这是以后几十门专业课的任务。"计算机科学导论"的授课目的在于使学生大致了解今后四年要学习的专业内容。更重要的是,希望学生能够把握各门专业课程之间的内在联系。这一点不会在哪一门后续的专业课程里再刻意阐述了。

黄思曾

2017 年 7 月于康乐园

第2版前言

第1版出版后,不时会有教师给我发邮件,觉得这本书很适合用做本科生的教材,向我要教学大纲、教学进度表、考核大纲和电子课件以作参考,我很乐意和同行们互相交流。这本书从来就不以"计算机科学导论"作为目标。它不过是笔者从许多年讲授"计算机科学导论"课程的过程中提炼出来的一本讲义而已。这是在书名中刻意加上"教程"二字的原因。

本课程面对一年级新生,通常只安排四五十学时。对任教师来说,挑战在于选材、组织和演绎。讲得太"写意"或者太"工笔"都不行,太专业或者太不专业也不行。

在笔者的教学生涯中,计算机科学导论教材经历了几次变化。最早一批着眼于计算机入门操作和应用,类似今天仍然常见的以"应用基础"或"文化基础"来冠名的那些书;后来的一批有点全面介绍学科内涵的味道了,多以浓缩手法把有关领域内容写成一章一节;再往后,国内外开始出现以叙述纲领统率内容的著述,如以"算法"作为纲领贯穿教材,比如笔者用"数据表示、数据加工表示、计算机系统"三条线索来展开内容。

近年来,这个题材的新作继续出现,董荣胜的《计算机科学导论——思想与方法》一书站在"学科思想、方法这个较高的层面"来介绍学科,以此给学生提供对学科的认知基础,著述自成一格。这本书值得有关专业高年级本科生或者低年级研究生,甚至"计算机科学导论"课程的任教师一读。

从院校总体上看,一年级大学生的逻辑思维能力和对计算机的了解程度会参差不齐。不论教师选择什么样的叙述角度和层次,都受制于面对的"菜鸟"们的"平均"接受能力,并非能够天马行空的。教师传道、授业、解惑之际,一定要顾及受众的感受,否则教师自我感觉讲得"天花乱坠",而学生的反应却是"不知所云"。

这次修订增写了1.4节和第7章。希望学生在导论性课程中对学科能够有更加全面的认知。大部分增加的内容可作为学生的阅读材料,但是建议把7.2节列入教学计划。关于社会和职业的问题只由教师讲授,效果恐怕不会太好,应该设计更加生动的教学环节。

黄思曾

2010 年 8 月于康乐园

第1版前言

"计算机科学导论"是大多数高等院校计算机科学与技术类专业学生必修的专业课程。课程讲授和计算机系统、计算机科学有关的基本概念,使学生对本专业的核心知识有全面的、概要的认识。

本课程一种典型的教学安排是每周课堂讲授 3 学时,14 周共 42 学时。在较短时间内要完成覆盖面很广、内容极为丰富的专业知识教学,又要使一年级学生能够大致理解,关键在于:

- 要建立一个课程讲授的结构体系;
- 要把握好内容广度和深度的关系;
- 要采用深入浅出的叙述风格。

笔者在中山大学计算机科学系任教多年,20 世纪 80 年代负责开设本课程之后,一直是本课程的主讲教师。多年的教学实践中,笔者设计以"一个本质核心,三条内容纲领"来组织本门课程,使学生能够在短短的十几周里对计算机系统和计算机科学有入门性的、较全面的认识。

"一个本质核心"是指计算机的"数据处理"功能。

计算机是一种数据处理机器,计算机科学是使计算机完成各行各业、形形色色数据处理任务所需要的理论、方法和技术的知识集合。

"三条内容纲领"是:

(1) 数据的分层表示方法学,其表示层次:

- 现实世界的数据对象;
- 数据结构和信息结构层;
- 程序设计语言层;
- 机器层;
- 物理层。

(2) 数据加工的分层表示方法学,其表示层次:

- 数据处理问题;
- 解题模型;
- 算法层;
- 程序设计层;
- 机器程序层;
- 物理层。

(3) 计算机系统的构成(数据和数据加工表示方法的最终载体):

- 硬件系统;
- 软件系统;
- 网络系统。

本教材按照上述纲领展开，包含了后续各门计算机类专业课程的主要概念，从而使学生对计算机科学的内容及其内在的关联有全面、清晰、概要的认识。

　　教学实践表明，本课程的学习能够激发学生提出思考和问题。课程结束后，学生的疑问通常会比课程开始前还要多。这是好事，说明本课程为学生后续的专业学习奠定了良好的基础，真正起到了"导论"应有的作用。

　　历届学生都表示，通过本课程的学习他们清晰地了解到今后几年里要学什么，毕业之后会干什么，心里开始踏实了。说明本课程还应该担负起学生专业教育的作用。

　　由于计算机技术发展十分迅速，加上作者水平所限，书中难免有错误和不足之处，期望读者在使用过程中给予指正。

黄思曾

2007 年 5 月于康乐园

目　　录

第1章　认识计算机和计算机科学

计算机问世仅仅七十多年,已经给人类社会带来了翻天覆地的变化。如果说,蒸汽机和电的发明带来工业革命,极大地影响了人类的生活方式,那么计算机引起了人类社会新的一轮革命——"信息革命"。以计算机为核心的信息处理系统以空前的广度和深度渗透到社会的每一个领域。今天,生产制造业、商业、银行金融业、交通运输业、通信业、科研、教育、医疗卫生……乃至娱乐休闲都离不开计算机。众多国计民生不可或缺的事务对计算机的依赖,已达到一旦计算机系统发生故障,业务就被迫停顿的地步。

有人总结,人类社会从古至今历经了农业文明、工业文明和信息文明这三个发展阶段。计算机就是信息文明的标志物。

计算机在当代社会"无所不在、无所不能"的印象使外行人对计算机产生了一种神秘感,科幻小说、科幻电影里的机器人和虚拟世界更容易使普通人想入非非。其实计算机的功能是单一的,从本质的角度来看,计算机只能做一件事,就是**数据处理**,也可以称为**信息处理**。计算机只是一种数据处理机器。当然,和历史上出现过的其他数据处理机器相比,计算机的功能要全面得多、强大得多。

因此,对计算机和计算机科学的认识要从什么是数据、什么是数据处理以及什么是数据处理机开始。

1.1　计算机是数据处理机

1.1.1　数据

平时遇到**数据**(data)这个词的时候,很容易联想到"数",如实验数据、财务数据和经济数据等。计算机科学赋予"数据"这个术语更加本质的含义。在应用中,计算机要面对客观世界形形色色的事物,一个人、一台设备、一份合同、一部动画、一门课程……不管你看得见看不见,它们都是客观存在的东西。计算机科学用"数据"这个概念来表示客观事物。

1. 数据的定义

数据是客观事物属性的记录表示。

计算机科学用一种简单而且有效的方法来表示客观事物,就是把事物等同于由事物的一组**特征**所组成的集合。例如:

〔学号,姓名,系,专业,年级,年龄,性别,血型,口音,脸形,…〕

这样一组学生的特征来表示"学生"这种客观事物。用

〔课程代码,课程名,学分,规定学时,先导课程,…〕

来表示"课程"这种客观事物。

一般来说,一种事物几乎会有无数个各种各样的特征,它们表示了事物各个不同方面的性质。由业务处理需要出发,从事物众多特征中选取出有限个**数据属性**(attribute),把这组

数据属性的集合称为**数据实体**(entity)。这样,抽象的数据实体概念就可以用来表示具体的事物了,即

事物〔特征〕⇒(数据)实体〔(数据)属性〕

这种抽象过程不是简单地替换了术语名称,而是体现了专业人员对客观事物进行分析、分类、拆分、重组和选取等一系列的思维动作,这样才能用数据的概念来表示客观世界事物。

2. 数据的名和值

要从**数据名**(name)和**数据值**(occurrence)两个不同的角度来认识数据概念。

我们总是选择有恰当语义的名称来描述数据实体和数据属性。例如:

学生〔学号,姓名,系,专业,年级〕

可见,数据名刻画的是一类事物的特征构成。

一组数据值:

(09001,张三,计算机系,软件开发,一年级)

表示了特定的一个学生。可见,数据值刻画的是一类事物中的个体。通常,一个数据名会和一组数据值相对应。比如学生的名字可以是张三、李四、王五等。

同一类数据值的集合叫做**数据集**(data set)。

3. 数据的形式

既然数据是事物属性的记录表示,就必须有一定的表示形式(forms)。常见的几种数据形式是**数**、**文字**(字符/汉字的串)、**图像**、**图形**、**视频**(活动的图像)和**音频**(声音)。

18 这个数,表示了某个学生"年龄"的数据值;"张三""Mary"这些字符串,表示了"姓名"的数据值;一张照片是一幅图像,表示了某人的外貌特征,当然是数据的一种表示形式。图形和声音也如此。

现代计算机可以用数、文字、图像和声音等各种数据表示形式来输入、输出、存储、加工各种数据。大家已习惯用"多媒体"来形容计算机处理多种形式数据的能力,其实更准确地说,媒体是不同形式数据的驻留介质。

4. 数据的驻留介质

显然,一切形式的数据都必须记录在某种**介质**(media,又称**媒体**)上。天然的数据驻留介质是人的大脑皮层。最广泛使用的传统数据介质之一是纸。计算机里,常见的数据存储介质是磁盘、光盘、磁带、内存储器及早期用过的纸质穿孔带和穿孔卡。它们采用电磁材料、光电材料和半导体电子电路等制造。

1.1.2　信息

今天,**信息**(information)已经成为广泛使用的大众词语。但是在计算机科学里,信息是有严格定义的。

1. 信息的定义

信息是由客观事物传递的知识。

和数据一样,信息也和客观世界事物密切相关。但是,信息不是事物本身的刻画和表示,而是指透过事物传递出来的知识。信息之所以能够产生,有三个不可或缺的要素。了解这三个要素有助于理解信息概念的含义。

2. 信息产生三要素

信息必须依赖三个要素而存在：(信息)**源**、**理解规则**、**接收者**。

先看一个例子：傍晚的天空中出现一片红霞，有人看到了，凭着他掌握的气象知识或者经验，会想到"明天天晴"。

这个例子里，"晚霞"是客观事物，看到的晚霞(景象形式)就是一种数据，是信息的产生源头；"看见晚霞的人"是个接收者；"气象知识"是一种理解规则，产生的信息就是"明天天晴"。缺少了上述任何一种要素，信息都无法产生。乌云满天，如何能想到天晴？晚霞灿烂，就是没有人注意到，或者看见晚霞的人是个小孩子，只会觉得云彩像猫、像狗，肯定不会由此产生"明天天晴"这个信息。

这就是说，信息的接收者必须依据某种理解规则从数据中提取出所包含的信息。信息就是这样产生的。因此，有人对你说了一大段话，你的回应是："什么意思呀？"这就表示你没法理解说话里蕴藏着的信息。

3. 信息和数据

现在可以区分数据和信息这两个最基本的概念了。我们说：信息是数据的内涵，数据是信息的外在形式。

从数据中提取信息必须依靠某种理解规则。这些规则可能是非常专业的，更多的规则会是社会和文化所约定俗成的。比如碰到"张石头"这个字眼，我们的第一反应，这是某一位中国人的名字，不可能认为它包含了"某块石头姓张"这样一个信息。

当然，引用不同的理解规则必然会在同一个数据源中得到不同的信息。在一辆汽车上面看到 BMW，按照常规理解，意味着这是一辆"宝马"。如果按照搞笑规则去理解，BMW 的信息含义会是"别摸我"。

此外，信息理解规则往往会有局部性，局限在一定的地域、民族、国家、文化、行业当中。在广东的饭馆里，食客把茶壶盖揭开，服务员就会接收到其中的信息："客人要我续水"。搁在北方，恐怕没有人能够从这个动作中提取出这个信息。

尽管如此，大多数时候数据里所包含的信息内容是明确的，提取信息的理解规则是隐含的、约定俗成的。人们关注的是数据蕴含的信息，没有信息内容的数据形同垃圾。因此，即使在计算机科学的专业范畴里，往往也可以不加区分地交替使用数据和信息这两个术语。虽然它们的定义是有根本区别的。

1.1.3 数据处理

1. 数据处理的含义

数据处理(data processing)是一个过程，指的是把收集到的源数据经过加工得到含有特定信息的结果数据。就是说，数据处理加工的对象是数据，得到的结果也是数据，特定的处理过程所产生的数据含有人们希望使用的信息。因此，数据处理也往往被称为**信息处理**(information processing)。

数据代表万物，对数据的加工动作也是含义广泛的。粗略地说，可以把各种加工动作分为两大类：**数值性加工和非数值性加工**。前者可以理解为通常意义的数学运算，后者用来描述各种各样非数学意义的数据变换操作。把两个数加加减减，得到和差是一种数据加工；从一堆数据中查找出特定的一个数据，或者按指定的升降准则把数据排好次序是数据加工；

修改、删除数据的值也是一种数据加工。可见,各个应用领域都会存在数不胜数的数据处理要求和加工动作。

2. 数据处理的基本环节

人类活动和社会事务中充满了形形色色的数据处理过程。

小学生计算"2＋3＝?"是个数据处理过程。先把被加数和加数写在纸上,然后输入大脑"心算",最后指挥手拿好笔,把结果 5 写出来。

人过马路也是一个数据处理过程。过马路之前先站在边上左右张望,这是用眼睛收集数据。看到一辆车飞驰而来,信息马上输入大脑,大脑开始紧张的运算加工:先检索出一条小时候存储过的知识,人让车碰到可不得了;然后赶快估计车的速度、方向、相会时间,再决定是站住不动,还是快步走过;最后发出神经信号指挥肌肉执行。

分析各种过程,可以发现数据处理都会包含几个基本环节:收集、录制和输入、加工、输出、存储、传输。处理过程的基本环节如图 1-1 所示。

图 1-1　数据处理的基本环节

1.1.4　数据处理机

任何数据处理过程都必须在某种物理实体上进行,称之为**数据处理机**(data processor)或**数据处理系统**。

人是一种天然的数据处理机。但人类从远古时代起就发现自身数据处理能力的缺陷。"容易忘记事情"意味着容易丢失已经存储在大脑里的数据;"计算不够快、不够准"意味着计算能力的低下;"距离远一点,就看不见、听不清楚"意味着数据传送能力的局限。于是人们就致力于发明各种器械来改进和提高数据处理的能力。

长期以来,针对数据处理的单个环节不断做出改善。老祖宗想出"结绳记事"的方法来提高记忆能力,效果当然并不理想。看到绳结,提醒自己有件事了,什么事呢? 还是没记住。于是改进不断继续,发明文字和记数的方法以记录数据,发明纸用做数据的长期存储介质,发明笔用做书写工具以完成数据输出,发明算盘、计算尺、机械式计算机以加快计数速度和提高准确度,发明照相机、录音机以记录图像形式和声音形式的数据……努力一直持续了几千年,直到 20 世纪 40 年代电子计算机问世,人类才第一次获得了高效率地完成数据处理全过程所有环节的手段。

1. 人作为数据处理机

人是一个数据处理系统,处理任务的各个基本环节由相应的人体器官完成。

(1) 五官负责数据的输入。眼睛看到的是影像、文字和数等形式的数据,耳朵听到的是声音形式的数据,嘴尝到的味道、鼻子嗅到的气味、皮肤触摸到的物体表面状况都是客观事物的各种特征,即数据属性。

(2) 大脑是最重要的数据处理器官。大脑要负责存储数据、加工数据,还要负责控制和协调人体系统数据处理的全过程。大脑出了毛病,人还能活,但是就失去了数据处理的正常能力。

(3) 嘴、手、身体都是数据输出器官。说的话、写的字、做出的表情和动作都包含信息,都是数据。

(4) 人体内数据传输这个环节是由神经系统来完成的。

2. 计算机作为数据处理机

"计算"不是"计数"的同义词,计算机也不只是一种数学意义上的计算设备。**计算机**(computer)是一种数据处理机,能够以前所未有的性能来完成数据处理所有环节的任务。日常生活中专门用于计数的电子设备叫做计算器(calculator),并不等同于计算机。

1) 输入设备

计算机可以配备各种不同的**输入设备**(input device)输入不同形式的数据。比如使用键盘输入字符或汉字形式的数据,用扫描仪输入图像形式的数据,用读卡机输入有特别表示形式的数据等。

2) 输出设备

计算机可以配备各种不同的**输出设备**(output device)来输出不同形式的数据。比如用显示器来输出字符或图像形式的数据,用打印机把数据输出到纸上等。

3) 存储器

任何数据处理系统都必须有数据存储设备。计算机的**存储器**(memory)是以二进制数的形式来存储各种数据的。通常,计算机有一个**内存储器**(也可以称为主存储器)用来存放工作时要用到的数据,还会使用若干种**外存储器**来存放需要长期保存的数据,如磁盘、光盘、U 盘和磁带等。

4) 中央处理器

中央处理器(Central Processing Unit,CPU)包括运算器、寄存器和控制器等主要部件。CPU 依靠人给定的指令来完成所有的数据处理动作,控制和协调操作执行的顺序。可见,CPU 是计算机的核心。

5) 总线

总线(bus)是传送信息的一组信号线路,是 CPU 内部各功能部件之间、CPU 和存储器及输入输出设备之间的连接通道。按传送的信息内容,可以分为数据总线、地址总线和控制总线等几部分。

如上面所述,计算机和人一样都是一种数据处理系统。组成计算机的各种部件和设备负责完成数据处理各个环节的工作任务。既然大脑是人体数据处理体系的核心器官,那么许多人喜欢把计算机称为"电脑"虽然不够规范,但还是颇为贴切的。

习　题

1. 举例说明数据名和数据值两个概念的差别。

2. 说明作为数据属性的"系"和作为数据实体的"系"的差别。

3. 从数据表示类型的角度说明数 123 和数字串"123"的区别。

4. 讨论:"暖冬"包含传达给人类的什么信息?

5. 举例说明数据和信息的联系和区别。

6. 举例说明为什么离开理解规则,信息就不能产生。

7. 举例说明依据不同的理解规则有可能从同一件事情的描述中抽取出不同的信息。

8. 以"足球赛罚点球"为背景,分析守门员大脑中的数据处理过程。

9. 分析"到银行柜台取钱"过程中包含的数据处理基本环节。

10. 列举你知道的完成"银行取钱"数据处理过程所需要的计算机系统的典型设备。

11. 列举你知道的所有能够完成"数据加工"任务的工具。

12. 你觉得计算机和计算器有哪些主要差别？

1.2 计算机科学

计算机的发明导致人类一个新的学科门类的诞生，这就是计算机科学。数学、物理学、文学、哲学……是千百年来人类知识分门别类的积累，而计算机科学是最近几十年以来围绕计算机制造和应用为最终目标而迅猛发展的学科。社会的强烈需求是计算机科学快速发展的外部诱因，而数学（特别是离散数学）、逻辑学（特别是数理逻辑）、电子学以及光学等传统学科奠定了计算机科学坚实的基础。

近些年来，随着研究在广度和深度上的不断发展，以**计算学科**的定义来替代计算机科学称谓的观点成为一种主流意见，尤其是在教育界越来越得到认同。具体介绍见 1.4 节。

1.2.1 理解计算机科学

可以认为计算机科学是研制并且利用计算机完成数据处理任务所涉及的理论、方法和技术的学科。完成这个学科任务，要研究基本理论、揭示基本规律，也要解决能够在计算机上实现的技术方法。理论支持技术、技术体现理论，两者相辅相成、互相融合是计算机科学的特点。因此，计算机科学的特征是科学性和工程性并重，理论性和实践性相结合。在短短几十年里，计算机科学就发展成为有众多分支领域、内容非常丰富、应用极其广泛的学科。

从学习的角度出发，必须依据理解纲领才能在比较短的时间里概要地认识计算机科学的主要内容。对计算机科学与技术类专业的学生三四年内要学习的数十门专业课程来说，可以用"一个核心，三条纲领"来统帅。

计算机的本质功能是数据处理。为了完成这个任务，计算机科学要解决三个方面的问题。

1. 数据的分层次表示方法学

要完成数据处理任务，首先要解决数据的表示问题。计算机科学面临的是：数据代表了现实世界客观事物，形式多变而且复杂；而计算机内部用来表示数据的符号又极其简单，就是两个二进制数字，0 和 1。显然，无法用"平面"的方法来解决数据的表示问题。

为此，计算机科学区分出数据的不同表示层次，在每个层次上定义相对独立的数据表示概念和方法，提出相邻层次数据表示手段的映射关系。这样就可以把问题"化繁为简、各个击破"了。实际上这是一种"先抽象、再具体"的思想方法。先在全局的抽象层次提出问题的解法，再在较为具体的层次上逐步求精，直到在计算机的底层得到问题的解为止。

可以把数据的表示划分为下列几个表示层次：

（1）现实世界层次上的数据对象；

（2）数据结构和信息结构层；

（3）程序设计语言层；

（4）机器层；

（5）物理层。

本书第 5 章叙述了各层次上数据表示的核心概念，更加详细的学习就要依靠后续专业课程的展开了。

2. 数据加工的分层次表示方法学

数据的表示是为了对它们进行预定的加工,以得到人们所希望的信息。计算机绝对不是一种"自动机",一切数据加工过程必须由人预先设定,交付计算机处理,最终机械地执行。计算机不过是台机器,它能执行的操作种类不但有限而且极其简单。不仅如此,表示这百把种极其简单操作的最终符号仍然只能是二进制数字 0 和 1,否则就无法在计算机内部实现。计算机科学还是使用分层次的方法学来解决问题,使用两个简单记号表示千千万万种极为复杂的数据加工过程。

可以把数据加工的表示划分为下列几个表示层次:

(1) 数据处理问题;

(2) 解题模型;

(3) 算法层;

(4) 程序设计层;

(5) 机器程序层;

(6) 物理层。

本书第 6 章叙述了各层次上数据加工表示的核心概念。更详细的学习同样要依靠后续专业课程的展开。

3. 计算机系统

数据和数据加工的表示最终要在计算机实现。计算机科学必须研究设计、制造计算机的方法和技术。计算机必须包含众多互相关联的功能部分才能完成输入、输出、存储、加工和传送等数据处理环节的任务,因此往往被称为**计算机系统**(computer system)。计算机系统通常会被分成两大部分:**硬件**(hardware)和**软件**(software)。

计算机硬件的概念在本书第 2 章里介绍。第 3 章介绍计算机软件的概念。第 4 章介绍现代计算机系统一种应用日益广泛的形式:**计算机网络系统**(computer network)。

4. 关于"抽象"概念

自然科学方法论告诉我们,抽象、理论、实现是自然学科的三个基本形态。首先,学科对面临的客观事物进行抽象描述和定义,代表对事物本质的感性认识;然后,展开的理论研究挖掘各种性质和规律,认识升华到理性层面;最终,理性认识要回归实践,体现为理论和技术的工程实现。

通过观察和思考,人们用数据属性和数据实体概念描述客观世界的每一种事物,这就是抽象定义;然后,再研究出所谓的实体-联系(E-R)模型来表示不同客观事物之间对应联系的性质和规律,这就是理论研究;最后,转换为关系数据库模型以及相关的数据库技术,从而实现在计算机的存储设备上存放数据并且加以处理的应用目标。可见,事物的抽象是解决问题的起点。

在计算机科学数据和数据加工表示的层次方法学中,抽象概念还应用于解题模型。这时抽象的含义是把谈及对象的外部特征与其内部构成细节加以区分。

对于一个复杂任务也好,一个庞大的系统也好,为了刻画、分析或者建造它们,先在一个抽象层次上提出解法,就是说,把它们看成是由若干个抽象对象组成的体系。暂时忽略这些对象的内部构成细节,只关心同一个层次上对象和对象之间的关联,如何通过它们组成问题的解。抽象层次不会是单一的,要进一步考虑每个对象的解,也就是用下一个抽象层次上的各种对象来组成上一层的对象。这种分解不断地进行下去,直到可以用终极手段表示对象的内部构成为止。

这是计算机科学采用的一种核心思想方法。例如,一个大型的计算机软件通常由一系列**模块**(model)组成,模块里包含数据和对数据的操作过程。但是,模块里的操作不一定是计算机能够执行的最基本操作,所以这种抽象操作必须由下层模块具体化,直到底层模块只包含计算机能执行的基本操作为止。

人们喜欢用**"自顶向下,逐步求精"**这句话来描述这种解决问题的抽象过程。也就是说,专业人员可以在把握全局的基础上,有次序地把精力集中在一个复杂过程各个特定的局部。没有这种思想方法,直接以计算机底层的细节来表示数据和对数据的加工,令人只会茫茫然不知所措。

其实,抽象方法也充斥在社会每一种生活方式当中。人们只需要关心如何按自己喜欢的方式享用吃的、穿的、用的各种东西,这时要关注的是东西的外部特征和功能,完全没有必要了解它们的生产过程。因此物品可以看成是抽象对象,人们只需要掌握物品的使用方法,在某种生活方式里如何搭配物品。至于物品生产的细节,则交由另外的专业人员负责。

各种物品的生产过程通常也是分层次的。有人做零件,有人做部件,有人做最终产品。汽车厂主要负责组装汽车,各种零部件通常由更加专业的厂商提供。通过这样的社会分工层次,才能够**"化繁为简,各个击破"**,极大地增强全社会的发展能力。

1.2.2 算法

1. 算法的定义

算法(algorithms)是完成一类(不是特定的一个)任务的规定步骤,表现为各种操作的一个序列和执行时的操作过程。

拿日常事例来说,一份食谱是某个菜式的烹调算法,一份乐谱是某首乐曲的演奏算法,一份说明书是使用洗衣机洗衣服的算法。执行它们就是烹调、演奏、洗衣服的操作过程。

早些时候,算法研究是数学的重要内容。一个著名的例子是由欧几里得提出的求两个任意无符号整数最大公约数的算法。在当代,算法研究是计算机科学的核心。计算机不是一台能够自动操作的机器。要计算机完成任何一项数据处理任务,人们必须首先找到完成任务的算法,然后依据算法设计一个**程序**(program),计算机接受并且执行程序规定的操作过程就是数据处理任务的完成过程。

可见,没有算法和程序,计算机就一事无成。研究算法的发现、分析、表示、执行、通信和限制是计算机科学的核心。找不到算法的数据处理任务是无法在计算机上完成的。因此,甚至有人认为计算机科学是定位于算法的科学。

2. 算法示例

【例 1-1】 欧几里得提出过一个算法。只要按照算法中规定的步骤机械地进行操作,就可以求出任意两个无符号整数的最大公约数。组成这个算法的各个步骤可以使用下面的描写形式表示。

(1) 输入:任意两个正整数 m 和 n(设 $m \geqslant n$);

(2) 求余数:$r = m \bmod n$(r 是 m 除以 n 的余数);

(3) 判断:如果 $r = 0$,则 n 的当前值就是所求的最大公约数,转去执行步骤(6),否则就执行步骤(4)；

(4) 更新：把 n 的值赋给 m，把 r 的值赋给 n；

(5) 转移：再去执行步骤(2)(长除求余数)；

(6) 输出：n 的当前值。

请注意算法的静态表示和算法的动态执行两个概念的区分。

从步骤(1)到步骤(6)构成了对欧几里得算法的静态描述。而执行这个算法的时候，随着不同的 m 和 n 输入值，算法呈现不同的执行路径。步骤(1)是算法的起点。步骤(1)、(2)、(3)是依次顺序执行的。而步骤(3)、(4)、(6)呈现了一种分支结构。算法执行到这里的时候，要按照 r 的值是否等于 0 来选择继续执行步骤(4)还是转去步骤(6)。步骤(2)～(5)又构成一种循环执行结构。这几个操作要重复执行若干次，直到余数 r 的值为 0 的时候才转而执行步骤(6)，从而到达算法的终点。

现实生活中的事例也如此。贝多芬的《第五交响乐》只有一份乐谱，但不同的交响乐团、不同的指挥却可以使乐曲呈现出不同的演奏风格。

3. 算法的特征

算法是操作步骤的序列只是个非正式的说法。严格地说，算法必须具有下列这样一些基本特征：

(1) 算法的操作步骤集合是有序的。这就意味着各个步骤组成确定的序列。就像上面提到的那样，操作执行的结构当然不一定只能是线性有序的，还可以是分支的或是循环的。算法中也不见得只能有一个操作序列。所谓的**并行**(concurrent)**算法**中，包含的多个操作序列可以同时在不同的处理机上执行。

(2) 算法过程必须在有限步内终止。例如处理任务"列出所有奇数"是不可能有算法的，因为存在无限个奇数。就是说，算法应该定义一个可终止的操作过程。

(3) 算法包含的每个操作步骤都应该是无歧义的。换句话说，执行操作步骤的时候并不需要创造性的思维来思考和判断做法是否正确，只要机械地进行就可以了。

(4) 算法包含的操作步骤必须是能行的。即每个操作步骤能在有限的时间内、有效地执行完成。

对于算法应该是一个可终止的过程，人们有点争议。事实上，有大量有意义的应用存在不可终止的过程。打开计算机，计算机等待人们输入操作命令，执行完之后继续等待下一个命令的到来。这个过程是没完没了的，除非切断计算机的电源。有人解释，这样的应用只是算法的自动重复，算法到达终点后自动重复执行。有人则反驳，之所以出现这种说法不过是依赖"限制过度"的形式对算法的概念进行定义的结果。

其实计算机科学只希望能够判断究竟问题的解是在算法系统能力之内还是之外。因此只需要区分，存在一个以给出问题答案而告终的过程，还是只有一个只能前进，而永远不能得到结果的过程。这样就够了。

不管如何认识，还是要注意算法的可终止性。简单如一个实现除法的算法，能够整除时固然应该终止，执行 1 除以 3 时算法也应该能够适时终止，这样才是合理的、可用的。

4. 算法的表示形式

本质上，算法是个抽象概念，应该有具体的表现形式。下列的三种算法表示形式都是在计算机科学里广泛使用的。

1）自然语言

可以用传统的自然语言（汉语、英语等）来表示算法，就像例1-1中所描述的求两个任意无符号整数最大公约数的算法那样。但是自然语言缺乏精确的定义，使用随意，算法表示的准确性和可理解度很大程度上取决于人为因素，因此不是算法表示的理想手段。

2）类程序设计语言（伪代码）

经过**程序设计**（programming）把算法变成相应的**程序**（program）之后，才可以把程序交付给计算机处理执行。程序是用程序设计语言来表示的，具有极为严格定义的语法规则和准确的语义。那么，直接用程序设计语言来表示算法好吗？可以，但不必要。算法在人之间交流而不在人和计算机之间交流，因此表示规则不必过于死板。人们喜欢用类似程序设计语言的形式来描写算法，简练而准确，但形式又有一定的灵活性。这种表示形式也可以叫做**伪代码**（pseudocode）。

因此，例1-1求两个任意无符号整数最大公约数的算法也可以换种形式来表示。

【**例1-2**】 算法的伪代码形式。

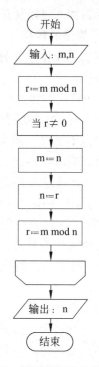

```
begin
    read (m, n);          //输入两个数
    r:= m mod n;          //求余数
    while r≠0 do          //余数不为零时，反复长除
        {m:=n;
         n:=r;
         r:=m mod n;};
    write (n);            //输出结果
end
```

对有专业背景的人来说，很容易接受用类程序设计语言来表达算法。教科书和专业著作广泛采用这种算法表示形式。

3）图形语言（算法流程图）

算法流程图（flowchart）是广泛使用的另外一种算法表示工具。使用规定的图形符号表示操作步骤，用流线表示操作步骤的转移次序，从而描述出算法过程。因为图形符号多是各种各样的图线框，所以又习惯把流程图称为"框图"。也会用流程图来描写程序的执行过程，这时可以叫做程序流程图。

【**例1-3**】 用流程图形式表示的求最大公约数的算法，如图1-2所示。

图1-2 用流程图表示求最大公约数算法

对照例1-1和例1-2，应该不难了解图1-2中以流程图形式表示的算法。第6章会更加详细地介绍典型的算法流程图结构。

1.2.3 用计算机解决数据处理问题

1. 解题的一般步骤

计算机是用来完成各行各业数据处理任务的一种系统，已经渗透到人类社会各个领域。一般来说，利用计算机解决问题通常要遵循以下步骤。

1）问题分析

分析的目的是把面临的问题定义清楚。首先是功能需求分析。需要的输出数据是什么？应该有哪些输入数据？从输入到输出要有什么样的数据转换动作？然后确定用计算机解决问题方案的可行性。就是说从技术、经济、运行、社会等角度分析方案的必要性和可能性。有必要使用计算机系统来解决问题吗？使用计算机系统的解决方案能够实现吗？

2）解题模型

问题确定后就要提出问题的解法，即所谓的解题模型。解题方法往往源自计算机科学以外其他学科的知识。例如，要由受力数据确定一栋大厦的梁柱尺寸和钢筋的配置方案，就要用建筑力学的知识。要确定原料采购的最佳时机和合理数量，要靠管理学的知识。解题模型可以用数学的形式或者非数学的形式来表示。

3）算法设计

针对问题解法，设计能在计算机上执行的算法。解题模型是个一百几十阶线性方程组，解它的算法是什么呢？一个银行转账业务的算法又如何确定呢？这都是计算机专业人员要回答的问题。

发现问题的算法是解决问题非常基础的步骤，极具挑战性。对专业人员来说，发现算法有两种较现实的途径：一是学习前人研究结果，学习是掌握典型算法的最好途径。几百年来，前人已经积累了大量各种各样的算法，有些问题可供选择的算法数以十计。二是仿照人在解决任务时的操作过程来设计算法。例如要设计银行转账算法可以参照银行业务人员的工作程序。

4）程序设计

算法必须转换为程序才能交计算机系统处理和执行。可以说，程序是算法的一种表示。这种表示要使用具有严格语法规则的语言形式，称之为**程序设计语言**（programming language）。就像人类自然语言有很多种一样，用过和正在使用的程序设计语言数以百计，按照需要选择某种语言来编写程序的过程叫做**程序设计**，有时也会称为**编码**（coding）。

今天解决问题的一个计算机程序可能会超过几千万行，内部结构非常复杂，非一个人就能够完成编写的。因此和其他的现代工业一样，要用工程化的方法来处理计算机解题过程。经过最近五十多年的研究和实践，有关的理论、方法和技术已经促成一个学科分支的产生，叫**软件工程**（software engineering）。传统意义的程序设计，即编码，仅仅是软件开发涉及的众多软件过程中的一项工作任务，而且是相对次要的任务。所以，**软件开发**和编写程序不是等同的概念。

2. 计算机的应用特点

本书谈及的计算机，准确地说应该称为**通用电子数字计算机**。

通用就是指可以应用在一切领域的数据处理事务。相对而言，专用的计算机往往是指嵌入到其他设备以增强设备功能的计算机。冰箱、空调、洗衣机，甚至玩具里都会有嵌入式的计算机。

不同于古老的机械式计算机，当代计算机主要由电子电路构成。计算机内一切信息都使用离散的二进制数字符号 0 和 1 表示，即为**数字式**（digital）。历史上也曾经出现过利用连续的物理量来表示数据的计算机，称之为**模拟式**（analog）。

电子计算机能够以极高的速度准确地完成运算。在计算机科学中，"计算"或"运算"的概念是广义的。既用来指算术和数学意义上的运算，也指判断、比较这样的一些逻辑运算，或者说非数学意义的运算。

除数据计算之外，计算机还可以长期存储海量的数据。今天，花几百元的成本就可以在计算机上存放几百亿个汉字数据。

计算机的另外一个重要特点是可以重复地执行程序。完成一件数据处理任务，要花费巨大的工作量来完成程序编写，软件开发工作量以"人年"或者"人月"为单位来计算。那么是否由人直接完成任务更合算呢？不是的。程序一旦完成，就可以存储在计算机内部反复地执行，执行的速度和准确性远远超过人的能力，我们开发软件的投入就得到回报了。

3. 计算机的应用领域

我们一直强调计算机本质的、单一的功能就是数据处理。由于各行各业每个领域里都存在形形色色的数据处理任务，因此计算机就渗透到人类社会的每个角落，成为当代人生活方式不可或缺的一部分。但传统上仍然习惯从行业的角度来描述计算机的应用。

1）科学计算

使用计算机进行科研和工程领域复杂的数值计算是计算机应用最早期的目标。设计制造、天气预报、宇宙飞行……各领域工作量极大的计算任务只能依靠计算机完成。多年来积累的科学计算程序已经汇集为软件包供人选用。MATLAB、MATHMATICA 都是广为人知的科学计算软件包，里面包括了各种数学求解工具。

2）（狭义的）数据处理

尽管广义地说，计算机做的一切都可以叫数据处理，但是仍然习惯把一些没有复杂数学计算过程、着重数据收集、输入、输出、存储、分类、检索等动作的业务称为数据处理系统。这时指的是狭义的数据处理，依靠上下文并不难以区分。这是计算机应用最为广泛的领域。政府、商业、银行金融业、物流业、法律、税务、海关……以至大大小小企业的管理和办公都要使用数据处理系统。时至今日，每一个社会行业都依赖计算机处理业务。

今天，电子商务、电子政务、信息的搜索、通信联络和每一个人都息息相关。传统的手工数据处理业务如今已在计算机系统中实现，人类社会的生活方式发生了天翻地覆的变化，人们用"智慧城市"这个说法来形容人所在的计算机化生活环境。

3）自动控制

尽管自动控制的概念问世更早，但是计算机发明之后很快就成为自控系统的核心部件。被控制的模拟物理量，例如温度、速度、压力等经过**传感器**（sensor）变成电子数字信号输入计算机，由控制算法产生输出信号操纵执行机构，从而达到自动控制的目的。从由众多设备组成的一条生产线到一台洗衣机，都可以用通用或专用的计算机进行运行控制。

4）制造业

计算机辅助设计（CAD）是制造业使用的一种技术方法，以对设计制图的支持为核心。AutoCAD 就是较流行的一种 CAD 软件包。**计算机辅助制造**（CAM）是制造业使用的另外一种技术方法。利用计算机对设计文档、工艺流程、生产设备进行管理和控制，支持产品的制造过程。制造业使用**信息管理系统**（MIS）辅助企业的信息管理过程，如合同、生产计划、仓储和劳动人事等。新的发展趋势是研制**计算机集成制造系统**（CIMS）统一对制造业企业涉及的设计、制造、管理等业务过程提供全方位的支持。可以把 CIMS 看成以前单独使用的 CAD、CAM 和 MIS 等系统的统一集成体。

5）通信业

计算机技术和电信技术的结合使人类社会的通信方式产生重大变化。一方面，计算机数据存储、传输和处理的超强能力使其成为公共电信系统的核心设备。另一方面，利用公共通信网构筑的计算机网络，使数据的传送与共享空前方便。

最广为人知的网络是**因特网**（Internet）。它由众多计算机网络、计算机系统互联而成，覆盖了全世界，因此大家更喜欢使用**互联网**这个称谓。基于计算机网络的电子邮件、网站访问、视频节目、网络电话、数据传送以及即时交谈等业务日益广泛地推广，令传统通信方式走上下坡路。个别传统的通信业务趋于消亡，例如现在已经没有什么人使用电报业务了。写信的人也越来越少，坐在家里发电子邮件比跑邮局方便得多。连电话也少用了，"微信"倒是一时一刻也少不了的。

6）办公自动化

计算机成为办公室设备的主角。计算机对办公信息统一处理使"无纸办公"成为可能。文字处理软件、电子表格处理软件、文档管理软件、出版软件、图形图像和语音处理软件都极大地提高了办公效率。当然，所谓**办公自动化**系统是人-机系统，计算机仍然是办公室人员的得力助手。

7）娱乐

计算机作为娱乐工具的应用不能不首先提到**电子游戏**，不论是单机上安装的简单游戏还是网络游戏都能使人们废寝忘食、难以自拔。极端的例子里，有人还为此搭上性命。当然这不值得仿效，但由此可见电子游戏娱乐性的诱人魔力。音乐爱好者可以利用所谓的乐器音乐数字接口（MIDI）在计算机上制作音乐，然后存储、播放。摄影爱好者可以用专门软件，如 Photoshop 来输入照片，随意编辑加工。也许用不了多久，家庭里的计算机娱乐中心就可以完全取代电视机、录音机、CD、VCD、DVD 和音响设备等视听器材了。

8）人工智能

人工智能（AI）是计算机科学的一个传统研究领域，目的是让计算机拥有智能，即成为真正意义的"自动化"机器，不用人为干预就能够完成任务。为此，计算机要能感知和推理，要像人的视觉、听觉、味觉、嗅觉、触觉那样输入信息，要解决知识的表示、知识的学习、推理的规则和方法等问题。

几十年来，人工智能学科从理论到技术实践已经取得了很多成果。今天，计算机的下棋水平堪称无敌；已经可以用计算机证明数学定理，出现了能模仿因果推理过程的专家系统；有了能够用自然语言交谈、唱歌、跳舞、演奏乐器、送饭端菜和会做刀削面的机器人，甚至有了机器人足球世界杯。无人驾驶汽车已经上路，不久有望商业销售。但研究越是深入，越发使人感到实现人工智能既定目标的困难。要让电脑全面赶超大脑，人类还要走漫长的路。

说了这么多，我们还是无法一一列举计算机在当今社会中的所有应用。也许很难找得到一个领域是还没有或者不可能使用计算机的。有人用**"数字化社会"**这个说法来形容离不开计算机的现代社会。社会生活充斥着各种各样的物质流、资金流、人员流以及越来越重要的信息流。以计算机为核心的**信息技术**（IT）**产业**已经成为推动社会进步的主力。短短七十多年，计算机给人类社会带来了革命性的变化。计算机影响之深远，也许仍然是当代人难以估计和想象的。

4. 计算机系统和计算机应用系统

如前所述,计算机包含数据存储器,加工数据和控制加工过程的 CPU,输入、输出数据的 I/O 设备,传送数据的总线和体现算法的程序。依靠这些相对独立而又相互关联的组成部分,计算机才能完成数据处理的目标。所以,往往把计算机称为**计算机系统**(computer system)。存储器、CPU、I/O 设备、总线这些有形部件统称为**计算机硬件**(hardware);至于程序,包括操作和数据,则称为**计算机软件**(software)。

拿人的大脑打比方,脑组织、血管、神经乃至骨头和皮肤都是硬件,而驻留在大脑里面的思想和知识就是软件。就是说,硬件是软件驻留的物质基础。没有了硬件,软件岂不成了"飘荡的灵魂"? 反过来说,没有了软件,硬件不过是一堆废铁,就像一个没有思想的人只能是"行尸走肉"而已。

在实际事务里使用计算机还需要增加完成特定任务的应用软件和特别的设备,通常会是一些适应业务特点的设备。例如,银行系统就必须包含能够完成存钱、取钱、转账和查询等业务功能的程序,还要配备柜员机等专门设备。可以把这样的系统称为**计算机应用系统**(computer application system)。

1.2.4 计算机系统的发展历程

公认的第一台通用电子计算机是 ENIAC,出现在 1946 年,用了 18 000 只真空管,占地约 180m²,重达 30t,但 ENIAC 并非现代计算机的雏形。提出现代计算机体系结构的**鼻祖是冯·诺依曼**(Von Neumann)。1950 年,出现了基于冯氏体系的计算机 EDVAC 和 EDSAC。

几十年来,按照硬件和软件的改进可以把计算机的发展分为几代。但要强调的是,迄今为止所有能够实际使用的计算机仍然是按照冯·诺依曼模型的基本原理为基础来构造的。

1) 第一代计算机(20 世纪 50 年代)

基于真空管电路,使用磁带和磁鼓来存储数据,系统软件不多,很多时候要用机器语言来写程序。

2) 第二代计算机(到 20 世纪 60 年代中期)

用晶体管替代了真空管,出现磁芯存储器和磁盘。计算机体积大大减少,运行变得可靠,硬件效率全面提升。FORTRAN、COBOL 等程序设计高级语言的出现使编程变得容易一些。

3) 第三代计算机(到 20 世纪 60 年代末)

集成电路(IC)的发明显著地提升了计算机的硬件性能。开始出现的**小型机**(minicomputer)使更多的企业能够应用计算机。以操作系统为核心的系统软件日益丰富,应用计算机变得越来越方便。

4) 第四代计算机(始于 20 世纪 70 年代)

大规模集成电路(LSIC)和超大规模集成电路(VLSIC)在计算机内大量使用。**微型机**(microcomputer)的出现使计算机的应用扩展到个人用户,所以又称为 PC(personal computer)。另一方面,又出现了功能极其强大的大型计算机和巨型计算机。硬件更新换代速度越来越快。软件方面出现了数据库(data base)、第四代程序设计语言(4GL)、面向对象技术等新发展。计算机网络技术的广泛应用给人类社会的生产方式、生活方式带来巨变。

5）第五代计算机

从 20 世纪 80 年代中期开始,就有人提出要研制以非冯体系为特征的新一代计算机,但至今还远未到实际应用的程度。

计算机问世以来,用"日新月异"来形容计算机科学理论和技术的发展不算夸张。但是也应该注意到事情的另一方面,计算机科学中很多核心成果的生命力是非常持久的。冯·诺依曼体系几十年来一直是计算机的基石。20 世纪六七十年代提出的一批程序设计语言至今仍然在广泛使用。近些年非常热门的面向对象方法诞生于 1969 年。20 世纪 70 年代提出、80 年代成熟的关系数据库系统目前仍然是数据库技术的主流……类似事例举不胜举。

这种现象说明了计算机科学以往很多研究成果都非常有效,以至学术界几十年后仍然无法逾越它们。大学课程涉及很多奠基于多年之前的专业基础内容,学生不要轻率地认为这些几十年前的东西,一定是"没有用"的。

习　题

1．列举本书建议的认识计算机科学的纲领和层次。

2．如何认识构成人类大脑的硬件和软件,分析一下它们的关系。

3．你认为在计算机系统中是硬件更重要,还是软件更重要?

4．以下面的一个案例为题,讨论一下计算机科学对人类社会的影响:以前企业用现金发工资,后改为转账到银行个人账户,但要扣除账户年费。使用计算机是否会引起众多不公正的社会问题?

5．讨论学习的抽象层次的选取问题:今天的学生是否仍然要学习加、减、乘、除,还是应该学习计算器的使用方法?

6．就本节提出的数据和数据加工分层次表示方法学,讨论抽象方法的应用。

7．设计一个从你的宿舍回家的算法,就此讨论算法形式和算法执行的区别。

8．从算法特征的角度,判断以下操作序列是否构成一个算法:

把数据 D 的值设定为 1;

当 D 不等于 100 时,反复把 D 的值增加 2。

9．下面列出的是一个实现"从宿舍回家"的算法吗? 为什么?

打电话租用一架直升飞机;

飞机在宿舍顶层降落;

登机;

飞回家。

10．列举理由,说明下面三个步骤是否构成算法:

通过坐标点(0,0)和(5,5)画一条直线;

通过坐标点(0,2)和(5,7)画一条直线;

以两条直线的交点为圆心,画半径为 3 的一个圆。

11．分别用流程图和伪代码表示下面的算法:

7 点起床;

7点半吃早饭；

8点，如果不下雨散步1小时，否则读报1小时；

从9点开始，每写45分钟书稿就休息15分钟，直到12点为止。

12. 分析不能用算法流程图表示图1-1的原因。

13. 列举算法和程序的联系与区别。

14. 尽可能具体地叙述使用计算机求出一元二次方程两个根的工作步骤。

15. 说出除了"通用电子计算机"之外，你知道的其他种类的计算机。

16. 除了本节列举的计算机应用之外，说出你知道的计算机应用的其他领域。

17. 设法收集一些有关现代计算机体系结构奠基人的资料。

18. 列举计算机不同发展阶段的硬件、软件特征。

19. 总结你接触过的电子商务和电子政务应用。

1.3 机内信息表示基础——二进制数

数据和加工数据的动作在计算机内部最终都以**二进制数**(binary number)的形式表示。原因是二进制数只由0和1两个数字组成，可以把它们看成是两种有区别的，但是可以相互转换的状态，这就容易使用不同的物理元件来实现。

在计算机科学的范畴里，除了二进制数之外，还会使用八进制数、十六进制数和平常使用的十进制数作为信息的表示记号。对记数法的理解是认识计算机科学的基础和出发点。请注意，没有必要分门别类地来学习专业上常用的这几种数制，因为它们的共同本质是位置记数法。

1.3.1 位置记数法

位置记数法指的是用若干个位于不同位置上的**数字**(digit)来表示一个**数**(number)的方法。它有以下几个要素：

1）数的形式

把一个数表示为一个 n 位的数字串，形如：

$$a_{n-1}\cdots a_1 a_0 \quad (a_i \text{ 代表一个数字})$$

2）基数 P

基数 P 是预先指定的一个无符号整数。二进制数的 P 为2，十进制数的 P 为10，其余类推。把基数为 P 的数称为 P 进制数。就记数法而言，选择什么基数并无本质区别。日常应用里显然10是最常用的基数，12、16、60也在不同的范围里使用。只要愿意，选择3为基数、4为基数也完全没有问题。在计算机科学的应用中，2是最基本的基数，8、10、16也经常会用到。选择不同的基数时，同一个数有不同的数字串表示形式。

3）数字 a_i

P 进制数只有 P 个数字，记为 $0,1,2,3,\cdots,P-1$。每个数字都有按常规来理解的一个确定值。

4）数字位上的权 P^i

对数字串里面的每个数字位置都赋予一个有规律的值 P^i，P 是基数，i 是数字位的序号。一个 n 位数,最右位的序号记为 0,最左位记为 $n-1$,即 $0 \leqslant i \leqslant n-1$。$P^i$ 称为数字位的**权**。

因此,一个二进制数最右位的权是 2^0,右起第 2 位的权是 2^1,其余类推。而自右到左,十进制数数字位的权值序列是 $10^0, 10^1, 10^2, 10^3, \cdots$,所以才会有个位、十位、百位、千位……的叫法。

5) 数值的表示规则

一个 n 位的数 $a_{n-1}a_{n-2} \cdots a_1 a_0$,其数值由下面的**带权多项式**来决定:

$$\sum_{i=n-1}^{0} a_i \times P^i$$

即

$$a_{n-1} \times P^{n-1} + a_{n-2} \times P^{n-2} + \cdots + a_1 \times P^1 + a_0 \times P^0$$

用这个带权多项式可以确定一个 P 进制数的值。比如,十进制数 101 的值是 101。而二进制数 101 的值是 5,八进制数 101 的值是 65,十六进制数 101 的值是 257。

1.3.2　P 进制数

基数选定为 P 的数叫做 P 进制数。它的两个基本特征是

(1) P 进制数只能有 P 个数字,记为 $0 \sim P-1$;

(2) 相邻数字位上的权值相差 P 倍,即所谓的"逢 P 进一"。

看看下面的例子,数的下标表示基数。

【**例 1-4**】　P 进制数的值。

$$(101)_{10} = 1 \times 10^2 + 0 \times 10^1 + 1 \times 10^0 = 101$$

$$(101)_2 = 1 \times 2^2 + 0 \times 2^1 + 1 \times 2^0 = 5$$

$$(101)_8 = 1 \times 8^2 + 0 \times 8^1 + 1 \times 8^0 = 65$$

$$(10)_8 = 1 \times 8^1 + 0 \times 8^0 = 8$$

$$(101)_{16} = 1 \times 16^2 + 0 \times 16^1 + 1 \times 16^0 = 257$$

因为十六进制数有 16 个数字,前 10 个记为 $0, 1, \cdots, 9$,数字(不是数)"10"到"15"记为 A,B,C,D,E,F,所以

$$(1E)_{16} = 1 \times 16^1 + 14 \times 16^0 = 30$$

1.3.3　数制的转换规则

有时候需要知道同一个数在不同进制下的形式。下面是最常用的几条转换规则。

1. 把 P 进制数转为十进制数

只要计算带权多项式的值,就可以把一个 P 进制数转换为对应的十进制数(见例 1-4)。

2. 把十进制数转为 P 进制数

使用口诀"**除 P 取余**",可以把一个十进制数转换为对应的 P 进制数。下面是一些转换例子。

【**例 1-5**】　把十进制数 35 转换为二进制数。

把 35 除以 2,记下余数;把商 17 再除以 2,又记下余数……重复这个过程,直到商为 1 为止。显然,每个余数不是 0 就是 1。注意:最先得到的余数是二进制数的**最右位**,然后得到的是从右到左的各位数字,最后剩下来的 1 是转换得到的二进制数的最左位。即

$$(35)_{10} = (100011)_2$$

$$
\begin{array}{r|c|cc}
2 & 35 & \text{余} & 1 \\
2 & 17 & & 1 \\
2 & 8 & & 0 \\
2 & 4 & & 0 \\
2 & 2 & & 0 \\
& 1 &
\end{array}
$$

【例 1-6】 把十进制数 35 转换为八进制数。

$$
\begin{array}{r|cc}
8 & 35 & \text{余} & 3 \\
& 4 &
\end{array}
$$

所以 $\qquad\qquad\qquad (35)_{10} = (43)_8$

注意,转换得到的八进制数要念成"四三",不能念成"四十三"。

【例 1-7】 把十进制数 35 转换为十六进制数。

$$
\begin{array}{r|cc}
16 & 35 & \text{余} & 3 \\
& 2 &
\end{array}
$$

所以 $\qquad\qquad\qquad (35)_{10} = (23)_{16}$

3. 八进制数、十六进制数和二进制数的相互转换

因为

$$2^3 = 8^1 \qquad 2^4 = 16^1$$

所以,可以把二进制数**从右到左**每 3 个位和八进制数的 1 个位相对应;同理,二进制数每 4 个位和十六进制数的 1 位对应。利用上述规则就容易完成八进制数和二进制数、十六进制数和二进制数的双向转换,见下面的例子。

【例 1-8】 把二进制数 1000110 转换为八进制数。
$$(1000110)_2 = (001'000'110)_2 = (106)_8$$

【例 1-9】 把八进制数 317 转换为二进制数。
$$(317)_8 = (011'001'111)_2 = (11001111)_2$$

【例 1-10】 把二进制数 1000110 转换为十六进制数。
$$(1000110)_2 = (0100'0110)_{16} = (46)_{16}$$

【例 1-11】 把十六进制数 E3F 转换为二进制数。
$$(E3F)_{16} = (1110'0011'1111)_2 = (111000111111)_2$$

把十进制数转换为二进制数时,为了减少做除法的次数,一个好的办法是先把十进制数转换为八进制数,再写出对应的二进制数。

【例 1-12】 把十进制数 35 转换成二进制数。
$$(35)_{10} = (43)_8 = (100\ 011)_2$$

把 35 转换为八进制数,除一次就够了。再把每个八进制数字写成 3 位的二进制数也是很方便的。

本节只介绍无符号整数的表示和转换。完全没有必要学习小数部分表示和转换的人工方法,因为在计算机内表示非整数的时候,小数点是不会以实体的方式出现的。平常,我们不是也可以把 1.23 写成 123×10^{-2},把小数点隐藏起来吗?

本书的第 5 章会介绍实数的机内表示方法。

习　题

1. 指出十进制数 12345.678 和二进制数 11011.111 各个数字位上的权。
2. 何谓 P 进制数？指出 P 进制数中"逢 P 进一"的含义。
3. 分别写出和十进制数 127、256 等价的二进制数、八进制数、十六进制数。
4. 分别写出和二进制数 110110、100011 等价的八进制数、十进制数、十六进制数。
5. 写出和十进制数 123456 等价的二进制数。
6. 写出和十六进制数 12EF、ABCD 等价的十进制数、二进制数、八进制数。
7. 分析用"除 P 取余"口诀能够把一个十进制数转换为对应的 P 进制数的道理。
8. 写出二进制数长度为 16 个位时，能够表示的最小数、最大数和不同数的个数。
9. 如果成绩用 5 级记分法表示为二进制数，写出它需要的位数。
10. 如果用 16 位的二进制数来记住不同的色彩，那么一共可以表示多少种颜色？
11. 二进制数字长 16 位，要用多少个十六进制数字来表示？
12. 解释不能把十六进制数字 A 写成 10 的原因。

1.4　关于计算学科及其专业

1.4.1　计算学科的由来

随着计算机应用的飞速扩展以及对计算机科学研究的日益深入，业界一直在关注学科的认知和教育问题。经过多年的讨论之后，有影响力的 ACM（美国计算机协会）和 IEEE-CS（美国电器与电子工程师学会计算机分会）于 1989 年提出了"**计算学科（computing disciplinc）**"的定义，自此之后逐渐得到教育界的认同。作为一级学科，计算学科包括了一直以来分别用计算机科学、计算机技术、计算机工程、信息学、计算机信息技术等名称来冠名的专业研究范畴。

计算学科研究的主题是信息的表示以及信息变换的算法过程，包括了基础理论、设计、实现和应用等不同的研究层面。

对照本章的 1.1 节和 1.2 节中对数据、信息、数据处理（信息处理）、算法等概念的定义，计算学科的目标在于：使数据描述和对数据进行加工的过程最终在计算机系统上得以实现和应用。

从"计算"的学科定义来看，计算机科学和计算机工程与技术、信息学和信息技术并不存在本质上的区别，它们只是学科内侧重点各异的不同层次而已。完全没有必要也不能够把计算学科简单归入"理科专业"或"工科专业"，虽然依据传统的教育理念，我们总是认为数学属于理科，机械制造属于工科，中文属于文科，因此计算机系的学生必须要么拿个"工学士"，要么拿个"理学士"的学位。

1.4.2　计算学科下属专业的划分

经过几十年的发展，计算学科的专业范畴日益扩大。就像今天不可能再培养出面面俱到的"数学家"一样,不同的高等院校举办计算学科范畴内侧重点不同的专业是必然的抉择。至今为止,ACM 和 IEEE-CS 任务组已经提出了学科下属 5 个关联专业的设置指引,它们是计算机科学、计算机工程、软件工程、信息系统和信息技术。

计算机科学(Computer Science)的专业重点在于研究计算的理论基础、算法的分析和支持各种计算机技术和应用领域的理论基础。1.2.2 节和第 6 章有关于算法的介绍。

计算机工程(Computer Engineering)的专业重点在于研究制造计算机系统和计算机应用系统的硬件、软件,特别是像嵌入式系统这样集硬件和软件于一体的计算机系统。第 2 章和第 3 章会详细地介绍计算机硬件和软件的概念。

软件工程(Software Engineering)的专业重点在于采用工程化方法来进行计算机软件开发的各种规范技术。今天,唯有使用工程化方法才能在合理的时间周期里研制出满足用户需要、规模非常大、构造非常复杂,而质量又有保障的计算机软件系统。第 6 章的 6.5 节有相关介绍。

信息系统(Information System)的专业重点在于研究把信息技术应用到各行各业,满足企业功能、性能和其他方面需求的方法,涉及信息的获取、部署、加工、管理和使用等各个方面。

图 1-3　计算学科的 5 个下属专业

信息技术(Information Technology)的专业重点在于信息系统支撑技术的研制、选择、集成、应用和管理。

可以用图 1-3 形象地描述 5 个计算学科专业之间的关联。

计算机系统是信息技术和信息系统的支撑平台。图 1-3 中自左而右排列的专业,理论性逐步减弱而应用性逐步增强。例如,一个提供电影点播的信息服务系统要使用众多信息技术,要得到计算机系统平台及互连网络的支撑才能实现。其研制和应用过程要涉及学科不同领域里海量的专业技术,包括理论支持。因此在计算学科的教育中,有必要划分出侧重点不同而又互相关联的专业知识领域。

上述计算学科的专业划分是 2001 年以来的研究成果,即使是国外的高等院校也未必完全照此设置。但研究给新建设的专业提供了非常具体的专业定位指引,而且对专业课程体系的设计和相关课程的教材编写起到了指导性的作用。

国内高等院校近四五十年以来多开设"计算机科学和技术"专业,也有高等院校开设"计算机技术和科学"专业,从中不难看出侧重点的差别。较后出现的专业目录上列有"计算机软件""软件工程"和"信息工程"等专业名称。2006 年,有关机构制定出"计算机专业规范",采纳了 ACM 和 IEEE-CS 定义的计算学科下属专业中的 4 个:计算机科学、计算机工程、软件工程和信息技术。专业规范提出了各专业应有的知识结构和应该开设的专业核心课程。对详细内容有兴趣的读者可参阅书后列出的文献[22]。

尽管国内外都已经形成计算学科专业设置的主流模式和规范,但是开设计算机类专业的国内高等院校数量极多,不同高等院校的办学目标、办学条件、学生起点存在天壤之别,都采用同一"权威"专业模式只会事与愿违。学生总体成就是评价任何教学模式的唯一标准,所以在高等院校学科建设的过程中,"因地制宜"地进行专业定位,明确学生的培养目标,设置实现目标的专业课程体系,确定体系中每门专业课程的教学环节和内容,是极其重要的专业建设核心任务。唯有如此，才能使所有层次的学生毕业之后都能够在计算学科的研究领域或者在IT产业当中找到属于自己的位置。对教育界而言，这方面仍然存在着巨大的思考和实践空间。

本 章 小 结

计算机的根本功能是数据处理。计算机科学是研制并且利用计算机完成数据处理任务的理论、方法和技术的学科。本书按照三个叙述纲领来介绍计算机科学的基本内容，它们是数据的表示方法学、数据加工的表示方法学、计算机系统的构成。

计算机科学用数据的概念来表示客观世界中的各种事物。信息是数据的内涵，数据是信息的外在形式。数据处理是把数据加工成含有特定信息的结果数据的过程，通常会包含输入、加工、输出、存储和传送等基本环节。

算法是完成一类数据处理任务的规定步骤，表现为操作序列以及要执行的操作过程。计算机要完成任何一项数据处理任务，人们必须先找到完成任务的算法，然后依据算法设计程序，计算机接受并执行程序规定操作的过程就是数据处理任务的完成过程。

计算机内部，一切信息都是以二进制数形式表示的。计算机科学通常用到的二进制数、八进制数、十进制数、十六进制数都源于位置记数法。

1989年提出了"计算学科"的定义。计算学科研究的主题是信息的表示和信息变换的算法过程，包括基础理论、设计、实现和应用等不同的研究层面。学科下设5个关联专业：计算机科学、计算机工程、软件工程、信息技术和信息系统。

第 2 章　计算机系统的组成

第 1 章提到,计算机系统由硬件和软件两部分组成。既然计算机是数据处理机器,本章就先从数据处理系统必须具备的输入、加工、输出、存储和传送等基本功能入手,认识计算机的硬件设备,然后再理解计算机软件的概念。

2.1　四大功能部件

从数据处理功能的角度,可以把计算机硬件设备分成四大部分:内存、CPU、输入输出设备和总线,如图 2-1 所示。

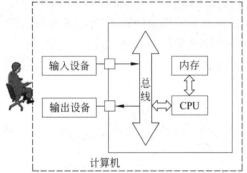

图 2-1　组成计算机硬件的四大功能部件

首先,计算机要配备**输入设备**,利用输入设备可以输入源数据和处理程序。计算机接收后,把它们存放在一个称为**内存**的部件中,准备随时送往**中央处理器**。中央处理器是计算机的核心,担负的任务是按照存放的程序对数据进行加工。处理过程中,中央处理器反复从内存提取程序指令和数据,把一些中间处理结果存放回内存,直到数据处理任务结束。最后,计算机用一些**输出设备**把处理结果提供给用户使用。为了在各个部件之间传送程序和数据,计算机内部还要配置一组电子线路,称为**总线**。

计算机工作时,内存和中央处理器是最忙碌的,运算主要依靠这两个部件完成。所以,会把内存和中央处理器合起来称为**主机**。输入设备和输出设备为计算机与用户之间提供数据交互能力,往往也统称为**外部设备**。

2.1.1　内存

内存(internal memory)是计算机内部用来存储数据的一种存储器,又可以叫做**主存**(main memory)。计算机常用的其他一些数据存储设备如光盘、硬盘、U 盘都不能叫内存。除了数据存储原理和存储介质的差别之外,从中央处理器的角度来看,内存中存放的数据和指令是当前工作所必需的。而光盘、磁盘上存放的数据或程序不一定是当前需要用的。就算要用的话,也必须把它们先传送到内存中去,才能继续进行后续的操作。光盘、硬盘等存储器的作用首先是长期保存数据,所以称之为**外存**(external storage)或**辅存**(auxiliary storage 或 secondary storage)。

第 1 章里讲过,计算机中所有信息都是用 0 和 1 表示的。那么,内存是怎样存放这些"0"和"1"的呢? 内存中的数据又是怎样被读取和修改的呢?

1．存储空间

用个生活里的例子,可以把内存比作一座大楼,大楼里有很多房间,每一个房间有同样数目的床位,每个床位只能住一个人,男的是1,女的是0。内存的几个基本概念可以跟这个比喻相对应:位——床位;内存单元——房间;内存——大楼;内存容量——大楼里的床位总数。

1)位

在内存中,用数字电路的两种不同状态来表示一个二进制数字0或1的存储。这样的一个数据存储单位称为**一位**(b,bit),是内存的最小单位。

2)内存单元

若干个位组成一个**内存单元**(cell),是内存储器可以标识的存储单位。一个单元包含的位数通常是8的倍数。

3)字

存储在一个内存单元里的数据内容称为一个**字**(word)。显然,从形式上看,内存字是个二进制数,如图2-2所示。有时也会不加区分地使用内存单元和字这两个术语。

4)字节

每8个位称作一个**字节**(B,byte),如图2-3所示。字节是表示存储器空间的常用计量单位,也用来表示数据的存储空间要求。一个字符通常存放在一个字节里面,而一个汉字需要两个字节的存储空间。

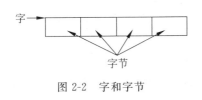

图2-2　字和字节

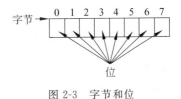

图2-3　字节和位

5)字长

每个内存单元包含的位的个数称为**字长**(word size)。现代计算机的字长是8的倍数。也就是说,一个字包含着整数个字节。不同计算机的字长不尽相同。一般规律是字长越长,计算机的运算功能也越强大。随着技术发展,计算机字长在不断地增加,从8位、16位发展到今天的32位、64位。

6)单元地址

数据是以内存单元为单位存放在内存里的。每一个内存单元都要有一个唯一标识,称为**单元地址**。和房间的门牌号码相仿,地址用顺序的整数来表示,0单元、1单元、2单元等。单元地址是访问内存的依据。顺序的单元地址构成了内存上的一个线性地址空间,因此会有"下一个单元""前一个单元"的说法。有时也会对字节编地址,称为**字节地址**。依据字节地址访问字节时,首先要进行简单的转换得到字节所在的单元地址。单元地址是内存单元在硬件层次的唯一标识。

7)存储容量

存储器的空间大小称为**存储容量**,是用所包含的字节数目或单元数目来表示的。如果以"个"为单位表示存储容量,数目就太大了。因此定义了一系列放大的数量单位,包

括 **KB**(千字节)、**MB**(兆字节)、**GB**(吉字节)、**TB**(太字节)和 **PB**(拍字节)等。

它们之间的换算关系如下：

$$1KB = 1024B = 2^{10}B$$
$$1MB = 1024KB = 2^{20}B$$
$$1GB = 1024MB = 2^{30}B$$
$$1TB = 1024GB = 2^{40}B$$
$$1PB = 1MGB = 2^{50}B$$

一类较为小型的计算机，如个人计算机或者微型计算机(简称微机)等，它们的内存容量多以字节为单位，例如512MB、1GB和2GB等。表示存储容量的时候，MB的含义一定是兆字节，此时 B 代表 Byte；表示网络线路上数据传送速度时，Mb 的含义是兆位，此时 b 代表 bit。

存储容量决定了数据存储空间，决定了单元地址空间，也决定了以二进制数形式来表示的单元地址长度。例如，32 位计算机，内存容量为 256MB，即 2^{28} 个字节，也就是 2^{26} 个单元，这样就需要 2^{26} 个地址。因此，单元地址的长度必须不少于 26 位才能够标识每一个内存单元。

【例 2-1】 内存存储空间示例。

假设一台计算机的字长是 8 位，一个总容量为 1KB 的内存就有 1024 个单元，内存单元的编址示意图如下。在单元地址为 8 的单元中，存放着一个字 10111101。

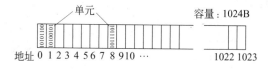

【例 2-2】 一个容量为 80GB 的磁盘可以存放多少个汉字？

因为每个汉字要用 2 个字节来存放，所以磁盘能够存放的汉字总数略少于 430 亿。

$$80 \times 1024 \times 1024 \times 1024/2 = 42\ 949\ 672\ 960$$

【例 2-3】 计算机字长为 32 位，内存容量为 512MB，内存单元的地址至少要有多少位？

因为计算机的每个内存单元包含 4 个字节，所以内存单元总个数为：

$$512MB/4 = 128MB = 2^{27}$$

可见，单元地址至少要有 27 位才能标识出每一个内存单元。

2. 内存的读写操作

对内存的基本操作有两种：一种是读，从指定的内存单元中取出数据内容；另一种是写，向指定的内存单元中存放新的数据内容。读的另一种说法是"取"，写的另一种说法是"存"，所以说到"**内存读写**"或者"**内存存取**"(access)的时候，表达的意思是一样的。

可以把内存单元里存放的内容分为两类，一类是机器指令，表示计算机该做什么操作；一类是数据，是操作的对象。对两种存储内容都可以进行读写操作，但无法从形式上区分。下面会讲到计算机执行控制机制使用什么手段，不至于把内存里的一条机器指令当成数据，或者反过来把一个数据当成一条指令去执行。

1) 读

当中央处理器需要使用某个内存单元中的数据时，就按照指定的内存单元地址"取出"单元里的字，传送到 CPU 进行处理。**读**(read)操作的本质是传送数据，完全不会影响内存单元原来的存储数据内容。也许,用"复制"来理解读操作更加准确一些,把指定的内存字"复制"到 CPU 去。

受到计算机内部电子线路的限制,内存和中央处理器之间通常每次只能传送一个字,所以,如果需要从内存中取出更多的数据,需要反复进行读操作。

2）写

当计算机需要把数据保存在内存当中的时候,先要指定存放的单元地址,然后执行一个写（write）操作,将数据存放在单元里。写入新数据时,必然破坏单元里原来存储的数据。与读操作一样,通常每次只能在一个单元写入一个字。如果需要写入更多的数据,就需要不断重复写动作。

为了完成一个数据处理任务,计算机要执行的内存读写操作是极其大量的,用户之所以没有太多感觉,是因为内存的一次存取在微秒级甚至毫微秒级时间里完成。读写速度更快的内存电路仍在不断研发中。

【例 2-4】 把地址为 2 的单元内容和地址为 3 的单元内容交换存储。

直接把 2 单元里的数据内容写入 3 单元是错误的,反过来也一样。因为写入要破坏单元原来存放的数据。为此,必须选择一个辅助的工作单元,如 100 单元。顺序执行下列操作:

（1）2 单元内容传送到 100 单元;

（2）3 单元内容传送到 2 单元;

（3）100 单元内容传送到 3 单元。

这样就可以实现 2、3 两个单元存储内容的互换了。请思考还有另外的操作顺序吗？

3. 内存储器的种类

内存是用来存放数据的,但用户对不同的数据有不同的存储要求。

多数数据是为了完成某项处理任务而临时存储在内存中的,任务一旦结束不必保留。这类数据适宜存放在称为**随机存取存储器**（random access memory,RAM）的一种内存当中。而另外一些数据,比如完成最基本的输入输出操作的程序段,一旦生成就要长期地保存起来,不能被用户随意改变。这类数据存放在一种称为**只读存储器**（read only memory,ROM）的内存中。

1）随机存取存储器

随机存取存储器的特点是,在通电状态下可以随时按照指定的单元地址对存放在单元里面的数据进行读写。RAM 的工作需要持续地供电支持,系统一旦断电,存放的所有数据都会消失而无法恢复。缺乏经验时我们都会有这样的经历,连续奋战几小时,输入了几千字,就是忘记及时"存盘",突如其来的瞬间停电,所有文字烟消云散。所谓存盘,就是将进入 RAM 中的数据复制保存到硬盘或其他外存设备上,以免丢失。

根据组成元件的不同,RAM 内存又可以分成多种。DRAM（dynamic RAM,动态RAM）和 SRAM（static RAM,静态 RAM）是主要的两种。

DRAM 将电荷保存在位存储电路中,用电容的充放电完成存储动作,因为电容有漏电问题,因此必须每几微秒就要刷新一次,否则数据就会丢失。存取时间约为 2～4ms。因为DRAM 的成本比较便宜,所以广泛用做主存储器。

SRAM 的"静态"指的是数据可以长驻其中而需要不断刷新。因此它比 DRAM 更快更稳定。但 SRAM 的造价比较高,主要用来制造容量较小、存取速度要求更高的**高速缓冲存储器**(cache)。

计算机的 RAM 一般做成条状,故称为**内存条**。

大多数内存条是 DRAM 或者是 DRAM 的升级产品,如 DDRS DRAM(double data rate synchronous DRAM,两倍速同步 DRAM)、DDRⅡ(第二代 DDR)和 DDRⅢ(第三代 DDR),如图 2-4 和图 2-5 所示。

新一代产品的功耗和发热量更低,读写速度更快,通用性好,显著地降低了器件成本。

图 2-4　DDR 内存条　　　　　　　　图 2-5　DDRⅢ内存条

2) 只读存储器

数据一旦写入 ROM 后便会长期保存,只读出使用而不会随时更改。存放在**只读存储器**里的数据不会因为计算机断电而丢失。通常用来存放计算机启动时必需的程序和数据,例如引导程序(bootstrap)、基本输入输出系统(basic input/output system,BIOS)等。

根据组成元件的不同,ROM 又分 **PROM**(programmable ROM,可编程只读存储器)、**EPROM**(erasable programmable,可擦可编程只读存储器)和 **EEPROM**(electrically erasable programmable,电可擦可编程只读存储器)等几种。

PROM 是一种只可以写入一次内容的 ROM,所以也称为"一次可编程只读存储器"。

写入后只能读出写入的数据或程序。

EPROM 是一种具有可擦除功能的 ROM(如图 2-6 所示)。所谓"擦除",是指清除原来的存储内容,清除的方法是用紫外线照射 EPROM 芯片上的一个透明视窗。擦除后可以重新输入新的程序和数据。平时应该使用黑色不干胶纸,把输入内容后的 EPROM 芯片的"石英玻璃窗"遮盖起来,以防直射阳光破坏存储内容。当然,擦除重写的频度是很低的,EPROM 仍然用做只读存储器。

图 2-6　EPROM 芯片

EEPROM 的功能和使用与 EPROM 一样,不同之处是清除数据的方式。EEPROM 使用 20V 左右的电压来进行清除,还可以用电子信号直接进行数据写入。

3) 高速缓冲存储器

内存中存放的数据要送到 CPU 进行处理,但是由于结构上的差别,内存的读取速度要比中央处理器的工作速度慢得多。就像飞速运转的机器却要等人慢慢输送原料一样,因而往往造成中央处理器被迫处于等待状态,计算机的整体处理速度大大降低。为了缓解这个矛盾,计算机的内存设置了一个专门起缓冲作用的区域。这个部件叫做**高速缓冲存储器**(如

图 2-7 所示)。结构上高速缓存处在内存和 CPU 之间,由于采用了不同的器件,高速缓存的读写速度比内存快得多,但容量一般较小。

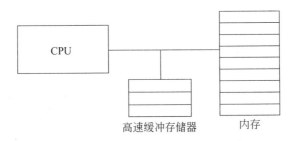

图 2-7　由内存和高速缓存构成的两级存储器

高速缓存存储了内存中一小部分数据内容的副本。当 CPU 对内存单元进行存取的时候,首先检查高速缓存,如果要存取的数据存在,就访问单元内容;如果不存在,就从内存读出包含这个字在内的一块连续的数据,覆盖高速缓存中现有的内容,然后再完成访问。

读者会奇怪为什么只需要一个字,却要从内存中复制一整块数据?原因在于程序具有"局部性"的特点,CPU 下次需要的机器指令或者数据很可能就在本次访问的相邻位置上。这样,整体刷新高速缓存的操作就可以显著地提高访问内存的平均速度。在后续的章节中,还会提及程序的这种局部性。

既然高速缓存有更加理想的读写速度,干脆用它充当整个内存行不行呢?理论上可以,但这样做成本太高,市场不会接受。按照目前的内存主流结构,使用一个小容量的高速缓存已经可以显著提高内存读写速率,具有理想的**价格性能比**了。

2.1.2　中央处理器

把计算机比作数据加工厂,**中央处理器**(center process unit,CPU)就是这个加工厂的控制中心和主加工车间,CPU 的性能对计算机的整体性能起着决定性的作用。

1. CPU 的作用

中央处理器之所以称为"中央",有两个方面的含义:第一,计算机绝大部分的运算都由CPU 完成;第二,计算机所有功能部件的工作都需要 CPU 来控制。所以,CPU 的功能概括来说就是运算和控制。

1)运算

高速运算是计算机的基本功能。实现这个任务看来非常艰难,因为计算机只能表示0 和 1。怎样用极其简单的记号 0 和 1 来表示和完成现实世界中复杂多样的计算呢?

第 1 章里说过,人们用算法来表示数据处理任务的操作过程。算法里的每个操作步骤都可以用更简单的操作序列表示。这种分解不断地进行,直到整个算法都由最简单的操作组成为止。而这些操作是可以在 CPU 的电路上用"位运算"的模式来实现的。

加减乘除当然是运算,是一种算术运算。至于哪些运算是"最简单"的,则大可以讨论。减一个数可以用加它的负数来实现,乘法也可以用连加的方法实现。

数理逻辑学用数学运算的形式来表示判断和推理的过程。"真"与"假"是两个逻辑值,表示逻辑命题成立或者不成立。计算机中可以用"0"表示假、用"1"表示真,可以把逻辑判断最终简化成若干个基本的逻辑运算的组合,包括"非""与""或""异或"等。这些基本的逻辑运算也是可以借助 CPU 的电路,用位运算的模式实现的。

除算术运算和逻辑运算之外,CPU 还可以执行其他的简单操作,如把一个内存字传送到 CPU 等候加工,把一个数据送到显示器上显示等。CPU 能够执行的每一种运算操作都表示为一种机器指令,在 2.2 节会介绍。

2)控制

一个系统计算机需要有一个控制中心,这个角色也是由 CPU 担任的。CPU 对计算机的控制首先体现在机器指令的执行过程当中。

CPU 先要从内存单元中取出一条指令,进行译码分析,确定这条指令要完成什么运算。一条指令可能需要若干次更基本的操作才能完成,每次基本操作,CPU 都要确定应该交给哪个部件执行。CPU 取指令、分析指令的过程称为**指令控制**,见 2.2.2 节所述。

为了执行指令,CPU 需要控制电子线路完成各类信息的传送。比如,要执行一次加法,CPU 把加数所在内存单元的地址经由地址总线送往内存储器;读出的加数经由数据总线回送 CPU;CPU 把执行加操作的信号经由控制总线送往运算器完成加法。CPU 的这一类控制称为**总线控制**。有关总线更详细的叙述见 2.1.4 节。

如运算指令的动作是输入输出数据,CPU 就要负责控制输入输出设备工作,这种控制叫做 I/O 控制或中断控制。所谓**中断控制**,是指一个输入输出事件发生的时候,CPU 中断正在进行的工作,转而做出相应的处理。第 3 章的 3.2.2 节中会更具体地介绍中断机制的概念。

像任何有序的工作都要依靠一张时间表一样,CPU 依靠时序信号精确完成控制动作。CPU 中有一个频率稳定的时钟电路,每个周期发出一个时序控制信号。若干个时钟周期里 CPU 完成基本操作的过程可称为 CPU 周期或者机器周期,若干个机器周期组成指令的完成过程。CPU 的这种控制称为**时序控制**。更详细的叙述见 2.2.2 节。

2. CPU 的主要组成部件

CPU 依靠算术逻辑运算器和控制器这两个主要部件来完成运算和控制的基本功能。此外,CPU 里有一组称作寄存器的高速存储器,用来协助运算器和控制器工作。

1)算术逻辑运算器

算术逻辑运算器(arithmetic & logic unit,ALU)的作用是执行由指令指定的操作。它从控制器接收运算指令,完成算术运算、逻辑运算和预先设定好的其他运算。参加运算的数据来自于内存单元或 CPU 内部的寄存器,运算的结果存放在寄存器中或者写回内存。

2)控制器

控制器(control unit,CU)用于控制计算机动作,完成时序控制、指令控制、总线控制和中断控制等任务。

3)寄存器

寄存器(register)用来短暂地存放 CPU 当前要执行的运算指令和涉及数据,以配合 ALU、CU 的工作。CPU 访问寄存器的速度比访问内存快得多,采用寄存器暂存信息才能跟上 ALU 和 CU 的节拍。寄存器的数量不会太多,一般会有几十个左右。

寄存器可以分专用寄存器和通用寄存器两类。专用寄存器的用途是固定的,用来存放特定的信息,如指令寄存器、地址寄存器、累加器和程序计数器等。通用寄存器多用来暂时保存运算数据,具体的用法由程序指令决定。

图 2-8 展示了 CPU 的主要组成部件。

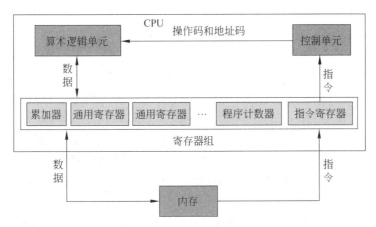

图 2-8　CPU 的主要组成部件

微机的 CPU 也叫做**微处理器**(microprocessor)。图 2-9 是一块微处理器芯片的正、背面和安装它的**主板**(mother board)的图片。CPU 背面有很多个插脚,以便嵌入主板电路,再通过主板电路与其他部件建立联系,实现数据存取、指令控制和 I/O 控制等功能。

(a) 微处理器芯片背面　　　　　　(b) 微处理器芯片引脚

(c) 主板

图 2-9　微处理器芯片

3. CPU 的处理速度

大型的计算机在设计和生产时是作为一个整体来考虑的,CPU 只是系统的一个部件。在这样的计算机系统里,通常用 CPU 每秒钟执行的机器指令数目来量度 CPU 工作速度。一个较为传统的单位是 MIPS(百万条指令每秒)。当然,这种量度标准略显粗糙,不同的机器指令的执行时间并不一定相同。但是 MIPS 这种描述简单直观,也能大致上表示出 CPU 的主要性能,所以仍然会使用。

而微机的情况有所不同。微机部件通常由不同的厂商独立生产。由于微机 CPU 厂商无法预料微机其他组成部分的性能,因此常常将 CPU 的主频作为微机性能的一个参照指标。

所谓**主频**,就是 CPU 的时钟频率,常用的单位是 MHz(兆赫)。假如 CPU 的主频是 1MHz,就是说 1 秒钟产生一百万个时间信号,或者说每个**时钟周期**是百万分之一秒。一条机器指令要经过若干个**机器周期**(machine cycle)才能完成,而每一个机器周期又由若干个时钟周期组成。

要注意的是,CPU 主频只是微机性能的一个量度参数,并不代表微机真正的运算速度。微机的整体性能由总线频率(外频)、内存容量和外部设备性能等多种因素来共同决定。

近年出现的所谓**双核、四核、八核处理器**,是指在单个半导体处理器上制造多个具有相同功能的处理器核心。或者说,将多个处理核心整合到一个物理处理器中。多核处理技术可以有效地提高微处理器的性能。

2.1.3 外部设备

外部设备是 CPU、内存、系统总线之外其他部件的总称。计算机的外部设备极为丰富,可以满足形形色色的应用要求。虽然外部设备各有差别,但本质上讲,所有外部设备的功能都是完成数据的输入和输出,因此**外部设备**也常称为 **I/O 设备**。下面介绍三类主要的外部设备。

1. 外存储器

外存储器(external storage)的功能是长期保存数据,在需要的时候再调入主机使用。从功能的角度看,**外存**是计算机的一种存储器;但是从系统结构的角度看,外存和其他 I/O 设备的地位相同,同属外部设备。

外存的特点是数据存储容量很大、数据的单位存储成本很低,但与内存相比,读写速度要慢好几个数量级,因此只适合用来保存非工作状态下的数据。常用的外存设备有磁盘、磁带、光盘和闪存等。

1) 磁盘

通常说的**磁盘**(disk)实际由两个主要部分组成:**盘片**(disc)和**驱动器**(driver)。

盘片表面有磁性材料涂层以存储数据。用磁性微粒的不同磁化状态来表示二进制数字 0 和 1。按照盘片使用的基材,磁盘主要分为**硬盘**(hard disk)和**软盘**(floppy disk 或 diskette)两种,它们的工作机理是一样的。

一个或者多个盘片安装在驱动器的一根轴上,以每分钟几千转的速度旋转。读写磁头非常贴近每个盘片表面,可沿半径方向直线移动。为了读写盘片上的数据,磁头需要定位。如图 2-10 所示,盘片表面被划分成一个个同心圆,每个圆就是数据存储的轨迹,称为**磁道**

（track）；直径相同、分布在不同盘片表面的一组磁道称为一个**柱面**（cylinder）；而每个磁道又被划分成若干段弧线，称为**扇区**（sector）。不同的磁盘里，柱面数目、每个柱面上的磁道数目、每个磁道上的扇区数目都会有出入。每个扇区上存放的二进制数字位数目是相同的，比如 512 字节或 1KB，所以靠中心的磁道上，数据存储密度比靠边缘的大。

磁道和扇区并非盘片的固定物理结构，而是通过一个初始的磁化过程形成的，这个过程称为**格式化**（formatting）。对一个已经使用的盘片进行格式化，会导致丢失全部已经存储的数据。

软盘由一张盘片封装而成。软盘存储量小，如规格为 3.5 英寸的软盘（如图 2-11 所示），存储容量仅为 1.44MB。软盘寿命比较短，但价格相当便宜，多用做机器之间的数据迁移。随着闪存等新型外存器件的使用日益广泛，可以说软盘已经被淘汰了。

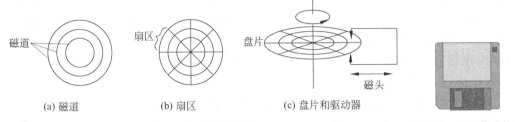

(a) 磁道　　　　　　(b) 扇区　　　　　　(c) 盘片和驱动器

图 2-10　磁盘示意图　　　　　　　　　图 2-11　3.5 英寸软盘

硬盘可以只包含一张盘片，也可以是由多达 10 张以上盘片组成的盘片组。硬盘存储量大，从几十到几百吉字节。驱动器多采用密封结构，工作寿命长，价格日益低廉。目前仍然是首选外存设备，用来长期保存大量数据。从图 2-12 中可以看到硬盘的内部结构。

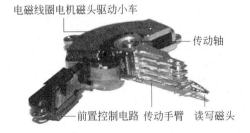

(a) 盘片　　　　　　　　　　　　(b) 驱动器

图 2-12　硬盘的内部结构

磁盘读写的时候，读写磁头来回伸缩对准数据所在的柱面和磁道；盘片高速旋转，磁道上的扇区依次通过磁头，这样就可以对数据进行读写了。所以，磁盘是一种**随机存储设备**。只要指定柱号、道号和扇区号，就可以在大致相同的时间内（几毫秒），对存储在磁盘某一个位置的数据进行读写。随机存储是磁盘重要的工作特点，因此才可以使用各种方法来组织磁盘数据的存储。这也是磁盘得以成为核心外存设备的重要原因。第 5 章会介绍外存数据的组织方法。

磁盘的性能取决于几个因素：**寻道时间**，即磁头从当前位置移动到数据所在的磁道柱面需要的时间；**旋转延迟**，磁头到达磁道后，等待数据所在的扇区转动到磁头下需要的时间；

传输速率,数据在盘片和磁头之间传送需要的时间。

尽管因为技术的进步,已经可以在几毫秒内完成一次磁盘读写动作,但磁头寻道和盘片旋转都涉及机械运动,读写速度的提高始终受根本限制,和电子电路微秒级,甚至毫微秒级的工作速度无法相比,所以计算机运行的时候,主机的高速和外部设备的相对低速是系统不可消除的基本矛盾。第3章会谈及应对这个基本矛盾的一些技术方法。

2)磁带

磁带(tape)是另一种传统的外存设备,数据存储在塑料薄带基材的磁性材料涂层上。磁带缠绕在磁带驱动器的两个滚轮之间,当滚轮转动带动磁带通过一个固定的磁头时,就可以进行数据读写。图 2-13 是磁带机的构造示意图。

磁带机的机械结构决定了它是一种**顺序存储设备**。数据只能顺序地存放在磁带上,访问时也只能从头到尾依次进行,不可以随机地指定读写位置。这样,外存数据在磁带上的组织和使用就受到极大的限制。磁带的移动速度比较慢,一卷磁带的读写时间长达若干分钟。但磁带的数据存储量极大,存储成本非常低,现在主要用做系统的**数据备份**(backup)设备。

3)光盘

和磁盘类似,**光盘**(compact disk,CD)也由盘片和驱动器组成。

光盘存储数据的原理是在树脂盘片上压制出微小的坑点,有坑和没有坑的地方分别代表 0 和 1。盘片表面镀上金属反射层,外面再加上一层保护涂料。激光束照射到盘片上时,在坑点和平面的反射状态不一样,激光头捕捉这种变化完成数据读出。图 2-14 示意性地表示了光盘的工作原理。

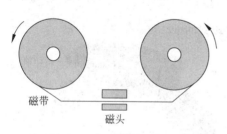

图 2-13　磁带机构造示意

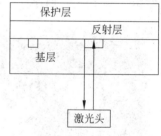

图 2-14　光盘工作原理示意

CD 最早用来保存音频信息,以取代传统的唱片。稍作改进之后,形成一类计算机外存设备,包括:

(1) **只读光盘**(CD-ROM)。厂家批量生产,制造成本极低;上面存储的信息只能读取,不能修改;标准存储容量为 650MB。

(2) **可刻录光盘**(CD-R)。以没有内容的空白光盘形式提供,用户使用光盘刻录机写入内容,但一次写入之后只能用做 CD-ROM。CD-R 盘片记录信息的"坑点"是在一层特殊的染料里"模拟"的。刻录机的激光束能够改变染料的化学组成,这种化学变化如同在盘片上压出坑点一样。

(3) **可重写光盘**(CD-RW)。如同磁盘一样,可以反复写入信息。盘片构造近似 CD-R,只是用特殊的合金材料取代染料。在激光的作用下,合金材料不但可以具有两种稳定状态,而且两种状态可以互相转换。因此,CD-RW 可以支持数据的重写。

和磁盘一样,CD-RW 也是随机存储器,而且数据存储密度和使用寿命显著优于磁盘,只要制造成本能够接近磁盘,就有可能成为未来最重要的外存设备。

(4) **数字多功能光盘**(DVD-ROM)。采用了缩小坑点等一系列光存储技术,从而增大了每一个盘片的存储容量,大约在 4.7～17GB 之间。

上述各种光盘片要放在相应的光盘驱动器中才能进行信息的读或写操作。习惯用**倍速**来表示光盘驱动器的基本性能,表示读或写的速度是第一代光驱的倍数。如标记为 40X 的光驱,表示其速度是第一代光驱的 40 倍。第一代光驱的读写速度大约是 150KB/s,那么 40X 光驱的速度是 6MB/s 左右,其余依此类推。

4) 闪存

闪存(flash memory)由 EEPROM 发展而成,包含的电子电路支持随机存储数据,断电之后存储数据不会丢失。未来计算机的整个存储器有可能都由闪存构成。目前除了用做 ROM 之外,闪存主要用来制造外存储器,商品名通常称为"U 盘"。它外形小巧、易于携带,插入计算机的 USB 端口就可以工作。读写时直接通过 USB 端口通电,断电之后数据仍能长期保存。闪存盘的数据存储容量不断增加,目前已多为 GB 级。单位存储成本日益低廉,实际上已经取代了软盘的使用,甚至开始出现取代移动硬盘的趋势。目前已有些计算机只配备固定硬盘,不过价格要贵一些。

闪存盘支持"热插拔",即在计算机通电的情况下随意插拔。但要强调的是,任何时候都可以插入,但拔出之前一定要先执行操作系统的断开闪存设备命令,等计算机系统切断给闪存的供电之后方可拔走,否则有可能破坏存储数据。一种 U 盘的外形如图 2-15 所示。

也可以把闪存做成电路卡,工作时闪存卡要插入驱动器当中。图 2-16 展示了闪存卡及其驱动器。它在数字相机里多用来作为照片的存储介质。

(a) 闪存驱动器　(b) 闪存卡

图 2-15　U 盘　　　　　　　图 2-16　闪存

2. 输入设备

顾名思义,**输入设备**(input device)是用来向计算机输入各种数据的,种类极其繁多。按照输入数据的形式,可以分为字符输入设备、图像输入设备和声音输入设备等;按照输入的方式来分,有物理触摸、光学扫描和声控等。常见的输入设备描述如下。

1) 字符输入设备

最为人熟知的字符输入设备莫过于**键盘**(keyboard)。计算机键盘在传统方式的基础上安排了上百个按键,分为英文字母、数字、标点符号、光标移动和功能键等几大类。操作时,有时一次按一个键，比如 A；有时会同时按下多个键，比如 Ctrl＋Alt＋Del。每一次按键，都会以电子信号的形式向计算机内部传送一个字符数据，至于这个字符数据表示的语义，最终由接收这个字符的程序来解释。

例如计算机操作系统 DOS 运行时，按下 Ctrl＋Alt＋Del 三个键，将会导致计算机重新启动；当运行的是 Windows 操作系统时，同时按下这三个键，程序解释为用户想进入到登录界面。

另外一个例子是按下 Enter 键时，绝大部分程序都当作收到两个控制字符——"回车"和"换行"，但这仍然是接收字符的程序对输入 Enter 字符的解释行为而已。

2）定位设备

第二类输入设备称为**定位设备**（pointing device）。使用的方式是计算机显示一批输入数据，用户操作定位设备选择要输入的数据。这种"选择输入"的方式比键盘输入方便得多，因为要输入的信息往往是长长的一串字符。

（1）鼠标（mouse）。"鼠标"的标准称呼应该是**"鼠标器"**，由移动方向控制和操作控制两部分组成。操作控制部分通常包括左、右键和控制轮。使用时在平面上移动鼠标，以控制显示器上的**光标**（cursor）对准供选择的数据对象，再使用单击或双击左、右键或者拖动鼠标等简单操作来表示用户希望输入的数据。显然，这种输入操作方式非常简便，是深受人们欢迎的主要原因。

鼠标种类越来越多。按移动方向控制方法的不同，可以分为机械式鼠标和光电式鼠标；按照接口类型的不同，可分为串行鼠标、USB 鼠标和 PS/2 鼠标；按照和计算机主机的连接方式，可分为有线鼠标和无线鼠标。按照使用的无线频带和技术标准，无线鼠标可分为 27MHz RF、2.4GHz 和蓝牙三类。它们在使用范围、抗干扰能力和生产成本等方面互有差别。

各类鼠标如图 2-17 所示。

(a) 传统的有线鼠标　(b) 采用27MHz无线技术的鼠标　(c) 采用2.4GHz技术的鼠标　(d) 采用蓝牙技术的鼠标

图 2-17　各类鼠标

（2）轨迹球（trackball）。可以把轨迹球看作是一个倒置的机械式鼠标。直接用手拨动能够向任何方向转动的圆球，以控制光标的移动，而球座是固定不动的。和鼠标一样，使用左、右键进行简单操作。一种轨迹球的外观如图 2-18 所示。

（3）触摸板（touchpad）。触摸板是另外一种固定式的定位输入设备，已经成为笔记本式计算机的标准配置（如图 2-19 所示）。在一小块平滑的触控板上，用户用手指的滑动操作移动游标，设有和鼠标相仿的左、右操作键。触摸板反应灵敏，游标移动快，但定位精度较低。有些人仍然喜欢在笔记本式计算机上加装普通鼠标。

图 2-18　鼠标形状的轨迹球

图 2-19　笔记本式计算机上的触摸板

（4）触摸屏（touchscreen）。触摸屏是与显示器配合使用的人机界面装置。操作者可直接用手指在显示器上点触触摸屏，就可以进行选择式的输入。在公众服务性场所应用颇为普及。如银行的自动柜员机上，客户触摸显示屏不同区域，表示选择存款、取款和转账等不同业务。图书馆、商店等处设置的各类信息查询系统也常常使用触摸屏（如图 2-20 所示），方便不习惯计算机操作的人使用。在微软新推出的所谓"平面微机"中，触摸替代鼠标成为最主要的输入方式。在手机一类的计算机嵌入式系统中，采用触摸输入方式已成为主流。而由著名的苹果公司发布的备受市场瞩目的 iPad 产品，介乎手提计算机和 iPhone 手机之间，实际上是一种平板触屏计算机。

（5）游戏杆（joystick）。游戏杆是个附带几个按钮的手柄，专用于计算机游戏的控制，最早出现在飞行仿真游戏中。利用游戏杆，玩家操控游戏更方便，更有真实感，有的游戏杆还带有传感装置，比如在开枪扫射的时候，能够清晰地感觉到手的颤抖。图 2-21 展示了某款游戏杆的外观。

（6）输入笔（pen-based system）。可以用输入笔在一块与计算机相连的书写板上书写文字，并且输入计算机。装置利用压敏或者电磁感应的原理，把笔在运动中的坐标位置不断送入计算机内，安装的文字识别软件根据采集到的输入笔运动轨迹识别出用户所写的文字，如图 2-22 所示。PDA（个人数字助理）和手机都会配备这一类输入设备。

图 2-20　配备触摸屏的信息查询系统

图 2-21　游戏杆

图 2-22　输入笔

3）扫描设备

第三类输入设备是用光学扫描方式进行图形、图像数据输入的设备。

（1）条码阅读器（bar-code reader）。条形码是一种数字编码。每个十进制数字表示为定长的一个二进制数，用黑线条表示二进制数字 1，用白线条表示二进制数字 0。根据不同应用领域的要求，设定条形码的编码规则（码制）。例如，超级市场商品上印制的条形码叫

UPC 码,每个数字用 7 条黑白线表示。挂号邮件上用的条形码则使用另外一种码制。

条码阅读器是一种光电式输入设备,用来读出条形码所代表的数,至于读入数的含义由处理程序负责解释。常见的条码阅读器有手持式和固定式的。阅读器发出光线照到条码上,再捕捉黑白条反射光线的差异,转换为数字的常规编码后输入给程序处理。图 2-23 展示了常见的条码和条码阅读器。

(2) 磁性墨水阅读器(Magnetic-Ink Character Recognition,MICR)。磁性墨水文字阅读器能够阅读用磁性墨水印刷的文字,常用来识别银行支票上印刷的数字,如支票流水号、银行账号等。数字用一种对磁场敏感的特制墨水印刷,可被特别的阅读器读出,输入计算机进行后续处理。除输入方便外,因为不易仿制,还能验证支票这样的纸张类文件的合法性。典型的 MICR 支票阅读器如图 2-24 所示。

(a) 条码　　　　　(b) 条码阅读器

图 2-23　条码与条码阅读器

图 2-24　MICR 支票阅读器

(3) 光学标记阅读器(optical mark recognition,OMR)。学生都参加过以选择题形式进行的标准化考试,用 2B 铅笔涂黑试题答案的编号。涂抹式答题卡就是用 OMR 来阅读的,OMR 能够快速识别信息卡上的涂黑点,再传入计算机中处理(如图 2-25 所示)。其原理是OMR 发出的光线照射在信息卡上,涂黑的部分光被吸收,反射光变弱,不同强弱的光信号转换为电子信号后就可以读入计算机了。不必太担心读入的出错率,OMR 每小时可读入信息卡 3000~10 000 张,误码率低于百万分之一。

(4) 扫描仪(scanner)。扫描仪的作用就是对文本、照片和图画等材料进行光学扫描,再转变为数字信号输入到计算机中,以图像数据的形式存储和处理。图 2-26 是一种扫描仪的外观。

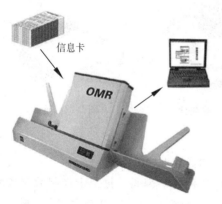 

图 2-25　光学标记阅读器(OMR)

图 2-26　扫描仪

配合**光学字符识别技术**（optical character recognition，OCR），也可以将纸张上的文字扫描输入后，把图像格式的文字数据转化为字符数据，以**文本**（text）文件的形式保存起来。然后就可以使用文字处理程序进行处理了。这样做比用键盘输入文字快得多。

表示扫描质量的一个主要参数是 **dpi**（dot per inch，点/英寸），表示单位面积上包含的**像素**数目，也就是扫描的精度。每英寸中的像素越多，扫描图像的清晰度越高。

除了上面介绍的各种输入设备之外，随着计算机的应用领域不断扩展，新的输入设备也层出不穷。例如，数码相机、指纹输入器、视网膜扫描仪、影像画面捕捉卡、活动影像输入卡、以声音识别为核心的语音输入系统以及各种各样的物理量传感器等。

3．输出设备

存储在计算机内的数据通过**输出设备**（output device）向外界输出。和输入设备一样，输出设备的种类也越来越多，以满足各种应用的不同要求。

1）显示器

几乎每台计算机都会配备**显示器**（display），以字符或图像的方式来输出数据。使用的显示器主要有两种：阴极显示管（cathode-ray-tube，CRT）显示器（如图 2-27(a)所示）和液晶显示器（liquid crystal display，LCD）（如图 2-27(b)所示）。前者已被淘汰了。

(a) CRT 显示器　　　　　　　(b) 液晶显示器

图 2-27　显示器

CRT 显示管底部涂有一层荧光材料，电子枪发射出电子束击打在显示管底，使被击打的位置发光。每一个发光点又由红、绿、蓝三种颜色的发光点组成，通过电子束的高速扫描，所有光点就可以组成绚丽多彩的画面。

LCD 显示屏由两块玻璃板夹着一层液晶材料组成。液晶材料的作用类似于一个个微小的光通阀。LCD 中的电极产生电场时，液晶分子就会产生扭曲，阻挡或让背景光线通过，从而产生图像。

评价一款显示器的主要技术指标包括尺寸、解像度、点距和刷新速率等。

（1）尺寸（size）。尺寸是指显示器屏幕的对角线长度，多用英寸表示，15、17、19 英寸都是常用的规格。实际上，显示器的可视区域对角线长度比尺寸要小一点，如 17 英寸显示器，可视区域的对角线大约只有 16 英寸左右。

（2）解像度（resolution）。解像度是指显示器屏幕由多少个光点组成，也叫分辨率，1024×768 是个常见规格，1024 表示横向上的点数，768 表示纵向上的点数。尺寸相同时，屏幕解像度越高，图像自然越清晰。厂商按照不同的模式标准生产显示器，用过的标准有 VGA、SVGA 和 XGA 等。VGA 的分辨率为 640×480；SVGA 的分辨率为 800×600；XGA 的分辨率为 1024×768。随着技术的发展，新的显示标准还在不断出现。

（3）点距（pitch）。点距是指显示点之间的距离，点与点间的距离越小，图像清晰度越高。家用的显示器点距一般不超过 0.28mm，专用的显示器可以达到 0.22mm。

（4）刷新速率（refresh rate）。刷新速率是指屏幕刷新的速度，因为屏幕显示会随时间衰减，所以需要不断刷新。这个参数代表一秒钟画面更新的次数，单位是 Hz（赫兹）。如刷新速率是 75Hz，表示一秒钟更新屏幕画面 75 次。刷新频率越低，画面闪烁和抖动的现象就越厉害，会带来不舒服的感觉。通常来讲，75Hz 以上的刷新速率才可以提供稳定的画面。

2）打印机（printer）

打印机是将字符、图像等数据打印在纸上的输出设备。按照打印机构是否和纸张接触，分为击打式和非击打式两类。针式打印机、行式打印机属于前一类，喷墨打印机、激光打印机属于后一类。

（1）**针式打印机**曾经是最常见的通用打印机（如图 2-28 所示）。打印头有 9～24 根针，打印时打印机控制针尖高速撞击色带在纸张上留下色点。印出的色点点阵组成字符或者图像，所以又叫做点阵打印机。针式打印机主要用于字符打印，打印的图片质量较差，但价格便宜。现在使用范围变窄了，多用于打印带无碳复写纸的多页文档，比如多联发票。

和针式打印机逐字符印出的方式不同，行式打印机能够一次印出整行字符。价格较贵，但打印速度可达每分钟几千行，多用在大型的计算机系统里。

（2）**喷墨打印机**（如图 2-29（a）所示）的灵感来自针式打印机。打印头用喷枪代替打印针，可以把微小墨水滴精确地喷射到纸上。墨水点阵组成字符或者图像。不同颜色墨水滴的叠加可以印出彩色点，现在厂家已经推出带 4～7 色墨盒的喷墨打印机，能够印出色彩很艳丽的图像和照片。

（a）喷墨打印机　　　　（b）墨水外观

图 2-28　针式打印机　　　　　　图 2-29　喷墨打印机

（3）**激光打印机**是一种非击打式打印机（如图 2-30 所示），工作原理近似复印机。核心部件是个硒鼓，硒鼓是一只在表面涂覆有机材料、带静电荷的圆筒。要印出的数据由激光束扫描在硒鼓的表面，有的地方受到照射，电荷消失，有的地方没有光线射到，仍保留有电荷。这样硒鼓表面就形成了由电荷组成的潜影。打印墨粉也带电荷，极性和硒鼓表面电荷相反。

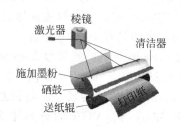

（a）激光打印机外观　　　　（b）激光打印机的主要工作部件

图 2-30　激光打印机

硒鼓表面经过涂墨辊时,有电荷的部位会吸附墨粉颗粒,潜影就变成了真正的影像。硒鼓转动,把吸附的碳粉转移到打印纸,图像就印在纸张上面。经过加热,塑料质的墨粉被熔化,冷却之后,纸张表面的图像就被固化了。彩色激光打印技术亦已成熟。

激光打印机的打印质量极好,打印速度和价格都可以接受,因此使用日益广泛。

3) 绘图仪

在计算机辅助设计(CAD)与计算机辅助制造(CAM)系统中,绘图仪(plotter)是必不可少的输出设备,准确地把线条图形绘制在图纸上输出。从结构的角度,绘图仪可以分为平台式和滚筒式两种。平台式绘图仪的工作原理是在计算机控制下绘图笔或者喷墨头沿 X、Y 方向移动,在固定不动的绘图纸上画出图形。滚筒式绘图仪的工作原理是绘图笔或喷墨头沿 X 方向移动,而安装在滚筒上的绘图纸沿 Y 方向移动,这样可以绘制出长度较大的图纸。滚筒式 X-Y 绘图仪如图 2-31 所示。

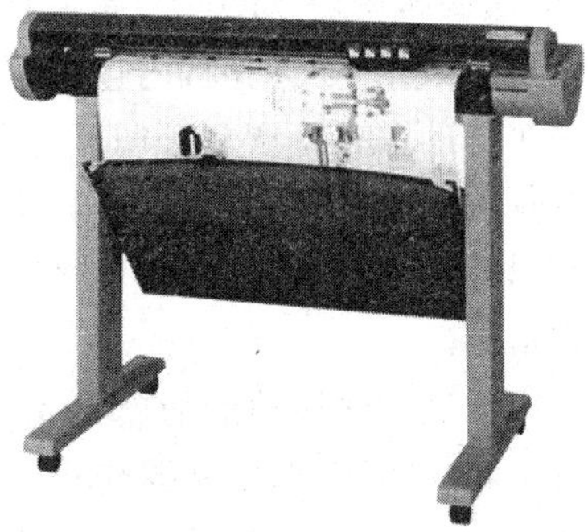

图 2-31　滚筒式 X-Y 绘图仪

4. 终端设备

终端(terminal)是指计算机系统向外延伸最终的端点设备,作为用户与计算机系统之间的交互操作界面。随着应用环境的不同,终端可能由通用的 I/O 设备组成,也可能是某些特殊设备;又有所谓**哑终端**(dull terminal)与**智能终端**(intelligent terminal)之分。

一般的 I/O 设备都属于哑终端,所有输入输出功能完全依赖于计算机主机的控制,自身并没有数据运算处理的能力。键盘、显示器和打印机就是典型的哑终端。

智能终端自身带 CPU,除基本的数据输入输出功能之外,还具有一定的数据处理能力。下面提及的 POS 和 ATM、曾经流行过的汉字终端都属于智能终端。

销售点终端(point of sale,POS)也称为收银机、收款机,广泛用于百货商场、超市、宾馆等零售、服务业的收银业务。POS 集主机、专用键盘、读卡机、显示屏、账单打印机于一体,通过网络与银行主机相连,成为具有电子结算功能的收银系统终端设备。

自动柜员机(automatic teller machine,ATM)是银行系统常采用的一种用户终端,设置在公共场所。ATM 本身的主机通过通信网络与银行主机联结。用户用银行卡和密码确认身份之后,即可在 ATM 上自助地完成取款、存款、账户查询和转账等银行柜台业务。除了主机之外,ATM 上还集成了专用的键盘、显示器、读卡器、打印机和语音设备等。

其实智能终端已经是一台完整计算机了,不过它不独立运行,而是充当系统终端设备,完成和用户的交互操作。在现代计算机网络的应用环境里,移动终端是另外一类广泛使用的智能终端设备。

移动终端又称移动通信终端,顾名思义是指可以在移动状态中使用的计算机外部设备。移动终端的品种越来越多,最常见的有智能手机、平板电脑、笔记本电脑等。移动终端已经拥有强大的处理能力,成为无线网络环境里的综合信息处理平台。

各种移动终端的出现推动计算机系统进入了移动信息处理时代,对人类社会生活方式的影响极为深远。比如,现代手机已经从单一通话功能的通信设备演变成为移动通信终端,人手一台,使每个人随时随地都能接入计算机系统,成为使用最广泛的终端设备。今天人们用手机运行"微信"在朋友圈里收发消息,或者访问网站看看新闻、发发议论的时间远比打电话多。

5. I/O 接口

I/O 设备不能够直接与计算机的 CPU 和内存相连接,主要原因有两个。

首先,CPU 和内存的操作速度与 I/O 设备的数据输入输出速度相比,要快几个数量级,两者直接相连的话,根本无法在时间上同步地、协调地工作。

其次,数据与 I/O 设备特性相适应的形式和与主机内部特性相适应的形式差别很大。例如,**调制解调器**(modem)是一种用于计算机通信的 I/O 设备,只能接受一位跟着一位的所谓串行数据,而计算机内连接 CPU 和内存的数据通道(称为总线)是以并行方式同时传送多个位的。要将调制解调器与主机相连,就必须有一个中间转换机构,进行并行数据和串行数据的相互转换。例如,音箱是一种音频设备,只能识别模拟形式的音频信号;而计算机内部只能够处理数字信号,要将音箱与计算机相连,中间也必须做转换,将数字信号转换为模拟信号。

实现这种转换功能的就是 **I/O 接口**(interface)。I/O 接口是一组电路,在不同系统里会有不同的叫法,如**控制器**(controller)、**适配器**(adapter)等。大、中型计算机的接口部分更加复杂,会设置所谓的**通道**设备,甚至独立的计算机来负责对数据输入输出的控制,会拥有专用的 I/O 处理器,有特别的指令和程序来控制外部设备以及数据的传输。

微机则有比较标准化的 I/O 接口结构。通用 I/O 设备的接口是必备的,所以主板上一般都集成有硬盘接口、音响和麦克风接口等。但是不同应用需要使用的外部设备各不相同,无法在生产主板时预料。例如,有人需要用微机控制一块巨幅广告屏幕,有人需要微机进行高质量的语音合成,这样就需要相应的专门接口。即使是通用外设,用户也会有特别的要求。有人热衷于电子游戏,对图像显示的质量要求特别高,那么就需要一块专用的显卡,即显示器特别的接口电路。

为此,微机的主板上设计了和系统总线连接的**扩展槽**(expansion slot),槽上可以很方便地插入各种扩展卡,即主板上没有集成而应用设备又需要的接口电路,如图 2-32 所示。现在,显示器接口会以独立显卡的形式提供,以便用户按照自己的需要来选择。

随着微机能够支持的外设越来越多,扩展卡种类也日益丰富。常见的包括网络接口卡(network interface card,NIC),简称网卡,用做把网络设备接入主机接口电路;SCSI(small computer system interface,小型计算机系统接口)卡,能够用一个扩展槽连接多达 7 种设备,主要用于连接打印机、硬盘驱动器和 CD-ROM 驱动器等;PCMCIA(personal computer memory card international association)卡,尺寸只有信用卡大小,特别适合便携式计算机,可以做成硬盘接口、网络接口、扩展内存卡、视频画面捕捉卡、扫描控制卡、显卡、声卡、视频转换卡和内置式的调制解调器等。

因此,扩展槽数量也是衡量微机扩展性能的一个重要指标,更多的扩展槽可以为日后的设备升级带来很大的方便,可以安装更多的扩展卡来实现更多的功能或者增强性能。

为了方便外设的接入,微机在主机机箱上设置了多种**端口**(port)。端口依靠总线来和扩展槽上的扩展卡连接,再通过系统总线和 CPU 及内存连接。或者把端口直接接入主板上集成的 I/O 接口。这样,各种外部设备都可以通过连线和不同规格的插头插入端口,很方便地和主机连接。

端口和接口一样,要符合外部设备的机械电气特性,才能使外部设备与主机协同工作,如图 2-33 所示。根据端口上数据的传送方式,可以分为串行和并行两大类。串行端口逐位传输数据,而并行端口可以同时传输多个位。

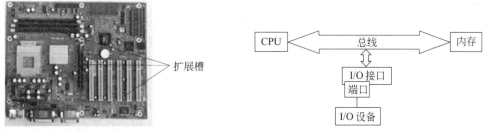

图 2-32　微机主板上的扩展槽　　　　　　　图 2-33　接口和端口示意

微机一般会配备两个 RS-232 串行端口和一个并行端口,RS-232 是串行传送数据的一种标准协议。机箱上串行端口常常标记为 COM1、COM2,用于接入调制解调器、鼠标等设备。并行端口常标记为 LPT,可用于连接打印机。

USB(universal serial bus)是另外一种应用极广泛的串行端口,常常用于接入鼠标、U 盘(闪存盘)、移动硬盘和打印机等多种外设。同一种设备可使用不同标准的接口、端口和总线,设备连线上会有不同的相应插头。例如,可以选用串口鼠标,也可以选用 USB 口的鼠标。有些打印机使用并口,有些使用 USB 口,连线上就使用相应的不同规格插头。

SCSI 端口的数据传送速率很高,可以用菊花链(daisy chain)的方式连接多台外设,如磁盘、CD-ROM 和磁带机等。菊花链是指从接口开始,各种设备“首尾相接”地依次连接。

有时也会用连接的外设的名字来标识端口,如键盘端口、显示器端口和游戏杆端口等。微机机箱背面的各种端口如图 2-34 所示。

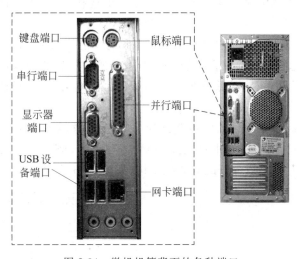

图 2-34　微机机箱背面的各种端口

2.1.4　总线

总线(bus)是在计算机系统各组成部件之间传送数据的一组公共信号线的集合。总线可以分为内部总线和外部总线。内部总线是指在 CPU 内部连接寄存器、运算器、控制器进行数据传送所使用的总线；外部总线是连接 CPU、内存、I/O 设备接口等各种部件进行信息传送的总线，也称为系统总线。

1．系统总线的种类

从逻辑功能的角度来说，按照总线上传输的信息内容，可以把系统总线分为数据总线、地址总线和控制总线三类。地址总线用来传送地址信息，数据总线用来传送数据信息，控制总线用来传送控制信号。系统总线大多采用并行传送方式来传输信息，以保证数据的传送速度。

1）数据总线

数据总线是双向传输数据的通道。数据总线宽度是指能同时传送的数据位数，也就是访问内存单元或者 I/O 设备接口时一次能够交换的数据位数。例如计算机字长 32 位，那么需要宽度为 32 位的数据总线进行并行传送。如果条件受到限制，也可以考虑采用宽度为 16 位的总线以并串行的方式传送数据。

2）地址总线

地址总线是单向传输通道，把 CPU 要访问的地址传送到内存或 I/O 设备接口，用以指定某个内存单元或某个外部设备的 I/O 接口位置。地址总线宽度决定了访问的地址空间容量。例如，数据空间容量一共有 2^n 个地址，那么地址总线一次要传送 n 位地址数据，因此要配备宽度为 n 位的地址总线。

3）控制总线

控制总线负责在中央处理器和其他部件之间传送控制指令，包括内存单元、I/O 接口的读写、同步信号和中断信号等。

2．总线结构

系统总线连接 CPU、内存和 I/O 设备接口。总线的布置以及与各个部件的连接方式会对计算机系统的总体性能产生重大影响。依据不同的连接方式，可以把总线结构分成单总线和多总线两类。

使用单一总线来连接 CPU、内存和 I/O 接口称为单总线结构，多为微机和小型机采用，如图 2-35 所示。单总线结构简单、便于扩充，但由于所有信息的传送都要经过唯一的一条总线，高速部件（CPU 和内存）和低速部件（I/O 设备）竞争占用总线可能会成为计算机的瓶颈，因此要采用其他技术来缓解这个矛盾。

为解决 I/O 设备和 CPU、主存之间传送速率的差异，整体上提高系统的数据传送效率，可以采用多总线结构。用高速专用总线连接 CPU 和内存，把速度较低的 I/O 设备分离出去，形成系统总线与 I/O 总线分开的双总线结构（如图 2-36 所示）。

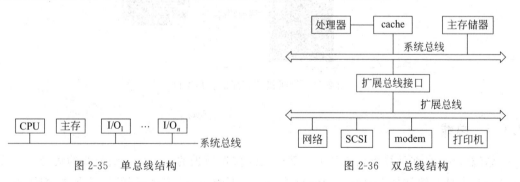

图 2-35　单总线结构　　　　图 2-36　双总线结构

大、中型计算机往往采用三总线结构。由所谓"通道"来管理 I/O 设备,通道实质上是一台专用的 I/O 处理器。计算机使用三类不同的总线,CPU 和内存由高速总线连接,它们和通道由系统总线连接,所有的 I/O 接口都挂在 I/O 总线上,由通道负责控制。

除上述几种总线外,当然还会有其他的总线连接方式,这是计算机体系结构设计时必须考虑的问题。

3. 总线的性能参数

评价总线性能的主要参数包括:

(1) 总线时钟频率。度量单位为 MHz,是影响总线传输速率的重要因素之一,常见的计算机总线时钟频率如 133MHz 等。

(2) 总线宽度。即总线上同时能够传送的位数,度量单位是位。

(3) 总线传输速度。表示为总线每秒传输的最大字节数,度量单位为 MB/s。

4. 微机的总线标准

微机多采用这样一种生产方式,各种部件产自于不同的专业厂家,然后由厂商甚至用户自己组装成计算机。不同厂家生产的部件会采用不同的技术细节,但是都可以互换,都可以协调地工作,主要是得益于"标准"。

总线是按照一定的工业标准生产的。其他部件包括 CPU、内存、I/O 接口和外部设备,要能够在同一个标准下工作,才可以协同地执行处理任务。

在发展的不同时期微机使用过的总线标准很多,广泛被采用的如下:

1) ISA 总线

ISA(industrial standard architecture)总线是 IBM 公司于 1984 年提出的微机总线标准。ISA 总线宽度是 8 位和 16 位,早期应用非常广泛。由于总线速度比较慢,现在已很少应用。1988 年,Compaq、AST、NEC 和 HP 等 9 家公司联合推出了扩展工业标准体系总线 EISA(extend ISA)。EISA 是 32 位总线标准,完全兼容 ISA 总线信号,同时具有更加强大的输入输出扩展能力。

2) PCI 总线

PCI(peripheral component interconnect)总线是由 Intel 公司推出的一种局部总线。PCI 总线宽度为 32 位,可以扩展为 64 位。PCI 总线的功能和 ISA、EISA 相比有极大改善,最大传输速率可达 132MB/s,可同时支持多组外围设备。

3) USB 总线

USB(universal serial bus)总线是由 Intel、Compaq、Digital、IBM、Microsoft、NEC 和 Northern Telecom 这 7 家世界著名的计算机和通信公司共同推出的一种新型总线标准。基于通用连接技术,实现简单快速连接外设,达到方便用户、降低成本、扩展计算机连接外设范围的目的。USB 可以为外设提供电源,而不像使用普通串、并口的设备需要单独的供电系统。另外,快速是 USB 的突出特点之一,USB 的最高传输率可达几百 Mb/s,比串口和并口快百倍。越来越多的外部设备采用 USB 总线和 USB 端口与主机连接。

习　　题

1. 列举完成数据处理各个基本环节任务对应的硬件设备。

2. 解释下列概念:位、内存单元、字、字节、字长。

3. 比较下列各种存储器的特点和作用：外存、内存、高速缓存、寄存器。

4. 计算机内存容量为 512MB，它一共有多少个二进制位？

5. 101 单元存放了一个数 5，102 单元存放了数 6；执行把 101 单元读出的数据写入 102 单元的操作之后，101、102 单元的存储内容各是什么？

6. 要交换 101、102 两个单元的存储内容，下面的操作序列是错误的：

　　　　把 101 单元的内容写入 102 单元；

　　　　把 102 单元的内容写入 101 单元。

指出出错的原因。设计一个正确交换 101、102 单元内容的操作过程。

7. 把数据写入磁盘时，应该写完一个盘片再写下一个盘片，还是先写完一个柱面再写下一个柱面？为什么？

8. 在机票预订系统中，数据应该存放在内存、磁盘还是磁带当中？

9. 配备小容量的高速缓存就能显著加快内存访问速度的原因是什么？

10. 比较随机存储设备和顺序存储设备的差别。

11. 假设硬盘的转速是每秒 120 圈，平均寻道时间是 10ms，那么它的平均存取时间是多少毫秒？

12. 显示器的解像度为 1024×768 位，每个像素的颜色要用 16 个位来表示，计算一幅画面需要多少个字节来存储。

13. 列举 CPU 的组成部件及其作用。

14. 指出两种量度 CPU 运算速度指标的含义。

15. 为什么必须在主机和外设之间设置 I/O 接口？

16. 列举两三种使用 USB 端口的常见 I/O 设备。

17. 列举你知道的计算机输入设备和输出设备。

18. 指出总线的种类和作用。

19. 查一查你用的计算机上配置了什么标准的总线。

2.2　计算机程序

天气热，想开电风扇，要按一下开关；司机想让汽车跑得快些，要换个挡，改变变速箱里齿轮的啮合关系，再踩下油门，让发动机转得更快一些。人类社会进入机器时代之后，人们总是从机器的外部来控制机器的运行状态。最早期的计算机也不例外，只有数据是存储在计算机内部的，对数据加工过程的控制要通过外部成百上千的开关或者改变控制部件布线才能实现。人们很快认识到，从机器外部对机器施加控制的传统方法在计算机上行不通。因为控制提交给计算机的速度远远赶不上计算机执行操作的速度。要知道，历史上第一台计算机 ENIAC 每秒钟已经可以运算 5000 次了。

第 1 章里讲过，对每一个数据处理任务都必须由人先提出算法。算法代表了完成任务的操作过程。但每个操作都必须是计算机这部机器能够执行的，因此算法必须转换为程序。所谓计算机程序就是由计算机能够完成的操作所组成的动作序列。可见，程序是算法的体现，代表人对计算机运行的控制。

早在 20 世纪 40 年代，冯·诺依曼就提出了一个天才的想法：应该把程序预先存储在计算机内部,运行时计算机自行提取程序中的每一条操作指令执行。这就是程序存储原理,是人类控制机器方式的一次革命性突破。以程序存储原理为核心的冯·诺依曼结构体系成为计算机的标准结构。计算机的基本结构至今未变。现代计算机之所以能够以每秒亿万次操作的速度完成各种数据处理任务,程序存储原理实在居功至伟。

要理解什么是计算机程序,什么是程序存储原理,要从认识机器指令开始。

2.2.1 机器指令

在专业术语中,机器是计算机的代名词。**机器指令**(machine instruction)是计算机 CPU 能够直接识别和执行的基本操作的表示。所谓"直接识别",意味着机器指令代表了 CPU 电子电路能够完成的动作,这些动作是在设计 CPU 时预先确定的。所谓"基本操作",就是它们都是一些很简单的动作,否则 CPU 电路就无法完成了。

1. 机器指令的编码形式

计算机内,一切数据和操作的表示都呈现为二进制数的形式,因为所有硬件设备都只能用两种不同的物理状态来表示二进制数字"0"和"1"。

数据有数、字符、图像和声音等形式。数能够用二进制数形式来表示尚勉强能够想象,其他形式的数据也能用二进制数表示就令人费解了。各类数据的表示方法基于编码规则,在第 5 章里再详细叙述。

那么,为什么代表操作的机器指令也能以二进制数的形式出现呢?因为设计 CPU 时,首先要规定每一种指令的编码形式。不同 CPU 的指令编码形式会有很大的差别。但概括地说,一条机器指令由两个基本部分组成:**操作码**和**地址码**。

操作码代表这条指令要执行的操作,而地址码则表示指令操作涉及的数据在计算机内的存储位置。地址码可能是 CPU 寄存器的编号,可能是内存单元地址,可能代表某个外部设备,个别情况下还可以是被操作数据本身。操作码是一个数字编号,表示预先设定好的第几号操作。显然,地址码也是个数字编号。因此,整条机器指令就以一个二进制数的形式呈现了。

【例 2-5】 一条假设的机器指令示例。

假设某一种 CPU 规定,机器指令字长为 16 位。就是说,每一条指令表现为一个 16 位的二进制数。指令的左起 4 位是操作码,因此这个 CPU 至多可以执行 16 种不同的操作。指令的右 12 位是地址码。例如:

$$0001000010001110$$

左起 4 位 0001 是操作码,表示"取数"操作,把指定一个内存单元的数据内容传送到 CPU 的寄存器当中。右 12 位是地址码,代表要传送的数据所在的内存单元位置。

上例给出的一条"取数"指令,形式上和一个八进制数 010216 并无区别。那么,CPU 什么时候把它作为操作指令执行,什么时候会把它当作操作数据呢?其实 CPU 根本不可能从形式上区分一个二进制数究竟代表机器指令还是代表数据。之所以不会引起混乱,稍后再作解释。

2. 指令系统

不同的 CPU 具有不同的机器指令系统。指令的数目不一样,指令的种类不一样,指令的格式也不一样,完全没有兼容性。有些指令系统只包含二三十条指令,非常精致;也会有

多至二三百条,颇为复杂的。当然,不同的指令系统会具有共同点。大体上可以把机器指令划分成下面几类:

1) 算术运算类

加法指令是最基本的算术运算指令。理论上可以不再设减法、乘法和除法等指令,因为这些数学运算都可以由加法和其他一些更基本操作组成的运算过程实现。当然,指令系统包含尽量多一些算术运算指令也是常见的。还会有特别一些的运算,如"求反",求反操作把一个二进制数的每个位变成相反的数字。又比如"移位"操作,把一个二进制数向左移动一位(最右位补 0),结果是原来数的两倍。

2) 逻辑运算类

指令系统包含了一批数理逻辑学中定义的逻辑操作指令,例如与(AND)、或(OR)、非(NOT)、异或(XOR)等和一些对数据进行互相比较的指令。依靠这些逻辑运算指令,程序才能具有判断能力。对于算法的实现来说,这是至关重要的。

3) 传送类

传送是数据处理的基本环节。数据在 CPU 各个寄存器之间、寄存器和内存单元之间、寄存器和外设接口之间的传送都必须由相应的传送指令来完成。但传送(move)这个习惯术语容易使初学者误解。它不是"搬动数据",被传送数据不会在原来的存储位置消失,而是复制一份数据,传送到目的地再重新存储。

4) 输入输出类

这类指令负责输入、输出设备的启、停,对外部设备接口各种工作状态的探测等。

5) 转移类

按照冯·诺依曼体系的设计,构成程序的机器指令序列预先依次存放在内存单元空间上。CPU 能够自动地顺序执行相邻存储的若干条机器指令。为了实现程序的分支结构和循环结构,必要时要中止这种顺序过程,不再执行存放在相邻下一个单元里面的指令,而是转移到指定地址,继续取出指令执行。这种程序执行时的转移动作就要依靠各种转移指令来完成。

例 2-6 会给出一个假设的指令系统示例,用各种机器指令构造一个小程序。仔细阅读那个程序例子,有助于更好地理解上述内容。

3. CPU 体系结构的主要类别

几十年来,CPU 的体系结构经历过一些变化。下面提到的是应用广泛的几种。

1) CISC

CISC(Complex Instruction Set Computer,复杂指令集计算机),CPU 这种机器指令集包含大量指令,包括功能颇为复杂的操作指令。采用 CISC 体系的好处是有利于程序设计,因为编写程序的时候,可以直接使用的操作比较多。但缺点是 CPU 的电路必然复杂。

目前典型的做法是,CISC 体系的 CPU 硬件只执行更加基本的操作,称之为**微操作**。每条机器指令对应着一个由若干个微操作组成的操作序列,称之为**微程序**。由专门的硬件机制负责微程序的存储和执行。但 CPU 界面上呈现的仍然是原来系统设定的机器指令。

采用 CISC 体系结构的典型产品是 Intel 公司开发的奔腾系列 CPU。

2) RISC

RISC(精简指令集计算机)的设计策略是,CPU 指令集包含尽量少的机器指令,而且每种指令的动作都尽量简单。可见其特点和 CISC 恰好相反。

笔者用过的一种计算机,CPU 指令集只有 23 种机器指令。编写机器程序时有点麻烦,但工作过程却颇有"艺术创作"的感觉,因为居然可以用如此简单的动作去完成如此复杂的算法任务。

3) 流水线

目前已经可以用纳秒(ns,十亿分之一秒)来量度 CPU 处理一条机器指令的时间,但人们并不满足。**流水线**(pipelining)方式是指让 CPU 的各组成部件同时执行指令处理的不同步骤。就是说同一时刻不是只有一条指令,而是有若干条指令在 CPU 内部同时接受处理。这样,CPU 的处理速度并未发生变化,但是指令处理的吞吐量却大幅提升。

准确地说,流水线技术是使一个机器周期的各个步骤重叠进行的技术。关于机器周期(machine circle)的概念详见 2.3 节。

4) MPP

传统上,一台计算机只有一个 CPU。电脑之所以赶不上大脑,这种结构体系是主要的原因之一。想想人在进行思维活动的时候,要激活多少个神经细胞同时进行处理呢? 于是一个启发就是增加 CPU 的数目,采用多处理机的体系结构。

多处理机是和并行处理技术相关联的。多个 CPU 既可以同时执行相同的操作序列去处理不同数据,也可以执行不同的操作序列处理不同的数据。还可以把若干个计算机体系耦合成一个统一的强大系统。把任务分割成既独立又关联的一批子任务分配到各个子系统并发执行,这就是 MPP(massive parallel procession)体系的思路。

更加新的 MPP 体系以大脑为蓝本构造所谓的人工神经网络。海量的简单处理机相互连接成网,一个处理机的输出是另一个处理机的输入,就像生物的神经元连接模式一样。

正是 MPP 结构体系,才能使运算速度达到每秒亿亿次的超级计算机得以实现。

2.2.2 程序存储原理

1. 程序和进程

从计算机底层角度来看,**程序**(program)是机器指令的一个序列,是完成数据处理任务一个算法的机内最终表现形式。

处理任务和完成任务要做的处理动作的区别是相对的。"走到大门口"可以是个任务,也可以是"乘公共汽车"这项任务中的一个动作。把一批数按从小到大的次序排好,可以是数据处理的目标,也可以是一个更复杂处理任务中的一项操作。

不管如何界定,一个操作总可以用更基本操作的序列来表示。比如"走到大门口"这个操作,可以用"向左(向右)多少度"和"向前走多少步"两个更基本的动作不断重复,组成一个操作序列来完成。当然,这种分解是可以多层次的,每个层次上的动作又可以用更基本动作的序列来实现,直到动作表示到达最简单的底层为止。

因此不管如何描述算法,最终总可以把算法转换成一个全部由机器指令所组成的序列。这就是计算机程序,习惯称之为**机器程序**。

有必要区别"程序"和"程序在计算机内的执行"这两个不同概念,程序是一个静态概念,而程序执行是个动态概念。计算机科学使用**进程**(process)这个术语来表示程序的执行。大体上可以把"进程"理解为程序的一次执行过程。打个比方,一份菜谱类比于一个程序,

"张三按菜谱炒菜"就是一个进程。对于一个程序可以创建多个进程。例如还可以同时出现"李四按菜谱炒菜""王五按菜谱炒菜"等。

2. 程序存储

程序存储原理是计算机冯·诺依曼结构体系的核心。可以从下面几个要点来认识这个基本原理：

(1) 把一个编写好的程序存放到内存储器里面。机器程序是机器指令的序列，内存是线性编址的内存单元组成的存储空间，指令依次存储在内存单元之中。

(2) 确定程序的首地址，即程序中第一条要执行的机器指令所在的内存单元的地址。因为有转移指令，所以第一条要执行的指令不见得就必定是程序里起首那条指令。确定的首地址会被送入 CPU 的一个部件，即程序计数器(PC)当中。

(3) 启动 CPU，按 PC 的指示从内存中取出第一条指令来执行。

(4) 执行一条指令的时候，PC 的值会自动增加，指向相邻的下一条指令的存储地址。指令执行完毕，CPU 依靠 PC 存放内容的指示开始下一个指令周期。

(5) 顺序执行程序中若干条相邻的指令是程序执行的基本次序，但算法需要时，可以使用转移指令来改变这种次序。CPU 执行一条转移指令的时候，会把转移指令所生成的一个新地址送入 PC，所以 CPU 不可能再顺序执行相邻的下一条指令，而是执行新地址上存放的那条指令。这就是程序中"转移"的概念。

如上所述，把程序存入内存、启动 CPU 之后，就会按照由程序设计算法和实际的数据对象两者共同决定的执行路径，重复一个一个机器周期，执行一条一条机器指令，直到代表算法终点的一条指令执行完毕为止。不难理解，执行的最后一条指令也不见得必定是程序的最末一条指令。

没有程序存储原理，计算机就不可能逾越运算执行速度和运算控制的提交速度不匹配这个大障碍，今天就不可能出现运算速度高达每秒亿万次的计算机。计算机技术的发展的的确确日新月异，但冯·诺依曼结构体系却屹立不动，没有新体系可以彻底取代它。不管把计算机的发展划分为多少代，不管计算机发生了怎么样的体系变化，它们仍然在根本上依赖程序存储原理。这个客观现实就是对冯·诺依曼结构体系的最好评价。

3. 机器指令的执行

程序的执行就是按照控制顺序依次执行每一条机器指令的过程，CPU 执行一条指令的过程称之为**指令周期**。每个指令周期要经历若干个步骤，称之为**机器周期**(machine circle)。每个机器周期又由几个**时钟周期**组成。常见的机器周期如下。

1) 取指令

按照**程序计数器**(program counter)中存放的地址取出一条指令，把它传送到 CPU 的**指令寄存器**(instruction register)暂时保存。PC 的值自动变成相邻的下一条指令的存储地址。

2) 解释指令(译码)

译码器分析取出的机器指令，按指令格式分割出操作码和地址码。由操作码确定执行操作的种类，由地址码确定操作数据存放的位置，作为产生正确的控制信号的依据。

3) 执行指令

控制器利用控制信号激活有关的电子部件，完成指令所要求的操作。转移指令的执行则较为特别。转移指令会产生一个新的结果地址,把它送到程序计数器中去,从而改变程序的顺序执行路径。

4. 机器程序示例

【例 2-6】 实现求两个任意无符号整数最大公约数算法的一个机器程序。

如例 2-5 中所假设的那样,CPU 指令集由 16 种字长 16 位的机器指令组成。每条指令的左 4 位是操作码,右 12 位是地址码。

为简单起见,地址码设定为操作数的内存地址(所谓**绝对地址**)。假设 CPU 只包含一个**累加器**(accumulator AC)。累加器是一种特殊的数据寄存器,运算前存放运算数,运算后自动存放运算结果。因为假想系统只有一个 AC,所以操作要用到 AC 的指令不需要在地址码部分显式标识它。

整个程序要占据 16 个内存单元,包括 13 条机器指令和 3 个存放数据的单元。用一个单元存放较大数 m,用一个单元存放 n,还有一个单元用来存放计算过程不断产生的余数 r。

阅读程序时,要对照例 1-1～例 1-3 以不同形式描述的求最大公约数算法。为简化起见,例子取消了数据输入输出的动作,安排的两个数和求出的最大公约数都存放在程序自带的三个数据单元中。当然,这不是一个好的设计思路,因为需要求另外两个数的最大公约数时,就必须修改程序。

例子中的指令和内存单元地址都是用八进制数的形式给出的。机器里面的形式当然都是二进制数。

单元地址	单元内容	指令含义	
0201	010216	取数 (216)⇒AC	取 M
0202	040217	减法 (AC)−(217)⇒AC	M−N
0203	100205	条件转移	如(AC)<0 转 0205
0204	050202	无条件转移	再去减 N
0205	030217	加法 +N	恢复 M÷N 的余数 R
0206	060215	条件转移	如(AC)=0 转 0215
0207	020220	存数 (AC)⇒0220	暂存≠0 的 R
0210	010217	取数 (217)⇒AC	取 N
0211	020216	存数 (AC)⇒0216	N⇒M
0212	010220	取数 (0220)⇒AC	取 R
0213	020217	存数 (AC)⇒0217	R⇒N
0214	050201	无条件转移	"辗转相除"直到 R=0
0215	000000	停机	
0216	000100	无符号整数 M 64	
0217	000014	无符号整数 N 12	
0220	000000	余数 R 的暂存单元	

程序编写好之后,从内存的 0201 单元(八进制数,下同)开始存放。0201～0215 放了 13 条指令,用 0216～0220 单元存放 3 个数据。

程序执行的首地址是 0201。终止地址是 0215,这个单元里面放了一条停机指令。

程序是按照算法来设计的,值得注意的是程序的结构。准确地说,是程序的控制结构。

指令的顺序执行是最自然的,执行完一条指令就自动地执行下一条指令。

从 0203 单元开始出现一个分支结构,指令对累加器 AC 里的当前值进行判断,如果小于 0 就跳过一条指令,去执行存放在 0205 单元里的指令;否则就顺序地执行下一条指令。类似地,0206 单元开始有另一个分支结构,判断余数 R 是否为 0,据此执行停机动作或者继续完成最大公约数的计算。

0202~0204 存在一个循环结构。假设系统没有除法指令,所以要用"连减"实现除法。0201~0214 是范围更大的循环,用来实现求最大公约数的"长除"过程。注意两个循环结构是套在一起的,故称为循环的嵌套结构。前者叫**内循环**,后者叫**外循环**。

使用机器指令来编写程序颇为麻烦,编程的人往往有用"手工艺"方式精雕细琢地工作的感觉。请读者思考,用"连减"算法实现除法操作时,0205 单元中为什么要安排一条加法指令呢?

2.2.3 冯·诺依曼结构体系

冯·诺依曼结构体系是计算机技术的基石。自 20 世纪 40 年代提出、50 年代实现后,它一直应用了几十年。随着计算机科学的飞速发展,尽管已经意识到冯·诺依曼结构体系存在局限性,但是仍然没有人能够提出更有效的新体系来彻底取代它。当代所有计算机从根本上说还是按照冯·诺依曼结构体系设计制造的。其要点可以归结如下。

1. 程序存储原理

程序存储原理是冯·诺依曼结构体系的核心。程序体现了解题的算法,同时也代表了对计算机操作的控制过程。把对机器的控制预先存放在机器内部,让机器在工作时自行提取对它的控制,这是控制机器的一种革命性的思想。直到今天,相对低速的外部设备和极其高速的 CPU 仍然是计算机系统的基本矛盾。外设工作时要涉及机械运动和人工操作,速度不匹配的矛盾是永远不会消失的,但是冯·诺依曼结构体系采用的各种技术在一定程度上绕过了这个难以逾越的障碍。

2. 多级存储体系

存储器是计算机的一个重要功能部件,负责临时或长期保存数据和程序。冯·诺依曼结构体系把存储器分为 4 级,即**外存→内存→高速缓存→寄存器**。存储器的分级体系如

图 2-37 存储器的分级体系

图 2-37 所示。

以磁盘为代表的外存储器是一种外部设备,尽管已经可以在几毫秒内完成一次数据读写动作,但这个速度仍然比 CPU 慢了几个数量级。所以,外存只适合存放要长期保存的数据。

内存用电子电路构成,数据读写速度已达毫微秒级。处于运行状态的程序和数据由外存传送至内存存放,使得可以和 CPU 的工作速度大致匹配。

为了进一步提高内存读写性能,配置了高速缓冲存储器。

寄存器则用来暂时保存 CPU 执行机器指令时要用到的少量信息,使数据读写速度和加工速度完全匹配。

3. 加法运算为基础的运算器

把两个二进制数相加是运算器执行的最基本算术运算。减一个数可以用加它的相反数实现,乘、除运算也可以由连加、连减实现。当然,实际上会采用比"连加连减"效率高得多的其他运算方法。而且计算机 CPU 的算术逻辑单元(ALU)也可以在电路上直接实现许多种算术操作和逻辑操作。因此指令系统可以包含尽量多一些算术运算指令和逻辑运算指令。即使如此,要完成应用领域的算术运算,哪怕是实数范围的加减乘除,通常还要配合软件的方法。第 5 章里对此会进行介绍。

4. 字的并行处理

字(word)是指存储器、运算器单元上的数据内容,表现为一个字长固定的二进制数。今天最常见的字长是 32 位。一个字由 32 个 0 或者 1 组成。对字的传送和运算有两种基本的方式:串行和并行。串行处理是指依次对每一位进行传送或运算;而在并行处理方式中,可同时对字的各个位进行传送或处理。

5. 二进制数记号

如前所述,在冯·诺依曼结构体系中数据和程序的信息都用单一的二进制数形式表示。那么问题是,如何确定信息的语义?应当把一个二进制数看成指令还是数据?它是哪一种操作指令,又是哪一种数据呢?

CPU 控制器中的译码器负责判断机器指令的种类。指令格式是设计 CPU 时预先设定的,操作码的类别和操作含义也是预定的。译码器据此就可以做出对操作的准确判断了。

至于数据语义是由处理数据的程序来解释的。程序按照事先明确的数据编码规则产生和使用数据。重要的是,程序必须自始至终用同一种编码规则看待一个二进制数据的处理过程。

例如,一个 7 位二进制数 1000001,用无符号整数的编码规则看待它,代表 65 这个数;如用 ASCII 字符编码规则看待它,则代表英文大写字母"A"。至于应该使用哪种编码规则,是由处理这个二进制数的程序来把握的。

那么,又如何区分一个二进制数究竟代表了一条指令还是一个数据呢?其实 CPU 的硬件是没有办法区分它们的。区分信息的正确含义只能依靠程序本身的正确性。

拿例 2-6 来说,如果程序设计时不小心把第一条取数指令写错了,本来应该是

$$0001000010001110$$

指示机器把 0216 单元中的数据内容传送到累加器 AC 中准备参加下面规定的除法操作,但是如果把指令错写为

$$0001000010000110$$

操作变成把 0206 单元的内容取出作为被除数,而 0206 单元中存放的是一条指令,那么,CPU 会不会发现这种人为的错误呢?不会。程序编写出错的时候,CPU 就难免会把指令当成数据或者反过来把数据当成指令那样去执行。一旦不幸出现这类错漏,计算机的表现就会变得疯狂,天知道会发生什么事情。

所以,开发软件的时候完成程序编写并非大功告成。总工作量的 40% 以上要花在寻找并改正程序的错误上面。尽管如此,直到现在还没有可靠的技术方法可以确保做到这一点。即使是 Microsoft 这样鼎鼎有名的公司不时也会通知用户,它卖出了的软件有个什么错漏,给用户发个"补丁"程序自行修补。

习　题

1. 常见的 move 指令的功能是把一个单元的数据内容"搬到"另一个单元去,指出这个操作名称并不准确的原因。

2. 在例 2-6 中,比较无条件转移指令和条件转移指令的区别。

3. 把一个二进制数左移一位,得到的结果是什么? 右移一位呢?

4. 参照例 2-6,试设计一个不使用乘法指令来计算 3×5 的程序。

5. 设计一个操作方法,把一个 16 位的二进制数的右 8 位"截取"出来,左 8 位变成 0。

6. 设计一个操作方法,能够把任意的一个二进制数变成一个每个位都是 0 的数。

7. 解释 CPU 里的程序计数器的功能作用。

8. 解释"程序"和"程序的执行"的区别。

9. 解释 CISC 和 RISC 结构体系的区别。

10. 计算机的存储器分成哪几个等级? 这样做有什么好处?

11. 如何区分存储在计算机内部的机器指令和数据?

12. 列举冯·诺依曼结构体系的要点。

2.3　计算机系统

2.3.1　硬件和软件

1. 系统

系统(system)是指由若干个既相互区别而又相互联系、相互作用、相互影响、相互依存的成分所组成的一个有机整体。系统具有的基本特征如下:系统由所属的成分组成,不会"铁板一块";系统的成分既相对独立又相互联系和依存;系统必有一个整体目标,各个成分均服务于这个目标;系统存在于环境当中,一定会存在一个系统界面;透过界面,系统和它所在的环境有交互的输入流、输出流。

可见,计算机就是一个以数据处理为根本目标的系统。通常把组成计算机系统的所有成分分为两大部分:计算机硬件和计算机软件。

2. 硬件

硬件(hardware)是组成计算机的部件的总称,包括电子、电磁、光学和机械等设备。冯·诺依曼结构体系把硬件分成 4 个功能部分:CPU、存储器、输入输出设备、总线。

CPU 是计算机的中枢,负责执行运算和控制系统数据处理的全过程。其中,ALU 用于执行算术运算和逻辑运算。控制器(CU)控制与协调运算、存储、输入输出等数据处理动作的启动和执行顺序。这种控制大体上是通过执行机器指令的机器周期来实现的,上节已经有所叙述。此外,CPU 还包含寄存器。ALU 和 CU 工作过程中需要使用各种各样寄存器来暂时保存信息,如数据通用寄存器、累加器、指令寄存器和程序计数器等。

2.2 节提及冯·诺依曼结构体系把存储器分为 4 级:外存、内存、高速缓存和寄存器。从体系结构的角度出发,外存储器也是一类输入输出设备;内存储器和高速缓冲存储器构成计算机的主存储器;寄存器则属于 CPU。各级存储器存储的是一般意义的数据和组成程序的指令。

输入输出设备(I/O 设备)负责计算机系统界面上的数据流动,实现计算机和外部环境之间的通信。其中,像磁盘、光盘这样的外存设备也用来长期保存信息。I/O 设备习惯上称为外部设备或者外设。

总线是硬件设备之间的信息传送通道。其中,内部总线连接 CPU 的各个组成单元,而系统总线则连接 CPU 和主存储器、CPU 和外部设备的接口。

3. 软件

按照传统观点,**计算机软件**(software)是指在计算机系统上完成数据处理任务所必需的各种程序的集合。即使是专业人员,一提到软件首先想到的也是一些计算机程序。但是随着计算机科学的发展,再把软件等同于程序起码是不够准确了。

软件的现代定义可以描述为:计算机软件是程序、文档、数据和开发规范的集合。

今天已经发展到这样的阶段,软件开发过程必须基于工程化的原则,按照所规定的工程开发规范来进行。所谓开发规范可以用"4 个 W"来理解,即 When、What、hoW、Who。一个软件开发规范要明确规定,软件开发过程中什么时候要做什么、用什么技术方法做和由什么人(角色)来做。有了规范才能组织起开发人员团队,有步骤地完成日益庞大和复杂的软件开发任务。今天,软件开发绝对不等同于写程序,早已摆脱了早期那种一两个人冥思苦想的手工艺技巧方式。

在汽车制造厂,汽车是终极产品,伴随设计和制造过程的各个步骤会有很多技术资料和管理资料在产生、被使用。这就是**文档**(document)的概念。软件的工程化开发方式也是这样。程序是软件开发的终极结果,整个开发过程不能只存在于开发人员的脑袋当中。所使用的技术和管理资料应该以某种可视化形式呈现。

形成文档、使用文档是现代软件开发方法的关键要点。可以从 6 个方面认识软件文档的作用。文档是记录手段,是通信和交流手段,是开发过程的控制手段,是管理过程的依据,是软件维护的重要依据,是软件产品的介绍媒介。第 6 章的 6.5.2 节中会进一步阐述软件文档的重要作用。

计算机软件也是一个系统,包含了完成形形色色功能的程序。第 3 章会更加详细讲述计算机软件系统,第 6 章会介绍软件的工程化开发方法。

4. 硬件和软件的关系

软件和硬件相辅相成,协同完成数据处理过程。硬件是软件驻留和执行的物质基础,而软件体现了对硬件运行动作的控制和协调。

在计算机科学发展的过程中,硬件技术和软件技术是相互促进的。比如,因为结构体系里引入了**中断**(interrupt)机制,在特定的事件发生时 CPU 会终止当前程序的执行,转移到规定的另外一个程序的入口。中断机制促进了**操作系统**(operating system)的研制,使操作系统成为计算机系统软件的核心基础。又如,磁盘的发明促进了外存数据存储软件的开发。今天广为使用的索引文件、关系数据库等外存数据组织方法只能基于磁盘这样的随机存储设备。反过来说,出现更加早的磁带机上只能顺序保存和读写数据,正是这种局限性促进了磁盘的诞生。

硬件和软件的界面有一定程度的浮动性。比如浮点运算问题,习惯把形如 1.2×10^{-3} 的数称为**浮点数**。要对浮点数进行运算需要设计特别的算法,也可以增加协处理器硬件(浮点运算单元)用以直接运算浮点数。前面也提过,机器指令在一些计算机里用组合逻辑电路硬件的方法实现,但也可以采用微程序的方法来实现。这两个例子都可以叫"软件硬化"。

几十年来,硬件技术的飞速发展也根本性地促进了软件技术方法的变革。40 多年以前笔者在一台 16 位的小型计算机上开发软件,内存容量为 64KB,磁盘容量为 5MB,CPU 的速度只有 1MIPS,而应用系统必须同时支持 28 个用户。因此,要以位为单位筹划使用存储空间,要绞尽脑汁减少三五条多余的机器指令。今天,极低的存储成本和极高速的 CPU 使软件开发人员不必再把时间效率和空间效率作为一般软件的设计考虑重点,转而追寻能够提高软件开发效率和质量的技术方法。因为业务应用和用户面对的是由硬件和软件共同组成的计算机系统的综合效率。

2.3.2　计算机系统的几种应用模式

所谓系统应用模式(application model),是指计算机应用系统在使用环境中的任务安排方式。下面是主流的几种应用模式。

1. 主机/终端模式

这是一种集中式系统,传统的计算机应用模式。软、硬件资源全部集中在一台功能强大的计算机里,一切任务都在上面完成,如图 2-38 所示。

大型集中式系统的计算机称为**主机**(main frame),采用多用户工作方式,每个用户通过**终端**(terminal)设备和主机交互。通常,终端是些 I/O 设备,不能独立于主机工作。

微机(microcomputer)是典型的小型集中式系统,一般是单用户方式。也习惯把 CPU、内存、外设接口、总线和电源等部分称为主机。除主机之外,多配备显示器、键盘和打印机等传统外设。

集中式系统以往通常只配置一个 CPU。近年新技术不断涌现,所谓"多核"CPU 是指在一个 CPU 芯片上集成多个"工作中心",以提高工作速度。

使用多个 CPU(CPU 阵列)的集中式系统结构日渐成熟,奠定了并行处理系统的基础。运算速度高达每秒千万亿次的计算机多是指 CPU 阵列中各 CPU 运算速度的总和。

图 2-39 展示了 2009 年发布的国产天河一号超级计算机,运算峰值速度达到每秒1206 万亿次。其后的天河二号运算速度达 33 千万亿次/秒。最新的神威·太湖之光更是成为全球第一台 10 亿亿次/秒的超级计算机。

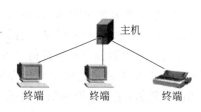

图 2-38　集中式计算机系统

图 2-39　国产天河一号超级计算机

2. 客户端/服务器(Client/Server,C/S)模式

服务器(Server)其实就是一台配置比较齐全、功能比较强大的计算机,可用一般计算机充当,更多时候会采用专门生产的所谓专用服务器。**客户端**也是一台独立计算机,通常面对个人用户,多用微机充当。服务器和客户端在计算机网络环境中构成应用的**客户端/服务器模式**,如图 2-40 所示。

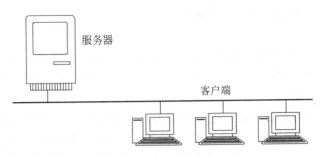

图 2-40　C/S 应用模式

C/S 方式是一种所谓"请求—响应"的应答模式。客户机在运行应用程序的过程中提出服务请求,经由网络传送到服务器去,服务器利用本身软、硬件资源的优势,接受并满足客户提出的请求,提供服务,把执行后产生的结果数据回送到客户机上去,由客户机进一步处理后再提交给用户。这样,多个客户机可以共享服务器提供的服务资源。

和集中式系统的重要区别在于,客户机不是哑终端,而是能够独立运行的计算机。运算任务由客户机和服务器共同分担。典型做法是应用程序的运行、数据的输入输出在客户机上进行,而一些共同的、复杂的、需要更多资源的任务则分配到服务器上执行。

例如,对于要访问数据库的应用,C/S 模式的做法是海量的数据集中保存在服务器磁盘上,管理数据库的系统软件 DBMS 也驻留在服务器上。DBMS 接受各个客户机上客户应用程序对数据库的访问请求,完成对数据库的访问,再通过网络回送访问结果数据,后续动作在客户机上自行处理。

3. 浏览器/服务器(Browser/Server,B/S)模式

浏览器是一种特别的程序,它能够读取和展示网络上某台计算机里以超文本格式存放的文档。**超文本**(hypertext)的意思是文档的数据以文字、图像、视频和音频等多媒体对象的形式出现。除数据之外,超文本文档还包含彼此之间的链接,组成了一个网状数据组织,这就是所谓的**万维网**(World Wide Web,WWW)。

最著名的浏览器之一是 Microsoft 公司的 Explorer,通常集成在操作系统产品 Windows 当中。提供超文本文档服务的计算机构成万维网服务器(Web server),以由**网页** (Web page)组成的**网站**(Web site)形式向客户机上的浏览器程序提供多媒体信息访问服务。

今天,**浏览器/服务器模式**泛指使用上述形式运行的一种计算机应用系统的工作方式。使用以 B/S 模式开发的应用系统时,操作方式形如上网访问。

B/S 结构应用体系要设置 Web 服务器,用户在客户机上使用 Web 浏览器访问服务器上的 Web 网页,通过 Web 网页交互访问后方的数据库,从数据库获取的信息以 Web 网页上的文本、图像或其他多媒体对象的形式展现给用户。从这个意义上可以说,B/S 模式是

C/S模式的一种特别延伸。

4. 对等模式

对等模式(peer-to-peer model)是指应用时两台计算机在一对一基础上平等地进行通信。早期,两台计算机要用固定的线路对接。现在可以在网络上建立对等应用模式。一个用户在网上广播他的要求,响应的另一个用户和他对等连接,信息就可以在两台计算机之间传送。信息下载业务多使用这种应用模式。

5. 分布式系统

在集中式系统里,程序和数据集中在一台功能或强或弱的计算机当中。而**分布式系统**(distributed system)在逻辑上仍然是一个统一的系统,但在物理上,系统的程序和数据分布在不同的计算机系统里。

分布式系统必须在网络环境上构筑,但不能认为网络平台上的应用系统都是分布式的。分布式系统有个基本特征,系统包含的所谓"全局访问"应用要涉及不同的计算机系统资源,但全局访问应该是"透明"的,即应用本身不必关心访问目的地,而是由系统负责把访问映射到某台计算机上。

例如,企业在北京、上海、广州都有分支部门,分布式应用系统的数据分别存储在三地的计算机中,如图 2-41 所示。一个统计整个企业人事资料的全局应用程序可以透明地访问系统的各台计算机,完全不必顾及数据对象实际物理位置。可见在分布式应用模式中,一个处理任务是由分布在不同物理地点的若干个计算机系统共同来完成的。为此,要配置额外的软件和硬件。

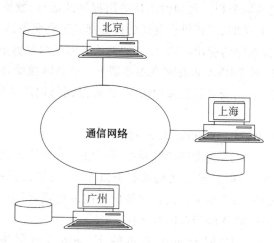

图 2-41　分布式计算机系统

6. 云计算(cloud computing)

现代社会每时每刻都在产生种类繁多的海量数据,人们对数据处理的精细度以及实时要求也越来越高。对此,有人形容今天我们已经进入到"大数据"(big data)时代。上面提到的各种传统计算机系统应用模式不堪重负,云计算这种新模式应运而生。

所谓"云"是指集中在远程计算中心数量庞大的计算机服务器和其他资源。在互联网的支持下,用户通过手中的计算设备向云端平台提交服务需求。具有超强能力的云中心能够以一种依照用户需求而且容易扩展的方式,动态地调用云资源完成操作。因此用户使用的计算设备,如个人计算机、笔记本电脑、智能手机不必追求硬件、软件的高配置,而把云当作自己的数据存储和应用服务的中心。由此可见,不妨把云计算模式理解为"基于互联网络分布式处理的集中模式升级版"。

云计算的概念模型如图 2-42 所示。在云计算模式中,软硬件和数据资源不是集中在一台主机上,而是在一片"计算机云"里。云资源不是固定不变的,可按需求扩展,用分布方式处理访问。用户操作界面不是哑终端,而是各种智能终端设备。支撑系统的平台是互联网,而不是简单的信号连线。云计算平台会动态调用网络上的各种资源,以性价比最高的方式来完成用户委托的操作需求。

图 2-42　云计算的概念模型

云计算模式 2008 年由互联网企业 Google 提出,受到广泛关注,已进入实践发展阶段。国内也建立起数以十计的云计算中心,当然要实现云计算的初衷依然任重道远,市场环境和技术都还存在种种难题。

习　　题

1. 以人类大脑为例说明硬件和软件的概念。
2. 讨论是硬件更重要还是软件更重要。
3. 举出两三种你知道的计算机终端设备。
4. 说明"软件"和"程序"不等价、"软件开发"和"编写程序"不等价的理由。
5. 列举软件文档的作用。
6. 有人认为:软件开发时可以先写程序再写文档以记录开发过程,你的观点呢?
7. 解释集中式系统定义的"集中"含义。
8. 讨论集中式系统和客户/服务器系统的主要区别。
9. 你觉得对于一个大城市的银行系统而言,应该采用什么计算机应用模式。
10. 讨论分布式系统和计算机网络的区别。
11. 调查你所在地提供的"云计算"服务的形式、价格和存在的问题。

本 章 小 结

　　计算机是一个以数据处理为目标的系统。可把组成计算机系统的成分分为两大部分：计算机硬件和计算机软件。软件和硬件相辅相成，协同完成数据处理过程。硬件是软件驻留和执行的物质基础，而软件体现了对硬件运行动作的控制和协调。

　　数据处理系统必须具备输入、加工、输出、存储和传送等基本环节，从这个角度出发，可以把计算机硬件设备分成四大功能部分：内存、中央处理器、输入输出设备、总线。内存和中央处理器合起来称为主机。输入设备和输出设备也可以统称为外部设备。

　　对每一个数据处理任务都必须先提出算法，算法代表了完成任务的操作过程。算法必须转换成为程序。所谓的计算机程序，就是由计算机能够完成的操作所组成的动作序列。可见，程序是算法的体现，代表了人对计算机运行的控制。

　　冯·诺依曼提出：程序预先存储在计算机内部，运行时计算机自行提取程序里的操作指令执行。这就是程序存储原理，是人类控制机器方式的革命性突破。以程序存储原理为核心的冯·诺依曼结构体系奠定了计算机的标准结构，并沿用至今。

　　计算机应用系统的几种使用模式是集中式、C/S 方式、B/S 方式和分布式。云计算是基于互联网的应用模式，兼有集中式处理和分布式处理的优点。

　　本章涉及的内容，可以在计算机组成原理、计算机体系结构、外部设备与接口、电路与系统、模拟与电子技术、数字逻辑和数字信息处理等后续专业课程中深入学习。

第3章 计算机软件系统

前两章指出,计算机只是一种数据(信息)处理机器。在计算机上实现数据处理要解决两个核心问题:数据的表示和数据加工的表示。计算机是由相互关联的成分所组成的一个系统。计算机系统通常分成两部分:硬件和软件。硬件是组成计算机的物理设备,而软件则是完成数据处理任务必需的各种程序的集合。软件和硬件相互依存,是构成计算机系统不可或缺的两个组成部分。

第2章又指出,现在再把软件的概念等同于程序起码是不够准确了。软件的现代定义可以描述为:计算机软件是程序、文档、数据和开发规范的集合。当然,由于习惯以及方便叙述之故,即使在专业的范畴里也往往不加区分地使用"软件"和"程序"这两个字眼。这并不代表对软件的概念没有正确的认识。

第1章已经指出,要计算机解决现实世界中任何数据处理问题,必须先提出一个算法,然后依据算法设计程序,执行程序作业,如图 3-1 所示。所以,程序是解决问题算法的体现。计算机执行程序中规定的各种操作,完成数据处理任务。

图 3-1　计算机解决问题的过程

从计算机底层的角度来看,程序是机器指令的一个序列。从程序设计语言的角度来看,程序是用更容易理解和表达的语言记号对数据和数据加工过程的描述。

软件是计算机的灵魂,如同人类大脑里的思想和知识。本章先讲述软件系统的构成,再介绍有代表性的两类计算机软件:操作系统和程序设计语言处理软件。

3.1　软 件 系 统

3.1.1　软件系统的组成

根据功能特点,可以把各种各样的计算机程序分成两大类,即**系统软件**和**应用软件**。

1. 系统软件

系统软件(system software)是指能够扩展硬件功能的各种程序的集合。

一类系统软件负责管理计算机系统的资源,与计算机硬件紧密地结合,使计算机系统的硬件部件、相关的软件和数据相互协调地工作。同时支持用户很方便地使用计算机,高效率地共享计算机系统的资源。

操作系统(operating system)是系统软件的代表。计算机要完成的任务虽然各不相同,但会涉及一些所有用户共同需要的基础性操作。例如,都要通过输入设备取得数据,向输出设备送出数据；从磁盘读数据，向磁盘写数据；把程序装载到内存当中，再启动这个程序等。这些操作也要由一系列指令完成。可以把这些指令集中起来，组织成一个操作系统，对其他程序提供统一的支持。

此外，操作系统还要负责管理硬件、软件和外存数据，使得在一台计算机上运行的各个程序有条不紊地共享有限的硬件设备，共享系统里存放的软件和数据。例如，两个程序都要向硬盘存入各自数据，如果没有操作系统作为一个协调管理机构为它们划定使用区域的话，怎么避免可能出现的互相破坏对方数据的局面呢？

另一类系统软件通常称为**实用程序**（utilities）或**实用软件**（utility software）。它们负责提供几乎是所有用户都会用到的、各种各样的公共应用服务。例如，程序设计语言的各种处理程序、数据库管理系统（DBMS）、防病毒程序、数据备份程序、数据恢复程序、数据压缩和解压软件等都是常见的实用软件。有时也会把它们叫做**软件工具**（tool）。

系统软件面向硬件，可以看成是计算机硬件的扩充。有了系统软件，原来的硬件并没有发生变化，但功能和运行效率确实会得到极大的增强。有时会用**虚拟机**这个术语来形容在硬件外层"包裹"了系统软件的计算机系统。可以从功能、目标和彼此关联、相互支持结构的角度来划分软件所在的层次，因此虚拟机也有分层次的概念。

2. 应用软件

应用软件（applications 或 application software）是指面向用户各种业务要求、完成特定的数据处理事务的程序。可见，应用软件包罗万象，不胜枚举。

一类应用软件支持人们更有效率、更方便地处理一些通用业务，如文字处理软件、电子表格、网络浏览器程序和统计图生成软件等。现代企业的员工恐怕都要借助 Word、Excel 这样的一些应用软件来办公。天天用 Explorer 上网的网民人数也在不断增加。

另一类应用软件的应用领域会专门一些，满足更为专业的使用要求，如排版软件、设计绘图软件、影音制作软件、项目管理软件和会计软件等。

把计算机的软件体系分为系统软件和应用软件两大部分，又把系统软件分为操作系统和实用程序两类，只是为了方便叙述。其实，软件类别之间的界线有点模糊，往往随不同的认识或出发点而会有不同的说法。上面说到，因特网浏览器是个通用的应用工具，把它归入应用软件或者实用程序似乎都有道理。但 Microsoft 公司则坚持浏览器应该是操作系统的一部分，所以它的浏览器产品 Internet Explorer 要和操作系统 Windows 捆起来卖，并且在法庭上胜诉了。

没有配置任何软件，只包含硬件的计算机称之为"**裸机**（bare machine）"。裸机、操作系统、实用程序以及应用软件之间的层次关系可用图 3-2 表示。绝大多数情况下，用户是和一台安装了操作系统的计算机打交道。用户和操作系统交互的方式属于"**软件的用户界面**（user interface）"问题。

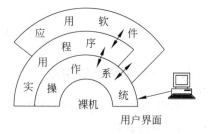
图 3-2　计算机的软件层

3.1.2　应用软件示例

1. 文字处理软件

处理文字信息是最广泛的计算机应用之一。文字处理是指用计算机对**文本**（text）信息进行录入、编辑、存储、排版和打印等操作。在现代社会中,文字处理已成为人们必须掌握的一项基本技能。文字处理软件使用户能够在计算机显示器上以"所见即所得"的方式进行工作,并且处理对象已不仅仅局限于文字,可以混合插入图形、图像、表格和声音等其他形式的数据对象。微软公司的产品 Word 和国内金山公司产品 WPS 都是文字处理软件的典型代表,应用极其广泛。

一般来说,文字处理软件的功能可以归纳如下:

1)创建文本

可以建立一个空白的新文档;利用键盘输入文字,能够自动换行,按 Enter 键生成段落;软件提供字典、词库等工具,可以在文字输入过程对拼写、语法等进行检查和提示;需要时可以在文档里设置表格、图形和其他形式的数据;输入结束后,可以把新文档保存到磁盘上去。

2)编辑文档

打开一个已经建立并且保存起来的文档,就可以进行各种各样的文字编辑操作。例如,插入、删除和修改文字;搜索特定的文字串并且加以替换;剪切、复制、粘贴文字;合并文档,插入、拼接其他文档里的文字和图表;编辑结束后关闭文档,重新存储。

3)版面编排

可以对字符、段落和页面进行排版设置。

设置字符格式包括选择字体、字号、字形、颜色、修饰效果和字距等;设置段落格式包括选择段落缩进方式、对齐方式、行间距和段间距等;设置页面的格式包括纸型规格、页边距、页码、页眉和页脚等。

4)打印文档

打印前,可以进行打印样式的预览;可以选择不同的打印机型号;指定打印的页面等。

5)其他功能

其他的功能包括设置文档视图方式,管理文档,页面分栏,邮件合并,插入超链接,设置参数,操作出错的恢复处理和对文档进行修订等。

2. 电子表格软件

由行与列所组成的表格(grid)是人们处理数据的一种有力工具,表现形式极为直观。电子表格(spread sheet)软件在计算机内生成一个"大表格",用户可以在上面很方便地进行数据插入、数据统计分析和生成统计图表等操作,所以在各行各业的办公室业务中得到极其广泛的应用。Excel 是目前最为流行的一种电子表格软件。

一般来说,电子表格软件具有下列一些功能。

1)表格的表达

单元格(cell)是电子表格的单位,用所在的行(row)号和列(column)号标识,格内存放数据值;许多单元格(分成行、列)组成一个工作表(worksheet);若干个工作表可以组成一个工作簿(book)存储在磁盘文件中。

2)基本操作

新建工作簿,在工作表中输入、修改数据,保存工作簿。

3)工作表的编辑

选定单元格、表格区作为操作对象,插入、删除单元格或行、列,表格数据的复制、移动、清除、查找与替换、编辑动作的撤销与恢复。

4）公式和函数

利用定义的运算公式和函数可以很方便计算出某个单元格中的结果数据值。例如求一行或一列单元格数据的总和,而且当关联的数据值出现变化时,结果数据也随之改变。

5）制作图表

图表(analytical graphics)是工作表的图形表示。利用不同形式的图形(chart),可以使表数据的统计显得直观、更容易理解。图形形式可达十余种,包括直方图、折线图和饼图等,有平面图表,也有立体图表。

6）数据管理与统计

可以依据电子表格建立数据库表,可以对数据库表的表行(也称为记录)进行增、删、修改、查找、排序和汇总等操作,利用表数据制作图表。

Excel 的运行界面如图 3-3 所示。

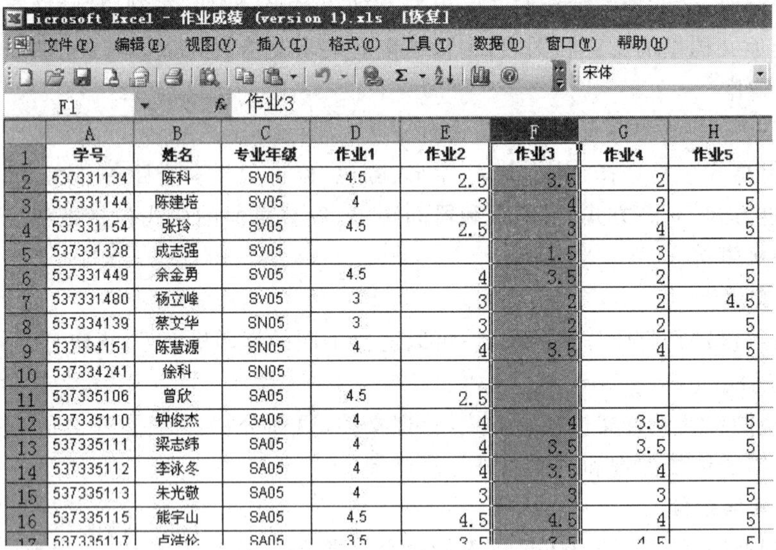

图 3-3　Excel 的运行界面

3. 图像演示软件

计算机图像处理技术相当复杂。图像演示(presentation graphics)只是其中一种技术,是演示软件的一项功能。软件能够生成、显示、处理各种形式的图形和图像,可以是直方图之类的统计图,也可以是照片、动画和图画等。除了图像外,演示软件也可以显示文字、声音等叙述性数据,是进行教学、举办会议、交流展示的重要工具。

PowerPoint 是当前最为流行的制作和播放演示文稿的应用软件。把包括文字、图形、图像、动画和声音的演示文稿制作成"幻灯片"的形式,可以在显示器上显示,也可以用投影机播放到大屏幕上去。

4. 浏览器

计算机网络是利用通信线路和设备,连接不同计算机所组成的系统,已经成为现代社会计算机应用的重要模式。人们通过网络实现计算机之间信息传递和资源共享。成千上万横跨不同地域的计算机网络建立起来之后,人们又提出了网络互联的概念。因特网就是一个覆盖全球的"计算机网络的网络";而万维网是因特网提供的一种服务,它以网站(website)和网页(webpage)的形式提供信息访问服务。数据以文字、图像、动画、视频、声音多种形式出现在网页上。

依靠浏览器应用软件才能在因特网上漫游,选择网站,观看网页。可从一个网页转到另一个网页,从一个网站通过链接转到另一个网站。浏览器是一个在自己计算机上运行的客户端程序,用户通过它提出访问网站的要求,用户的请求通过网络传送到相连的网络服务器,服务器上的程序完成在指定网站上读取数据的操作,然后把网页传送到用户所在的计算机,再由浏览器负责在显示器上展现这些信息。

图 3-4　IE 浏览器
软件图标

1990 年出现第一个浏览器 worldwideweb。随着互联网的快速发展,有影响的浏览器软件不断地涌现,使用最广泛的浏览器软件包括微软公司的 Internet Explorer(见图 3-4)、谷歌公司的 google chrome 以及 Mozilla Firefox 等。国内企业推出的浏览器软件也很多,如 QQ 浏览器、百度浏览器、搜狗高速浏览器、猎豹浏览器等。随着移动终端的普及,各个厂商已经开发了众多专门在手机等移动设备上运行的浏览器产品。

5．搜索引擎

浏览器解决了访问网站网页问题。但互联网上网站网页数不胜数,用户如何能够便利地访问到需要的数据内容呢?这是搜索引擎软件(search engine)要解决的问题。

搜索引擎按照预定的算法策略,定期主动漫游互联网上的网站,提取网页信息并且做成索引储存在数据库中。一旦接收到用户提出的检索查询要求,引擎就快速在索引数据库中查找目标,和查询要求进行相关度判断,对满足条件的结果排序,最后输出搜索结果。

通常用户以关键词的形式提出查询要求,搜索引擎输出一批相关的网站网页链接信息,用户自行判断之后进行后续查找。

百度和谷歌都有市场占有度名列前茅的搜索引擎产品。

6．门户网站和网址导航

顾名思义门户网站是进入互联网的入口网站,通过这个网站用户可以便利地找到想要的信息或者到达想去的网站。早期门户网站主要包含浏览器和搜索引擎等网络接入服务。后来为了迎合市场需要,引入更多的业务类型,如提供新闻、网络游戏、网上聊天、地址邮箱、电子商务、网络社区等等。

新浪、搜狐、网易都是知名的典型门户网站,但是这类堪比"网上超市"的综合类门户并不能满足所有互联网用户的需求,因此又出现行业类门户网站和地区性门户网站,以便提供针对性更强,内容更加深入,更加专业的"垂直"服务。

网址导航的目标和门户网站是一致的。早期专注于集合大量的互联网网站地址(URL),编成分类目录。用户不必记忆繁杂的网站域名,以方便网络访问。知名的网络导航有百度旗下的 hao123 等。

随着市场推广,网址导航除"网址大全"之外不断增加服务。例如,成为热门浏览器首页,嵌入搜索引擎入口,加入热点新闻、天气预报等,强化了网址导航作为互联网入口的功能。

除上面提到的以外,可以选用的产品还有很多,如搜狗网址导航、360 导航等。

7．财务会计软件

财务会计软件(finance/accounting package)是一种以财务会计制度为依据,以财务会计理论和财务会计方法为核心,以财务会计数据为处理对象,以完成会计业务、提供财务信息为目标,将计算机技术应用到财务会计工作中去的应用软件。

我国的财务会计软件起步于 20 世纪 70 年代末,至今已经比较成熟。其中政府起了很大的作用,制定与颁布的各种法令和规范成为财会软件的研制依据,产品才得以推广应用。早期的财务会计软件功能很简单,只能完成个别业务,比如工资计算之类。随着企业信息化管理的迅速发展,财务会计软件已成为集成的企业管理应用软件的核心部分,主要功能包括核算会计、成本会计、往来会计、出纳、与其他管理模块的接口等。

由于财会制度的差异,国内企业开发的财会软件占了市场的主要份额。像用友、金蝶和速达等公司提供的财会软件,都受到了国内用户的欢迎。图 3-5 是一种会计软件包的运行界面。

图 3-5　会计软件包的运行界面

3.1.3　获得软件的途径

1. 软件包

针对社会的一些共同需求或者某些行业、某些专业业务的需要,软件开发商开发出所谓的**软件包**(software package),并且用市场方式进行销售。通常,软件包由基本配置和若干选件构成。除了程序之外,用户手册和使用指南等文档也是软件包的重要组成部分。

对于广受欢迎的软件包,开发商会不断推出更新的或者增强的版本。变动颇大时,颁布**新版**(version)(如 1.1 版、2.0 版等)。而只有小变动的版本,称为**发行**(release),如版本 2.3 表示第二版第三次发行。也有开发商使用另外的版本编号方法,如 Word 2003、Word 2007 代表文字处理软件包 Word 的不同年份发行的版本。

选用软件包是应用计算机工作时的首选,因为软件包销量大,摊分的成本相对比较低,"物美价廉"是其特色。

一些软件公司会用"套装（software suites）"的形式来销售软件包。著名的例子是Microsoft 公司的 Office 套装（如图 3-6 所示），包括了 Word、Excel 和 PowerPoint 等在办公室业务广泛使用的各种应用软件包。很大程度上这只是一种营销手法，套装的价格会远远低于分别购买单个软件包的价格总和。

图 3-6　Office 软件包套装

随着智能手机成为广泛使用的移动客户端设备，一类称为 App 的手机软件在市场上的表现十分活跃。这个名字源自 application（应用软件），专门用来指安装在智能手机上运行的各种应用程序。

而且 App 开创了和传统软件包开发销售不一样的市场模式。苹果公司建立了一个网上平台 App store，提供技术支持让第三方软件开发人员开发出在苹果手机 iPhone 上运行的种种应用程序，审核后在平台销售下载，收益由苹果公司和第三方分成。整个过程会受到统一的监管。

据称，苹果 App store 的下载量已达到几百亿次。第三方开发者积极性高涨，用户各种个性化需求得到满足，企业盈利大增，多方共赢，堪称软件开发业发展史中的一个里程碑。

2. 自行开发应用软件

由于企业及其业务的多样化，不见得都能在市场上购买到合用的软件包，自行开发应用软件就成为解决问题的另一种途径。软件开发任务由本企业技术部门承担，或外聘开发商完成。这种"量身定制"方式费时而且昂贵。软件开发针对的用户往往只有一个，所以全部成本都必须单独承担。

在国内，各企业重复开发功能大致雷同的应用软件是司空见惯的事情。业务和管理制度不够标准可能是一个原因，软件包市场不够规范、不够发达和成熟可能是另外一个原因。这是中国软件产业要面对的问题之一。

3. 程序库

程序库（library）是指供程序调用的功能程序段的集合，是一种较低层次的应用程序。程序库包含的程序段不是独立程序，而是向其他程序提供服务的一段子程序。

软件开发时，链接程序库可以大大方便编写程序。链接是指把一个或者多个库连接到编写的程序中去。有两种不同的链接形式：静态链接和动态链接。相应地，用前一种方式链接的库称为静态库，用后一种方式链接的库称为**动态链接库**（DLL）。

广义地说，程序库的形式日益多样，如**软件构件**（component）等。利用各种程序库实现"软件重用"的方法，对提高软件开发的效率极有裨益。

3.1.4　软件版权保护

需要用一个软件，找朋友复制一份。如果这样干，你可能已经触犯法律了。如同其他的出版物一样,软件产品具有智力型产品的特性,是受到知识产权法律保护的对象。保护知识产权的法律途径大体上有发明专利、商业秘密和版权。

版权(copyright)是一种排他性的法律权利,又叫**著作权**,是法律赋予人们因创作或者拥有作品而享有的各项权利的总称。这些权利包括发表、署名、修改、复制、发行、出租、传播和翻译等。因此没有得到版权持有人许可,自行复制有版权的产品就触犯知识产权法了。书籍、文章、音乐、电影、画和计算机软件都是有版权的产品。从法律观点来讲,复制一个软件而没有给软件的版权持有人付费,性质和在超级市场不给钱就拿走商品的性质是一样的。这是一种软件侵权行为。同样,未经唱片公司、电影公司的许可,就在网络上提供影音下载服务,也是一种网络侵权行为。

当然,不是所有的软件都要收费。**公开软件**(public domain software)就没有版权,软件作者只是把他的作品公诸同好,大家分享。操作系统 Linux 的原始版本就是一个典型例子。**免费软件**(freeware)有版权,但在一段时间或某个范围里免费发行。一种情况是版权人想看看市场反应,推出个免费的试用版。**共享软件**(shareware)是用户可以免费得到的软件,但需要技术支持或者软件升级的时候要收费。

专利是授予发明的一种专有权利。对于**专利软件**(proprietary software),用户一般只能购买**许可证**(license)。即购买软件的使用权,而不是购买软件产品本身。

IT 行业从业人员不仅要掌握专业技术知识,还必须了解相关的法律、职业道德和社会责任。第 7 章的 7.2 节会就 IT 职业素养问题再作介绍。

习　　题

1. 列举计算机软件系统的组成。
2. 尽量列出你使用过的软件,你从什么途径获得它们?
3. 尝试从网上下载一个免费软件。
4. 应用软件和实用软件有什么差别?
5. 有人认为文字处理软件应该属于实用软件工具一类,你同意吗?
6. 讨论使用盗版软件对你的短期和长期的影响。
7. 调查市场出售的软件包会包括哪些提交项。
8. 调查操作系统、数据库管理系统和文字处理软件的市场价格。
9. 调查各种浏览器、搜索引擎、网址导航、门户网站的市场占有率。

3.2　操作系统

操作系统(operation system,OS)是基础性的系统软件,是计算机硬件的第一层扩充,因此在软件系统中的地位极为重要。计算机系统的所有硬件、软件成分都依赖操作系统的服务和支持。

3.2.1　操作系统的目标

使用计算机时会接触到 Windows、Linux 和 UNIX 等一些名字,它们都是些程序,称为操作系统。操作系统是现代计算机系统不可或缺的系统软件。从图 3-2 可见,它是配置在硬件上的第一层软件,裸机加载了操作系统才能成为使用方便、高效率的计算机。可以说,操作系统是一组系统程序的集合,这些系统程序在用户使用计算机时负责完成每个用户都需要的、与具体应用无关但与硬件和软件资源相关的基本操作,并解决操作中的效率和安全问题。

在 Windows 的支持下,要运行一个程序,只需要把显示器屏幕上的光标对准代表程序的小图标,再双击鼠标左键就行了。实质上,我们的操作不过是给操作系统发出一个通知,表达一种操作要求,真正要执行的运行操作由操作系统包含的程序来完成。操作系统要确定相应的运行程序存放在磁盘的什么位置,内存缓冲区的地址;启动对磁盘的读写、向内存传送,要按照内存空间的当前状态把程序装载到恰当的内存区;把程序的入口地址送到 CPU 的程序计数器里去;启动程序指令的执行过程等。

可见有了操作系统,用户在计算机上的操作不再和硬件直接相关,也和具体应用无关,这就极大地方便了用户使用计算机。也许,这就是操作系统命名的表面原因。

更重要的是,操作系统完成用户任务(称之为**作业**)时,要对计算机系统资源进行管理,力求用最有效率的方式完成所有用户作业。在多用户系统里,宏观上许多个用户程序同时在运行,系统很可能只有一个 CPU、一个内存储器、一台高速的行式打印机、一台大容量的磁盘机。因此对于用户来说,存在资源竞争的协调问题;对于系统来说,就有如何以总体上最有效率的方式给各个用户分配计算机系统资源的问题。

操作系统的资源管理对象主要是指 CPU、内存、I/O 设备和外存数据。CPU 高速运转和外设操作的相对低速是计算机硬件无法逾越的基本矛盾,所以必须面对 CPU 或 I/O 设备经常处在空闲状态,内、外存空间出现"碎片"而浪费等问题。在操作系统的管理下,CPU 和 I/O 设备可以保持尽量持续的工作状态,提高计算机系统总体的利用效率;而且数据在内存、外存的存储可以更有秩序,从而更加有效地利用有限的存储空间。

因此,计算机操作的方便性和计算机系统资源使用的有效性是操作系统追求的根本目标。配备了操作系统的计算机,呈现在用户面前的功能显著地增强了,"变成"了所谓的**虚拟机**。虚拟机可以划分层次,实质上就是操作系统功能的软件层次。起码可以把操作系统再分成两层:**外壳**(shell)和**内核**(kernel)。外壳是和用户交互的部分,呈现为**用户界面**(user interface)。内核是实现操作系统本质功能的部分,包括处理器管理程序、内存管理程序、设备管理程序和文件管理程序等。

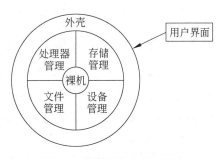

图 3-7 操作系统的组成部分

操作系统的组成部分如图 3-7 所示。

3.2.2 进程和中断

进程和中断是操作系统得以建立的基本核心概念。前者主要是一种软件机制,后者则是硬件、软件结合而成的机构。

1. 进程

程序(program)是一个静态概念,不管使用什么程序设计语言来编写,程序最终以机器指令组成的可执行文件的形式保存在磁盘等外存介质上。

作业(job)是用户要完成的一项任务,涉及若干个被选中要执行的程序;每个程序以及程序所关联的数据从选中到运行结束就构成一个作业步;有关的作业步组成一个用户作业。

进程(process)则是一个动态概念,简单地说,指程序在数据对象上的一次执行。例如,好几个用户作业都要执行同一个程序,求两个整数的最大公约数,于是操作系统相应地建立几个进程,一个进程为用户甲在求 12 和 4 的最大公约数,而另一个进程为用户乙在求 15 和 9 的最大公约数,等等。

就是说,作业要指定相关程序和运算数据,而执行这些程序的时候要创建相应的进程。进程是操作系统中极为重要的核心概念,是操作系统进行资源分配和独立运行管理的基本单位。基于进程概念而构筑的操作系统具有几个共同特征:

(1) 并发性(concurrence)。指同一时间段内,宏观上计算机里运行着若干个进程。

(2) 共享性(sharing)。指系统资源被若干个并发执行的进程共同分享。

(3) 虚拟性(virtual)。指操作系统把一个物理对象转变成若干个对应的逻辑对象。如明明计算机只有一个 CPU,但每一个终端用户都会感受到 CPU 似乎在单独为他提供服务一样。又如,程序可以拥有一个比实际内存空间大得多的虚拟内存空间等。

(4) 异步性(asynchronous)。指进程以异步方式执行。通俗地说,进程从创建到消亡的整个过程中,在计算机里"走走停停"。如何调度,取决于系统当前的运行环境。但是不管进程的执行过程如何变化,只要程序在相同的数据对象上运行,总会得到相同的结果。

2. 中断

中断(interrupt)是指当计算机系统里一旦发生某种事件,如 I/O 设备完成了一次输入输出操作、每经过一个预定的时间间隔、程序执行过程中出错等,CPU 就会暂停执行当前的程序,转由一个特定程序(叫做**中断处理程序**)执行必要的处理动作,以便响应计算机系统里发生的事件。从出现中断请求到完成中断处理的整个过程是由一套中断机构负责完成的。中断机构由硬件和操作系统软件结合而成。

借助进程和中断机构两个基本手段,操作系统才得以完成管理计算机系统资源的功能。

3.2.3 操作系统的资源管理功能

资源(resource)是指计算机系统的 CPU、内存和外设等可以供用户使用的硬设备以及系统存储的数据和程序。操作系统统一管理这些系统资源的使用,最大限度地提高资源的利用效率。操作系统把资源管理相应地分为 4 个部分。

1. CPU 管理

CPU 是计算机系统中的核心资源,CPU 管理(CPU management)的核心任务是要决定如何进行协调,把 CPU 分配给系统里众多的进程,使它们正确而有效地占用处理器。这种管理调度分为两个层次:宏观层次的**作业调度**和微观层次的**进程调度**。

作业调度程序在用户提交、系统收容的一批作业中做出选择,先为这些作业建立进程,再把管理权限转交进程调度程序。要预先制定作业调度策略,"先到达先调度"是一种简单而自然的策略;以"尽量降低一批作业的平均周转时间"为目标是另一种策略。显然,出发点不一样,就会产生各种不同的作业调度算法。

操作系统一旦选中了作业并准备运行作业程序,就必须为其创建一个或者多个进程。

进程首先进入**就绪**(ready)状态,即表示进程已经具备运行条件,但未能得到 CPU 使用权。当进程调度程序从就绪进程中选出一个,把 CPU 分配给它,进程就进入**执行**(execute)状态,CPU 开始执行程序中的指令。因为发生某个事件,比如说程序请求 I/O,进程就要暂停执行,进入**阻塞**(block)状态,有时也会称为"挂起"或者"等待"状态。引起阻塞的事件完结,比如一次 I/O 动作完成,进程就重回就绪状态。

进程调度程序必须依靠预定的策略,决定哪个进程应该获得 CPU 及获得多长时间等。CPU 的管理状态如图 3-8 所示。

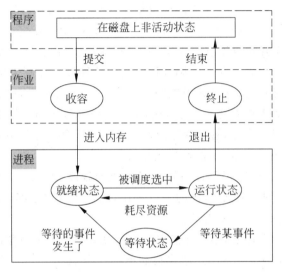

图 3-8　CPU 的管理状态

CPU 的物理性能是固定不变的。但是有了操作系统管理 CPU,工作效率就得到尽量提升。3.2.4 节将更具体地说明这一点。

2. 存储器管理

存储器管理(memory management)的对象是内存。处于执行状态的程序以及数据必须存放在内存空间上。随着硬件技术进步,内存的性价比已经大大提高。尽管计算机配置的内存容量已达到 GB 级,但是程序和数据的规模也在不断扩展。因此,内存仍然是计算机系统的宝贵资源。操作系统对内存的管理不但能够提高存储器的利用效率,而且能够提高计算机系统的性能表现。

存储管理程序的首要任务是对系统要运行的各个进程分配、回收内存空间。操作系统、实用程序、用户程序处在执行状态的各类进程所需要的内存空间总和,往往超过了内存储器容量。存储管理程序必须依靠各种算法进行内存分配,使所有进程共享内存。常用的算法包括分区、分页和分段等。对内存的分配可以是静态的,也可以是动态的。显然,后者可以更加灵活、更有效率地利用内存。

而所谓"**虚拟存储**"技术是内存管理的一类主流方法。当作业的空间要求超过内存储器容量时,用一种逻辑的方法来扩充内存容量。这个逻辑意义的内存是虚拟的,实际上建立在磁盘上。这样,就以外存的成本建立起一个概念上的庞大内存。把要运行的作业装入虚存,以页面或分段为单位进行分割。基于程序执行时呈现的"局部性规律",存储管理程序视程序运行需要,请求把相关的一部分页面或分段调入内存。内存和虚存之间可以进行存储内容的对换,这种方法比只考虑扩展内存空间更合理。尽管人们会依据成本和效益的平衡原则尽量扩大内存容量,但局限性仍然存在,使用已久的虚存技术并未过时。

存储管理程序还具有内存保护功能,确保每个进程都局限在操作系统分配的内存空间上运行,互相之间不发生干扰。

3. 设备管理

设备管理(device management)程序负责对系统 I/O 设备进行扩展和管理。输入输出设备连同磁盘等外存设备常常合称为**外部设备**(external devices),简称**外设**。

系统的外设数量有限,这样就必须由操作系统负责把设备分配给有需要的进程,不可以由用户自行使用。**I/O 调度程序**按照预定的管理策略决定:哪个进程可以得到一台设备?什么时候取得?可以占用多长时间?调度程序利用各种设备控制表格的登录信息,根据不同设备的固有属性选择独占、共享和虚拟等不同技术,执行分配设备的算法。

I/O 交通管制程序则涉及设备分配机构,按照 I/O 调度策略应该给进程分配这台设备,但设备能够分配出去吗?为此,管制程序要监视所有外设的状态。这些状态信息主要登记在一些称为**控制块**(control block)的数据表格里。

为了完成 I/O 操作,要为每种设备设置**设备驱动程序**(driver)。驱动程序的工作包括把对设备的逻辑操作要求转换成具体的 I/O 操作,检查 I/O 请求的合法性,检查设备状态,传送必要的参数,启动 I/O 设备,等等。

在设备管理程序的支持下,用户才能以一种与设备硬件无关的逻辑方式,很方便地完成输入输出操作。用户程序里发布的、形式很简单的一个 read(读入)语句,或者用户上机时的一个鼠标操作,其实都要依靠操作系统里颇为复杂的转换执行过程才得以完成,而这一点正是用户所希望的。

4. 文件管理

需要长期保存的程序和数据是系统中的软件资源,它们被组织成**文件**(file)的形式存放在磁盘、光盘和磁带这样的一些外存储器上,需要使用时再把它们读入内存。显然,由用户或用户程序自行管理文件并不妥当。不但麻烦,而且无法保证没有冲突地、安全地、共享地使用外存设备。因此,**文件管理**(file management)体现操作系统管理软件资源的功能,完成文件管理功能的程序集合称为**文件系统**。通常,文件系统是操作系统的一个构成部分。有些操作系统可能只包含文件系统的核心部分,而把操作系统以外的其他文件管理程序叫做**存取方法**(access method)。

操作系统以文件为单位来管理外存设备上面的信息。文件内部可以有不同的数据组织结构,如流式文件、记录式文件等。要强调的是,文件之间是彼此独立的,不存在结构上的关联。对操作系统而言,每个文件是个独立而完整的信息管理单位。

操作系统的文件管理功能包括对文件进行逻辑上的和物理上的组织,维护文件目录,执行对文件的各种操作,实现文件共享和安全性控制等。

第 5 章里对文件的组织和操作有更详细的介绍。

3.2.4 作业的管理调度方式

作业管理是高层次的处理器管理。通过本节对操作系统不同作业管理方式的介绍,希望读者能够理解,为什么配置了操作系统之后,CPU 的工作效率就可以得到有效的提升?从而有助于认识操作系统资源管理功能的意义。

下面叙述的前提是计算机只配备一个 CPU。直到今天,大多数系统还会是这样。

1. 单道作业方式

假如计算机只有一个用户,用户每次只能提交一个作业,就是说任何时刻只有一个程序在运行,一个进程独自享用系统的全部硬件和软件资源。采用这种**单道作业方式**,系统资源的利用率是很低的。

如图 3-9 所示,假设程序执行到某个时候,要把一个字符送到打印机上印出,用户作业就会发出对打印机设备的 I/O 请求。操作系统设备管理程序得知用户的操作要求后,首先核实设备是否确实处于空闲状态,再把字符从所在的内存单元传送到打印机接口,然后启动打印机执行字符的输出过程。把字符从内存送到接口要靠传送指令的执行,启动打印机要靠 I/O 指令的执行。但是把字符从接口传送到打印机印出的后续过程,不再需要机器指令继续控制。

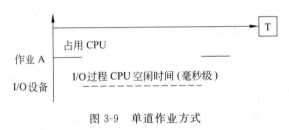

图 3-9　单道作业方式

这样,问题就发生了。数据从外设接口传送到设备,完成时间是毫秒级的,在这段非常"漫长"的时间里 CPU 将无事可做。因为至少要等到输出字符打印完成之后,程序才可以接着处理下一个字符的印出。1 毫秒之内 CPU 足足可以执行成千上万条机器指令了,可见如果采用单道作业方式,CPU 这种"一天打鱼,一千天晒网"的工作方式会造成多么严重的资源浪费。

2. 多道作业批处理方式

消除单道作业方式带来弊病的一种思路是操作系统同时收容一批用户提交的作业,在一个运行作业发出 I/O 请求、等待 I/O 完成这段时间,操作系统的作业调度程序把空闲的 CPU 转而分配给另一个可以运行的作业。就是说,作业可以等待,但 CPU 不得空闲,除非系统里确实再没有任何作业进程可以执行。

虽然 CPU 的硬件性能是不可能发生改变的,但多道方式使 CPU 的使用效率确实大大得到提高。由此可以理解,通过操作系统这种软件对系统资源实施管理,的确可以有效改善计算机系统的整体工作效率。

图 3-10 表示**多道批处理方式**(multiprogramming in batch)作业调度情况。显然,CPU的空闲时间大大地减少了。

值得注意的是,在多道作业批处理方式的调度下,若干个进程在**并发执行**(concurrent executing),即具有"宏观同时,微观轮流"的特征。也就是从用户的角度看,多个程序似乎同时在计算机上执行;而从机器内部的角度来看,操作系统在不同时刻把 CPU 轮流分配给不同进程。当然,任何时刻 CPU 只能执行某个进程中的某一条指令,这个进程可能属于用

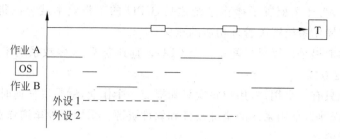

图 3-10　多道批处理方式

户作业,也可能属于操作系统本身。

3. 分时方式

多道批处理系统也有缺点。用户在提交了作业之后就不能和程序再进行交互,失去了对程序的控制。用户程序完全在操作系统的管理下运行,直至执行完成为止。

完全不同的另一种作业调度方式称为**分时**(time-sharing)。分时操作系统的典型工作方式是一台主机连接若干个终端,每个终端都有用户在运行作业。操作系统将 CPU 的工作时间划分成一个一个微小的时间段,通常大概是几十毫秒,称之为**时间片**(time slice)。操作系统以时间片为单位,把 CPU 轮流分配给各终端用户的作业进程。一个作业只能在一个时间片时间内占用 CPU。时间一到,操作系统将强行剥夺作业的 CPU 使用权,再把 CPU 分配给另一个作业进程。

由图 3-11 可见,每个程序在计算机内都是断续执行着的。一般来说,对用户不会产生什么影响。如果程序的执行本身无须干预,执行过程断续与否,用户并无感觉。如果程序和用户有交互,每次 I/O 操作过程,或用户要用键盘等外设进行数据输入都要耗费大量时间,这段时间里 CPU 正好可以把时间片分配给另一个作业。如果作业在连续运算,这种断续执行也不会产生问题。

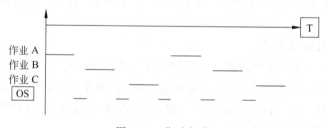

图 3-11　分时方式

由于 CPU 的处理速度极高,用户按时间片轮转使用 CPU,不太可能产生长时间等待的感觉,也不大容易感觉到系统中其他用户的存在,反而每个用户都似乎觉得计算机只为自己服务一样。当然,系统处理能力应该和要支持的分时用户数目匹配,保证对操作的响应时间处在用户可以接受的范围之内。

分时方式的最大特点是用户始终可以保持和作业的交互。众多用户好像都觉得自己在"独占"计算机,及时得到输出结果。因此,分时是操作系统作业调度的主流方式。

4. 实时方式

实时的意思是及时、即时。**实时**(real time)方式是指操作系统能够及时响应外部事件的请求,在规定的时间之内完成对该事件的处理,并控制所有实时设备协调一致地完成工作任务。

在公共场所安装的自动消防系统,其控制计算机上通常会配置一个实时操作系统。某个地点发生火警时,安装在天花板上的探头探测到浓烟,操作系统立即响应这个外部事件,运行设定的程序,控制报警设备发出信号,打开消防喷头等。

实时系统的主要目标是在严格的时间范围内对外部请求做出反应,可靠性较高,所以特别适合支持控制系统和要求响应及时的处理事务。

3.2.5 I/O 设备的输入输出控制

计算机要通过 I/O 指令完成 I/O 设备接口(如图 3-12 所示)和 CPU、内存之间的数据传输;而启动 I/O 设备后到数据在接口和设备之间传输完成,则不需要 I/O 指令的进一步干预。前面说过,前者的完成时间是微秒级的,而后者则是毫秒级的,因此必须有一种方法使 CPU 与 I/O 设备能够保持同步,可以采用的技术包括程序控制、中断控制和直接存储器存取。

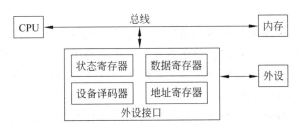

图 3-12　I/O 设备接口示意

1. 程序控制输入输出

这是 CPU 使用效率最差的一种输入输出控制方式。以字符串的输出为例,CPU 执行 I/O 指令把一个字符数据送到接口,启动外部设备,然后不断探测接口状态,直至可以判定字符已经到达设备,输出完成了,才开始执行下一个字符的输出操作。可见,数据从接口传送到设备的整段时间,CPU 实质上处于空运转等待状态。好像忙得不得了,其实什么事也没有干,CPU 的处理能力白白浪费掉了。

2. 中断控制输入输出

在上述字符串输出的例子里,如果采用**中断控制**方式,CPU 启动一个字符的输出之后,不再等待字符输出完成,而是在操作系统调度下去执行其他的进程。每个字符传送结束,都会产生一次 I/O 中断,于是打断 CPU 的当前执行过程,返回重新处理下一个字符的输出。这样,慢速的 I/O 设备工作过程中,CPU 可以执行其他任务,处理能力不再被浪费。

3. 直接存储器存取

直接存储器存取(direct memory access,DMA)方式常常用于在磁盘一类的 I/O 设备和内存之间直接传送成批数据。接口 DMA 控制器设有数据缓冲区、存放传输信息的寄存器等器件,可以分担 CPU 一部分 I/O 控制功能。CPU 只要通知 DMA 数据传输涉及的信息,如磁盘读写地址、内存区域首地址、读写字节数目,然后就可以转而执行其他任务。DMA 控制器准备好后,再申请占用总线,完成外存和内存之间数据的直接传输。可见,采用

DMA 方式进行成批数据的输入输出,占用 CPU 的时间也是很少的。

4. 通道处理器和外围处理机

DMA 控制器的进一步扩展,产生了通道处理器和外围处理机。它们实质上可以看作相对独立的计算机,专门用来控制数据的输入输出。大型计算机多采用这类 I/O 控制方式。

3.2.6　操作系统的常见种类

集中式计算机系统所使用的操作系统可以分成多用户系统和单用户系统两大类。系统可以使用单道、多道、分时、实时等不同作业调度方式。而网络操作系统和分布式操作系统则适合在网络环境中的计算机使用。这些分类都是为了便于叙述而已,实际系统并不如此刻板。即使是计算机配置的单用户操作系统,也能支持网络应用连接。

1. 多用户系统

因为多个用户通过终端设备,同时在计算机系统运行各自的作业,所以操作系统要采取适当的作业并发调度方式才能满足使用要求。根据不同应用类别,通常可以采用分时系统或者实时系统。

在大型系统中,一种很典型的做法是把用户作业分成两大类:需要以交互方式运行,而且希望响应比较及时的作业称之为"**前台作业**",操作系统用分时方式并发执行前台作业;对时间响应没有特别要求,也不需要和用户交互的作业称之为"**后台作业**",操作系统采用多道批处理方式并发执行后台作业。

例如,操作系统以分时方式处理银行各柜台的顾客存取款业务,CPU 还有空闲时间时,操作系统就转而执行后台作业,作个月度统计、打印一份年度统计表等。前台一旦有需要,操作系统就立刻转回去执行前台作业。总之,"前台作业及时响应,后台作业见缝插针",用尽 CPU 的运算能力。

2. 单用户系统

微机又称**个人计算机**(personal computer,PC),用的操作系统属于单用户系统。早期是单用户单任务的,**任务**(task)大体上是用户进程的意思。任何时刻,计算机内只能运行一个用户的一个应用程序。因此,单用户单任务操作系统资源管理的重点一般放在外存数据管理和设备管理上面。这类操作系统早期的典型代表是 DOS,正如系统名字所提示的那样,这是个磁盘(D)操作系统(OS)。

其后又出现了单用户多任务操作系统,典型代表是 Windows。操作系统可以调度多个用户进程,因此,用户能够宏观上同时启动好几个程序,操作系统以并发的方式来执行它们。当然,如果这些程序都需要和用户进行交互的话,用户只能轮流进行数据输入,毕竟系统里只有一个用户在操作。

3. 多 CPU 操作系统

大多数时候,计算机只会配置一个 CPU。为了增加系统的吞吐量和提高系统的可靠性,一台计算机配备多个 CPU 是解决方案之一。系统以**并行**(parallel)方式同时执行许多进程,和**并发执行**(concurrent executing)方式不同的是,同一时刻并行的多个进程被分配到不同的 CPU 上同时运行着。因此,并行操作系统的核心任务就在于让多台 CPU 能够协调地运行,完成用户作业。

4. 网络操作系统

网络操作系统支持计算机接入网络。为此,除了常规功能外,网络操作系统还增添了相应的其他功能,如网络通信,网络共享资源的管理,网络安全管理,对网络提供的应用服务的支持。Netware、Windows NT Server 等产品都是早期应用广泛的网络操作系统,它们通常安装在网络系统的服务器上。随着网络的广泛应用,现代的操作系统都具有网络接入功能。

5. 分布式操作系统

分布式系统的基本特征是把逻辑上是一个整体的用户任务分配到若干个物理上分散的计算机系统中协同完成。这些计算机自然应该由网络系统来连接,并配置分布式操作系统。和网络操作系统的主要区别是:分布式操作系统安装在不同的计算机上,而不是驻留在一台计算机中的;全局任务被分配到各计算机上并行,而不是只在本地机上运行;对系统共享资源的访问是透明的,不必指明物理位置等。

3.2.7 用户界面

看电视时,我们不必关心电视机的工作原理和构造细节,只需操作位于面板或遥控器上的按钮,屏幕上显示的相关菜单会给开关操作提供指示。这就是电视机所提供的用户界面,它决定了用户和电视机的交互操作方式。

操作系统也是这样,通过屏幕图标、屏幕菜单、鼠标操作、键盘命令以及命令语言等各种形式提供**人机接口**。用户通过这个接口向操作系统提出操作要求,操作系统接收用户请求,通过内核程序调动计算机系统的所有资源完成用户任务,通过接口给用户回送处理结果。这就是操作系统的用户界面。接受用户在界面上的输入,把操作要求转递给其他执行部分,输出操作结果,实现这些功能的程序部分组成了操作系统的**外壳**(shell)。

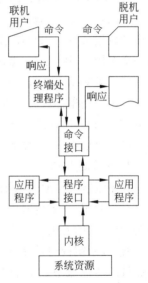

图 3-13 用户接口与操作系统的关系

操作系统有不同形式的**用户界面**(user interface),有些是面对用户向计算机提交作业的,有些是对用户程序提供支持的,如图 3-13 所示,大体上可以归结为如下几类。

1. 作业级接口

前面讲过,作业是用户请求操作系统为其完成的一次任务。通常,一个作业里可以包含若干个作业步。作业步之间会存在某种关联,如上一个作业步的结果是下一个作业步的输入。作业步涉及运行程序和数据,用户对各个作业步的说明信息构成了所谓的**"作业说明书"**。操作系统依据作业说明书来执行相关操作。用户提交作业说明的方式又有脱机和联机两种:

1) 脱机方式

用户用操作系统定义的**作业控制语言**(job control language,JCL)来编写作业说明书,描述作业步的执行顺序、涉及的运行程序和数据对象等。

作业说明书提交操作系统之后,由系统调度执行,用户无法再干预。显然,作业的脱机提交方式只适合以多道批处理方式运行的操作系统。系统可以接收一批用户作业,然后再按既定的作业调度策略以及各个用户作业说明书的规定执行这些作业。

通常,大型计算机的操作系统会提供这种方式的用户作业界面。

2) 联机方式

用户以人机交互方式提交作业要求。操作系统定义一组操作命令,用户在终端上输入某个命令,系统立即解释并执行,完成用户的作业要求。然后操作系统继续等待用户输入的下一条命令,直到作业完成。可见,在这种方式里作业说明书只有逻辑上的体现。实际上,它就是用户输入的一组相关命令的集合。

联机的操作命令输入形式又有下列几种:

(1) **命令行**(command line)方式。每个操作命令都由字符序列组成。用户通常用键盘输入某个操作命令,指示操作系统执行。例如,一条 UNIX 命令:

```
cat file1 file2>file3
```

表示用户要求操作系统把文件 file1 和 file2 连接起来,并写入第三个文件 file3 中。

显然,命令行方式不会让用户有方便的感觉,只会让操作系统的命令接收以及后续处理过程比较简单。早期的操作系统用户界面多采用命令行方式。

(2) **图形用户界面**(graphics user interface,GUI)方式。图形用户界面采用图形化的操作界面,以非常直观、容易识别的各种小图标来表示系统提供的各项操作功能、各种应用程序和数据文件。用户使用鼠标单击或双击屏幕图标来表示要执行的操作。Windows 是第一个采用 GUI 方式的操作系统,其操作的方便性大受用户欢迎。

(3) **菜单**(menu-driven)方式。操作系统使用菜单的形式,分门别类地列举提供的各项操作。用户用鼠标或者其他定位设备选择菜单中列举的项目,指定需要的操作或操作参数。菜单方式和 GUI 方式结合,逐渐成为操作系统主流的用户界面方式。用户利用图标、菜单、窗口以及对话框,向操作系统提交所要求的操作,比死记操作命令行方便得多。

2. 程序级接口

程序级接口是通过系统调用来完成的,系统调用可以看成是所谓"软中断"。用户程序发出系统调用,表示暂时中断当前程序的运行,要求操作系统提供服务支持。操作系统立即响应,调用它的有关内核程序完成指定功能。

通常,系统调用是在机器指令级别上发出的。为了应用更方便,有的操作系统重新组织所提供的功能服务、调用层次和调用形式,称为**应用程序接口**(application programming interface,API)。用户可以在高级语言编写的程序里调用 API 服务。

3.2.8 有代表性的操作系统产品

下面列举的是过去和现在几个影响极为广泛的操作系统产品。

1. 个人计算机操作系统:DOS 和 Windows 系列

DOS 系统是 1981 年 Microsoft 公司为 IBM 个人计算机开发的,即 MS-DOS。它是一个单用户单任务的操作系统,用户界面为命令行形式。在一段时间里,DOS 是个人计算机上使用最广泛的一种操作系统,功能集中在磁盘管理和其他外设的管理方面。

Windows 是 Microsoft 公司研发的另一个操作系统,第一个版本在 1985 年推出。其实,从 Windows 1.0 到 Windows 3.x 这些早期的版本,不过是在 DOS 的内核上配置了

GUI,这样操作系统首次采用了图形用户界面。尽管学术界并不认为它们是新的操作系统，但是崭新的操作界面还是得到用户极其热烈的欢迎。自此之后，具有新内核的版本系列不断推出，例如 Windows 95、Windows 98、Windows 2000、Windows Me、Windows XP、Windows 2003、Windows Vista、Windows 7、Windows 8、Windows 10 等，Windows 最终取得个人计算机操作系统软件的垄断地位。

GUI 以"所见即所得"方式给操作带来极大方便，用户只要会使用鼠标，就能够和操作系统交互。除此之外，Windows 支持多任务的并发执行。愿意的话，用户可以同时启动音乐播放程序和文字处理程序，一边听歌一边写文章。Windows 具有网络操作系统的功能，内置了 TCP/IP 协议和拨号上网软件，只需简单设置操作就能上网浏览、收发电子邮件。用户也可以很方便地利用 Windows 构建局域网的功能来实现资源共享。Windows 具有出色的多媒体功能，可以支持高级的显卡、声卡，可以进行视频、音频的编辑、播放，因此用户可以用计算机欣赏音乐或观看影片，"声色俱佳"。Windows 具有良好的硬件扩充支持能力。新增加的硬件可以"即插即用"，安装更加简单。连接好后，只要设备的驱动程序存在，Windows 就能自动识别并进行安装。用户再也不必像使用 DOS 那样改写 Config. sys 文件了。几乎所有硬件设备都有 Windows 下的驱动程序，而且支持的硬件和相关技术还在不断增加，如 USB 设备、AGP 技术等。多年以来，在 Windows 平台已经开发了数量众多的应用程序，可以满足用户各方面的需求。图 3-14 所示为 Windows 7 的图标。

图 3-14　操作系统 Windows 7 的图标

2. 有影响的系统：UNIX 和 Linux

UNIX 是一种分时操作系统，于 1969 年在 AT&T 贝尔实验室诞生。它具有功能强大、简洁、极其稳定、易于移植等优点，迅速得到学术界和业界的一致肯定。几十年来，UNIX 都是大、中、小型计算机的主流操作系统。

UNIX 有很多出自不同开发商的版本，通常称为 UNIX 变种。不同 UNIX 变种的功能、接口、内部结构都基本相同，但又会有一些差异。Sun 公司的 Solaris、SW 公司的 SCO UNIX、HP 公司的 HP UNIX 系统、IBM 公司的 AIX 系统等都是 UNIX 的知名变种。

UNIX 操作系统几乎全部使用 C 语言编写，是第一个主要用高级语言编写的系统软件。由于此系统易于理解、修改和扩充，大体上和机器无关，因此具有极好的移植性能。经过多年实际应用的考验,证明 UNIX 的可靠性好,运行非常稳定。这个优点对银行、海关之类业务不能中断的应用系统来说极其重要。

UNIX 立足于向用户提供各种开发工具,构筑一个程序设计的服务平台。对功能、内部构造、用户接口的考虑,堪称操作系统典范。内核和核外程序模块有机结合,被分成 4 层:内核是对进程、存储器、设备和文件进行管理的部分;核外是系统调用;再外层由实用程序、用户自行编写的程序组成;最外层是用户界面,称为 SHELL 的命令解释程序。

UNIX 的树型文件系统构造把文件和 I/O 设备等同处理;既提供用户命令操作界面,又提供程序级界面。一系列技术特点得到广泛认同,这是 UNIX 长盛不衰的根本原因。

另一个重要的 UNIX 变种是 Linux,诞生于 1991 年,最初由芬兰赫尔辛基大学计算机系的学生 Linus Torvaldsd 编写,作为自己的操作系统课程设计成果在因特网上发布。由于 Linux 是免费软件,源代码完全公开,加上因特网的传播作用,世界各地有相同爱好的人们纷纷加入到后续的发展进程。集天下英才之力,Linux 越加完美,世界各大 IT 公司相继表示关注,使 Linux 从个人爱好者群体走向商业应用领域。

Linux 的特点包括:多用户、多任务;多平台,能支持所有流行的 CPU;良好的兼容性、稳定性和安全性;功能强大,性能高效;支持大量的外部设备;多种用户界面;价格低廉等。这些特点很大程度上源自 Linux 的开放性。用户可以根据自己要求,重新对系统进行定制和配置,避免软件寡头的"绑架"。这是 Linux 容易被接受的重要原因。

近年来,国内大力推广 Linux 的应用,已经出现了一些商业版本,如 redhat Linux 等。作为一个较新的产品,要和业已成熟的 UNIX、Windows 分庭抗礼,必须继续不断地丰富以 Linux 为运行平台的实用软件和应用软件的种类,这样才能吸引更多的用户。

操作系统 Linux 和 UNIX 的图标如图 3-15 所示。

(a) Linux 操作系统之一   (b) Linux 操作系统之二   (c) 一种 UNIX 操作系统

图 3-15   操作系统 Linux 和 UNIX 的图标

3. 手机操作系统

除了个别低端产品,手机已经从点对点的通信设备演化成为计算机互联网的移动智能终端设备。手机的资源配置十分完整,因此和计算机一样需要由操作系统来完成资源管理任务,但手机毕竟不是通用计算机,所以要使用专用的操作系统。知名产品包括苹果公司的 iOS 和 Google 公司的 Android(安卓)。

iOS 是苹果公司为它的手机产品 iPhone 和平板电脑 iPad 开发的操作系统。其架构分成四个层次:核心层、核心服务层、媒体层、触摸控制层,大约占用 240MB 内存。

Android 是 Google 公司倡导的基于 Linux 的手机软件平台,包括操作系统、用户界面和应用程序等手机工作需要的全部软件。Android 是一个开放式系统,参与合作的有几十家知名厂商,致力于建立一个标准化、开源的手机软件平台,目标是使移动通信服务不依赖于特定的通信设备。不同品牌的手机都可以安装 Android,不像 iOS 只能用于 iPhone。

习　题

1. 比较下列概念的区别：作业、程序、进程。
2. 列举所有你知道的操作系统产品的名字。
3. 操作系统管理哪些系统资源？
4. 操作系统本身是个程序，它是如何启动的？
5. 简述在操作系统管理下启动一个应用程序的过程。
6. 操作系统如何使一个等待状态的进程进入运行状态？
7. 指出单道作业方式的弊病。
8. 从用户使用计算机的角度来看，多道/多任务方式和分时方式有什么区别？
9. 试一试在你的 PC 上同时启动几个任务。
10. 什么是中断？以多道作业和分时为背景，分析中断机制的必要性。
11. 假设分时系统中有 10 个用户在同时运行作业，时间片为 20ms，计算机每微秒能够执行 10 条指令，分析为什么每个用户几乎都感觉不到其他用户的存在？
12. 讨论两个分时进程同时访问同一个文件会有什么样的出错可能？
13. 假设一条两车道公路中有座一车道的桥，设计一套能让车辆顺利通行的管理机制。
14. 什么是虚拟存储器？虚存和内存有什么区别？
15. 分别指出操作系统的外壳和内核的主要功能。
16. 你喜欢哪一种操作系统用户界面？为什么？
17. 什么是 API？它有什么用？
18. 练习在你的计算机上插入和拔出 U 盘的正确操作。

3.3　程序设计语言和语言处理软件

算法转换为程序后才能在计算机系统上执行。就像人与人之间要使用约定的自然语言才能交流一样，人和计算机之间的交互要通过程序设计语言实现。和灵活的自然语言不同，程序设计语言具有极其严格的形式定义，近乎死板。第 2 章讲过，CPU 的机器指令集就是一种程序设计语言。但是机器语言的记号是二进制数字，如果只能使用这种语言，程序设计就显得太困难了，甚至会是个不可能的任务。因此有必要定义其他的语言形式，既方便人的理解和使用，又容易转换成机器指令序列。经过许多年的发展，程序设计语言已经成为一个大家族。不同场合下，我们可以讲汉语或者英语。专业人员也同样可以选择最合适的程序设计语言，完成相应的软件开发任务。

3.3.1　程序设计语言

程序设计语言（programming language）是算法和数据的一种记号表示，这种表示能够被计算机系统接受、分析、处理，并最终执行。

任何程序设计语言都有两个要素：**语法**（syntax）和**语义**（semantics）。语法是语言记号的组合规则，规定了使用语言记号编写一个程序的准确形式；语义是语言记号表示的含义。

不同的程序设计语言会具有不同的语法和语义定义,但大体上都会包含下列一些语言成分。

1. 数据的描述定义

定义程序涉及的数据对象、数据构造。比如高级语言用**常量**(constant)、**变量**(variable)的定义表示程序要处理的数据对象;用**数据类型**(data type)为手段,描述不同种类的数据,其合法的数据值域以及涉及的合法操作集合等。

2. 对数据的运算操作

通常,程序设计语言会提供各类**操作语句**(statement)来表示对数据对象的运算动作。例如,对数据变量的赋值操作(assignment)、数据输入操作和输出操作等。**表达式**(expression)和**函数**(function)也是常见的语言手段,表示对数据进行运算的过程和由运算过程得到的结果数据。

3. 流程控制

和算法一样,程序要表达完成处理任务的操作过程。一种标准的做法是语言定义一些**流程控制语句**,用做在程序中构造不同的典型操作过程模式的手段。例如,可以用复合语句表示流程的顺序结构,用 if 语句表示分支结构,用 while 语句表示循环结构等。

3.3.2 程序设计语言的发展

几十年来,程序设计语言在不断地发展,一些语言被弃用,而新的种类在不断地增加。但是别忘记,冯·诺依曼结构体系至今未被取代,机器指令仍然是程序操作的最终表示单位,任何种类的程序设计语言都必须向机器语言回归。当然,转换过程主要是依靠各种系统软件来完成的,称之为**语言处理软件**。

1. 机器语言

机器语言(machine language)就是 CPU 规定的机器指令集,"天生的"程序设计语言。机器语言的终极记号只有两个,二进制数字"0"和"1"。每条机器指令的语法格式和表示的语义都是在 CPU 设计的时候就定义好的。用机器语言编写成的程序是唯一的一种能被 CPU 直接识别和执行的程序。

阅读例 2-6 就不难理解,即使对专业人员来说机器语言都是极难使用的,至少是个沉重的负担。而且不同系列的 CPU 具有完全不同的机器语言。这样,机器语言程序就无法在使用不同种类 CPU 的计算机上面直接运行,即所谓的没有可移植性。

2. 汇编语言

为了使程序设计变得容易一些,人们定义了**汇编语言**(assembly language)。其基本的特征有两个:一是把机器指令符号化,即用助记符的形式来表示机器指令的成分,这样就比使用二进制数的表示形式好得多;二是增加了少量描述性的**伪指令**(pseudo instruction),这些伪指令负责提供一些语言处理时要使用的信息,并不存在与之对应的机器指令。

【例 3-1】 用假设的一种汇编语言重写例 2-6 求任意两个无符号整数最大公约数的程序。

```
    .LOC 0201
B:  LDA  M
D:  SUB  N
    JIL  R
```

```
        JMP   D
R:  ADD   N
        JIE   S
        STA   RE
        LDA   N
        STA   M
        LDA   RE
        STA   N
        JMP   B
S:  HALT
M:  64
N:  12
RE: 0
        .END
```

把上述汇编程序和例 2-6 给出的机器程序逐行比较,原来的 13 条指令和 3 个数据单元在汇编程序中一一得到对应。只是指令的操作码符号化了,"取数"动作 0001 用 LDA 替代,容易使人记住这是个 load accumulator 的操作,把一个数从指定的内存单元中传送到 CPU 的累加器去。同样,地址码也符号化了,M 是一个地址标号,M 单元里放了个无符号整数 64。

伪指令 .LOC 和 .END 在对应的机器程序并不存在。前者要定义各个地址标号的实际值。依据这条伪指令,不难确定标号 B 代表单元地址 0201、D 代表 0202、R 代表 0205 等。后者表示汇编程序到此结束。像这样的一些伪指令提供了以后处理这个汇编程序时要用到的信息。处理结束后,不会存在与之对应的机器指令。汇编语言使用的伪指令种类并不多。

可见,汇编语言和机器语言的成分大致上是一一对应的,因此把它们都称为**低级语言**。使用汇编语言来编写程序的确方便一些了,但是别忘了 CPU 只能接收机器指令,所以使用汇编语言写的程序必须翻译为机器语言程序之后,才能交给 CPU 执行。当然,这种"翻译"是由语言处理软件来完成的。

3. 高级语言

受汇编语言的启发,更便于程序设计的**高级语言**(high level language)涌现了。所谓的"高级",是指语言的记号形式完全脱离机器指令,很接近人们习惯的自然语言和数学语言,看上去像英语句子和算术式子。这样不但易于理解,更为重要的是,高级语言和特定的 CPU 指令集形式上不再关联。高级语言不但和具体计算机无关,甚至和计算机的基本技术概念都无关,所以即使是非计算机专业的人员,也有可能使用高级语言来编写程序。

显然,要通过翻译才能把用高级语言手段表示的操作和数据转换成为机器指令序列以及二进制数形式的数据编码。这种翻译过程比汇编语言的转换困难得多,因为高级语言的表示手段和机器内部的实现层次完全不同,根本不是简单对应的。由此涉及的相关问题在后面的 3.3.4 节和 3.3.5 节再作介绍。

高级语言形式虽然有点像自然语言,但是区别依然巨大。自然语言在智能的人类社会使用,灵活而多变,缩略语、一语双关的暗喻、俏皮话、"网语"都只有人类才有可能明白,一些表示甚至"只可意会,不可言传"。而程序设计语言是人和机器的信息交流手段,高级语言要围绕一组人为的规则来构造,语法规则数量不能太多,定义必须十分严格,是一种形式语言,否则语言处理软件就无法分析、无法转换人写的程序了。

【例 3-2】 用高级语言 C 重写例 3-1。

```
main ()
    {
        int m=64, n=12, r;
        r=m % n;
        while (r!=0)
        {   m=n;
            n=r;
            r=m % n;
        }
        printf ("最大公约数是%d", n);
    }
```

只要了解求最大公约数的算法,即使没学过 C 语言,上面程序的意义还是可以大概"猜"出来的。高级语言的定义虽然严格,但希望非专业人员也能够使用。

1) 有代表性的几种高级语言

- 20 世纪 50 年代:FORTRAN;
- 20 世纪 60 年代:ALGOL 60、COBOL、BASIC;
- 20 世纪 70 年代:Pascal、C、ADA。

FORTRAN 是最早出现的高级语言。早期,计算机多用来进行复杂的数学运算,FORTRAN 特别注意对这类计算任务的表达能力。比如,FORTRAN 程序可以很方便地表示复数以及对复数的运算。即使和现代的语言比较,FORTRAN 仍有独到之处。

ALGOL 是一种通用性的语言,对数据定义、操作流程控制、程序结构都提出了很全面的表达机制,对其后出现的高级语言有重大影响。

20 世纪 60 年代,计算机开始广泛地应用于非数值计算的数据处理领域。为此,COBOL 应运而生了。尤其要指出的是,COBOL 提供了功能很完整的文件(file)机构,可以方便地在磁盘等外存设备存储和处理海量数据,所以是编写管理类、商业应用类软件的理想语言,因而也是历史上应用最为广泛的程序设计语言之一。

BASIC 的特点是简单易学。由于个别人的出色推介和计算机应用的流行,BASIC 在国内曾经风行一时,但 BASIC 根本不是优秀程序设计语言的典范,语言机制毛病很多,没过多久就被其他语言取代了。应当指出,现在使用颇广的 Visual Basic 和 BASIC 并无渊源。

稍后出现的 Pascal 是专门用做程序设计教学的语言,概念严格,定义准确,形式简练,在很长的一段时间里,是国内外院校程序设计课程采用的首选语言。

另一种影响广泛的高级语言是 C。在 ALGOL、Pascal 等语言的基础上,C 定义了一种有代表性的高级语言机制。C 以工程应用为目标,形式颇为简练。C 引进了一些低级语言成分,如二进制位操作、指针概念的广泛使用,所以成为编写系统软件的有力手段。著名的操作系统 UNIX 主要是用 C 来编写的。经过一段时间,C 和由 C 引入"面向对象"机制扩展而成的 C++ 已经逐渐取代 Pascal,成为程序设计教学的主要范例语言,并且在软件开发中目前仍然得到广泛应用。

ADA 是面向过程高级语言历时三十多年发展期的圆满总结,学术界评价甚高。可惜的是,ADA 并未在国内得到应用推广,原因也许是 ADA 的研制背景吧。

2) 高级语言的类型

在过去的几十年里,随着软件开发过程中使用不同的方法去构筑问题解决方案的思考,产生了不同类型的一大批高级语言。

上面列举的几种著名高级语言只是其中的一类。它们和低级语言一样,仍然保留描写算法过程的基本特征,因此可以把它们都叫做**面向过程**(procedure oriented)的语言,也有人称之为**命令型**(imperative)的语言。使用这类语言进行程序设计,意味着软件开发的时候,首先要找到解决问题的算法,然后用语言语句构成的命令序列来表达这个算法。最后,遵照这个操作过程对涉及的数据进行加工,就能够得到希望的结果数据。

面向对象(object oriented,OO)是另外一种语言类型。所谓面向对象,在本质上是一种以数据为核心的思想方法。面向对象方法认为数据具有两个基本特征:数据的静态结构和数据的动态行为,即对数据的操作。把两者封装在"对象"这个概念之中。对象的这种特征构成用**类**(class)来刻画,而**对象**是类的一个实例。对象之间依靠**通信**(message)机制互相关联,成为一个整体的系统。当然,对象概念并没有根本推翻程序固有的"过程"特性。程序主要由对象来组成,但封装在对象里的操作方法仍然是对数据操作过程的一种体现。不过和传统的面向过程语言相比,面向对象程序的"包装"已经发生非常大的变化。

遵循面向对象思想方法构建的语言称之为**面向对象的程序设计语言**(OOPL),采用这类语言就意味着采用面向对象方法来编写程序。OOPL 的先驱是 1967 年出现的SIMULA,其后较为知名的有 SMALLTALK、C++、C♯ 和 Java 等。C++ 在 C 语言的基础上增加了面向对象的机制,由于 C 的成功,C++ 至今仍被广泛应用。

Java 和 C♯ 是近年被广泛认同的两种面向对象语言,以它们为核心形成当代软件开发的两大主流语言平台,其功能接近但各具特色,分别由不同的著名厂商主导。

Java 语言的特色在于与平台无关。通过"中间代码"和"Java 虚拟机"的机制,一个 Java程序可以在不同的计算机、不同的操作系统上运行。这样就有利于开发分布式应用系统,即一个逻辑上统一的程序能够直接在由网络连接的不同计算机系统上运行,即使它们有不同的 CPU、不同的硬件设备、不同的系统软件。Java 也适合用来编写万维网应用软件。Sun和 IBM 公司都极力推广以 Java 为核心的软件开发平台。

C♯ 是 Microsoft 公司产品,作为软件开发平台. NET Framework 上的一种程序设计工具,也适合编写网络环境下的应用软件。VB. NET 是. NET 平台上备受关注的另外一种程序设计语言。

除 Java 和 C♯ 外,计算机网络应用的迅猛发展催生了一批**网络编程语言**,适于编写在网络环境下运行的各类应用程序。万维网以网站、网页的形式提供超文本文档,包含文字、图像、声音、视频、指向其他超文本文档的链接等成分。为此,可以使用 HTML、XML 语言完成相关的页面设计工作。而 JSP 和 ASP 是两种适于设计所谓动态网页的语言,分属上面提到的 Java 平台和. NET 平台,它们也是网络应用方面的专用语言。

应用领域较狭窄的语言类型是**函数型**以及**说明型**。函数型语言的代表是 LISP,其程序设计过程是把语言提供的初等函数构造为嵌套形式的更复杂的函数。说明型语言的代表是PROLOG。使用这类语言时必须先确定一个通用解题算法,程序设计任务变成精确描述面临的应用问题,以便运用这个通用算法。在 PROLOG 里,通用算法是以形式逻辑的方式来表达的。

4. 第四代语言

有人认为,机器语言是第一代程序设计语言,汇编语言是第二代,高级语言是第三代。其后,对程序设计语言的探索并没有终止。可以把各种新的尝试通称为**第四代语言**(4GL)。虽然难以给出 4GL 的严格定义,但多数人同意,"**非过程化**"应该是新一代语言的基本特征。程序设计不再关注描述算法过程"怎么做",而是着重表达程序要"做什么"。这样就能极大地提高程序设计的效率。当然,使用 4GL 编写的程序仍然需要经过更加复杂的转换过程,最终得到对应的机器指令序列。

20 世纪 70 年代,历时 10 年研发成功的 SQL 产品可以看作是第四代语言的先驱。SQL 以数理逻辑中的一阶谓词公式和集合运算概念为基础,只须表示对数据库的操作访问要求,而不是访问的操作过程。直到今天,SQL 仍然是关系数据库系统语言平台的核心语言。

其他形式繁多的所谓**程序生成器**(generator),以及以其为核心的"**可视化语言**"也可以归入第四代语言。

3.3.3 程序设计和软件开发

有人提出过一个说法:算法+数据结构=程序设计。这个说法曾经得到广泛的认同,代表了用程序设计语言进行**程序设计**(programming)的传统认识。算法代表完成数据处理任务所需要的操作过程,而数据结构代表了对算法涉及数据对象的组织和表示方式。

随着计算机软件大型化、复杂化,编写程序的概念已被软件工程化开发的概念所取代。历经多年的研究,计算机科学的分支学科——**软件工程学**逐步成熟。粗略地看,**软件开发**(software development)的过程可以划分为计划、开发和运行三个阶段。要完成的具体任务包括:

(1) 可行性研究(feasibility investigation);

(2) 需求分析(requirement analysis);

(3) 系统设计和详细设计(system & detail design);

(4) 编码(coding),即传统意义的"写程序";

(5) 测试和排错(testing & debugging);

(6) 使用和维护(use & maintenance)。

可见,传统意义的程序设计不等同于软件开发,程序也不是软件的同义词。已经颁布的国家标准(GB/T 8566-2001)对**软件产品**(software product)的定义是:

一组计算机程序、规程及可能的相关文档和数据。

第 6 章的 6.5 节里对软件开发的工程方法会作更详细的叙述。

3.3.4 程序/语言的处理过程

显然,除机器语言外,任何其他形式的程序设计语言都要经历一个翻译转换的处理过程(如图 3-16 所示),被翻译的对象称为**源程序**,结果称为**目标程序**。翻译转换是由一些系统软件来完成的。

把用汇编语言编写的一个源程序转变为用机器语言表示的目标程序,使用的翻译程序

图 3-16　程序的翻译

叫做**汇编程序**（assembler），如图 3-17 所示。汇编的结果是可以直接在 CPU 上运行的机器程序。业内有人习惯把用汇编语言写的源程序也叫做"汇编程序"，不要把它和起翻译作用的汇编程序搞混了。

图 3-17　程序的汇编（assembler）

高级语言的通常处理过程是用一个叫做**编译程序**（compiler）的系统软件进行翻译，把得到的机器语言目标程序再交给另外一个语言处理软件——**连接程序**（linker）处理，连接上一些标准的程序段后，才能产生完整的、可以在 CPU 上运行的机器程序，如图 3-18 所示。有时，**可执行的目标程序**还要在运行前交给**装入程序**（loader）处理，以决定最后运行细节。例如按运行环境确定程序涉及的正确内存地址，然后再启动程序执行过程。

图 3-18　高级语言的编译和连接

高级语言的另一种可能的翻译方法称为**解释**（interpret）。一个叫**解释程序**（interpreter）的系统软件逐句地分析源程序，随即产生对应的机器指令序列并执行。高级语言的这种处理方式称为**解释执行**，如图 3-19 所示。

比较上述两种语言处理方法，采用编译方法的时间效率要高得多。表面上看，编译和连接要花费"额外的"时间才能得到目标程序。但是可执行的目标程序一旦

图 3-19　高级语言的解释执行

产生，就可以把它保存在磁盘上，以后每当需要就装入内存直接执行。而采用解释方法时，并没有产生目标程序，每次执行程序的时候都要重复地对源程序进行解释，总的算来耗费的时间要多得多。

3.3.5　编译程序

把高级语言编译为机器语言，编译程序要做下面几件工作。

1. 词法分析

从形式上看，一个高级语言源程序就是一个字符串，组成程序的单个字符未必有意义。所以编译时的第一件工作是把按字符读入的程序分割为一个个符合语言规定的语法单位，即所谓标记（token）。例如，编译程序首先要把包含 15 个字符的串"ADD 123 TO SUM;"准确地分割为 5 个标记："ADD"、"123"、"TO"、"SUM"、";"。

因此，词法分析就是从源程序辨认出每一个符合语言定义的语法单位的过程。

2. 语法分析

高级语言是一种形式语言,不但对词法单元有严格的定义,对如何把它们组织成为一个有语义的语句或者其他的语言成分都有极其死板的规定。编写程序时,如果把上面的语句错写为"TO SUM ADD 123",人尚可理解,但不能通过编译的语法分析。哪怕把";"错写成",都不行。这样,编译程序就给我们把了一道关,提交给计算机处理的源程序起码保证是没有语法错误的。

至于程序设计时把 123 错写为 456,编译程序对这类语义错误就无能为力了。人类至今未能想出彻底判断语义正确与否的法则。如果说可以勉强认定新入学的大学生年龄应该在 16~20 岁之间,那么又该如何去认定某学生是 18 岁还是 19 岁的对错呢?

3. 中间语言的生成和优化

编译的最终目标是产生和源程序相对应的机器语言程序。通常的做法是分成两步走,首先把通过语法检验的源程序转换成某种中间形式,然后再转换成为机器语言的目标形式。这样可以降低实现编译的难度。

举个例子,算式的**逆波兰式**就是一种中间语言形式。把程序当中形如 A+B*C 的算术表达式转换成机器指令的操作序列的时候,运算次序的出现有无数种可能,编译程序要正确处理是一件伤脑筋的事。如果先把它转换成逆波兰式 ABC*+,就容易设计出比较简单的算法,可以正确表达出任意一个算术式子的先后计算过程。

Java 语言的编译以产生的中间语言为目标,称之为"中间代码"。由安装在运行计算机上的另外一个处理软件(Java 虚拟机)把中间形式的 Java 程序再转换成各自的机器语言程序。Java 的跨平台特征就是靠这种编译方法来实现的。

源程序的编译方案往往会有多个。所谓"优化",就是通过各种比较手段找到运行效率最佳的一个方案。优化环节的优劣很大程度上决定了编译程序的质量。

4. 代码生成

经过上述步骤,最终可以产生对应源程序的机器指令序列了。

上述编译程序的几个工作步骤不见得一定是严格按照顺序执行的,几个步骤可能交织进行。编译程序的主要功能成分如图 3-20 所示。

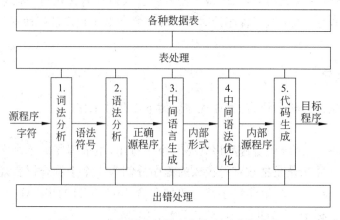

图 3-20　高级语言编译程序的主要功能成分

3.3.6 上机作业的传统过程

一种传统的高级语言处理过程是在操作系统支持下调用各种实用程序来完成源程序的有关处理,称之为**上机作业**(如图 3-21 所示)。作业过程中,用**编辑**(不是编译)**程序**来编写、修改、保存源程序。编辑程序(editor)可以是专用的,也可以用通用的文字处理软件充当。因为从形式上看,高级语言源程序就是个字符串。经过**编译和连接**,输入的源程序被转换成可执行的目标程序,再保存起来等待运行。把机器程序**装入**(load)内存和**启动**程序的执行是由操作系统完成的。在 Windows 上,启动一个程序的装入和执行的操作是用户首先选中一个可执行程序文件的图标,再双击鼠标左键。习惯把可执行的机器程序文件叫做 EXE 文件。

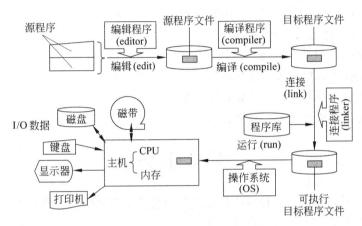

图 3-21　高级语言的传统上机处理过程

3.3.7 程序作业工具

业界一直在努力研发更多的系统软件,以便程序处理作业可以更方便地进行。所谓的**程序设计环境**就是这样一类软件产品,把程序作业涉及的编辑程序、编译程序、连接程序和调试查错程序等集成为一个软件,提供统一的使用方式和界面,使作业进行得更加有效率、更加方便。像 TURBO C、BORLAND C++ 就是早期出现目前仍广泛使用的程序设计环境软件产品。

更新一些的程序作业工具是和新的系统平台、新的语言结合起来的。一个有代表性的产品是 Microsoft 公司的 Visual Studio. NET。. NET 平台是个**集成开发环境**,包含了许多工具,支持多种程序设计语言,比如 Visual C++ 、C♯ 和 Visual Basic 等,更加适合网络应用软件的开发。和传统程序设计环境相比,. NET 的编程概念和使用方式都是全新的。

另一个主流的软件开发平台是由 Sun、IBM 等公司主导的 Java 平台,其中包含核心级(Core)Java 和企业级(Enterprise)Java 等一大批语言工具,在业界也得到了广泛应用。

随着软件工程化开发方法的逐渐成熟和推广,不断出现支持开发全过程的软件新工具。**软件工程环境**是指基于特定的某一种软件开发方法,提供能够支持按该方法进行开发各个工作步骤使用的成套工具。软件工程环境引导开发者进行包括需求分析、系统设计、编码和测试等步骤的软件开发全过程。像 RATIONAL 公司的 ROSE 就是这一类软件工程工具软件的代表。

习　题

1. 从什么角度说高级语言是独立于机器的？又从什么角度说它依然会依赖于机器的？
2. 和机器语言、汇编语言相比，高级语言的“高级”含义是什么？
3. 能否说机器语言和汇编语言是完全一一对应的？
4. 解释汇编程序和汇编语言源程序的差别。
5. 比较汇编程序和编译程序的差别。
6. 列举你知道的语言名称，它们属于哪一种语言类型？
7. 简单描述高级语言源程序的必要处理步骤。
8. 简单描述编译的几个处理步骤。
9. 对比编译方法和解释方法。
10. 列举选择语言时应该考虑的准则。
11. 为什么说软件开发和程序设计不等价？
12. 现代意义的软件定义是什么？

本 章 小 结

习惯上把完成各类任务的计算机程序的集合称为计算机软件。按照现代观点，计算机软件是程序、文档、数据和开发规范的集合。

可以把软件分成系统软件和应用软件两大类，系统软件由操作系统和众多的实用程序组成。系统软件是硬件的扩展，着眼于加强硬件的功能和效率，提供所有用户都需要的公共服务；而应用软件总是面向特定的数据处理业务和某些用户的需要的。

操作系统是最重要的一个基础性系统软件，其主要功能是管理 CPU、内存、I/O 设备和外存数据等计算机系统的资源，最大限度地提高资源的使用效率；支持用户以最方便的方式使用计算机完成作业。

程序设计语言是编写计算机程序的手段。依靠各种语言处理软件才能够把用不同种类语言编写的程序转换为机器指令形式的可执行程序，交由 CPU 执行。

计算机软件是受到版权法保护的具有知识产权的产品。

可以在后续专业课程深入学习本章谈及内容，如计算机应用基础、操作系统原理、高级语言程序设计、面向对象程序设计、汇编语言程序设计、网络应用程序设计、Web 系统与技术、编译原理、面向对象方法和软件工程等。

第4章　计算机通信与网络

计算机以微秒级的速度加工数据,可以说征服了时间。而计算机网络使千万台分散在广阔地域的计算机联结在一起,互相通信、共享资源,可以说征服了空间。

本章要介绍数据通信概念、计算机网络基础知识及局域网、因特网的技术和应用。

4.1　数据通信概念

计算机网络是在通信技术的基础上发展形成的。1844 年,电报的发明使人类首次具有远程快速传递信息的能力。1876 年,电话的发明使人类的这种通信能力扩展到语音传送。100 年之后,人类开始利用计算机进行通信。计算机的高速处理和海量存储的能力引发了通信技术的又一次革命。

计算机之间如何实现通信? 如图 4-1 所示,以通信网络为中介,计算机 A 要发送数据到计算机 B 中去。有几个关键问题需要解决:

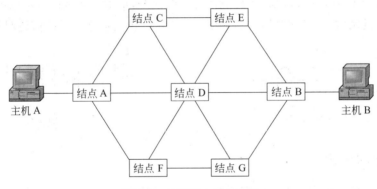

图 4-1　计算机之间的通信

(1) 数据在传送过程中是什么样的?

(2) 用什么样的传送方式沿线路将数据从一个通信"结点"传送到另一个"结点"?

(3) 数据从源点进入通信网络,传送过程要经过很多中间结点,如何寻找有效的网络路径,一步一步向前传递,到达目的地?

(4) 如何协调数据在不同计算机内的表示方式?

要认识这些问题,就要从数据通信基本概念的学习开始。数据通信常常涉及两个术语:**模拟**(analog)和**数字**(digital)。暂时先从"连续"和"离散"的意义上去理解它们。

4.1.1　信息、数据与信号

图 4-2 是两台计算机之间通信系统模型的示意图。

假设有份邮件存放在计算机 A 里,现在要发送到计算机 B 去。我们已经知道,传递的

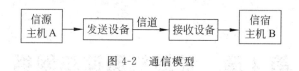

图 4-2　通信模型

信息蕴藏在邮件的**数据**(data)中,形式可以是文字、图片、声音和影像等。所有数据的最终表示记号是二进制数字"0"和"1"。为了完成数据的传送,必须有发送设备和接收设备,它们由**信道**(channel)连接。数据以电子、电磁和光等不同的**信号**(signal)形式在信道上传输。

就是说,信号是数据在通信系统里的表示形式。不同通信系统会使用不同形式的信号,可以把信号分成模拟信号和数字信号两大类。

1. 模拟信号

模拟信号(analog signal)是一种连续变化的波。就像声波、水波一样,模拟信号的电场强度、磁场强度、电平、电流的变化都是连续的。信号的基本特性是**频率**(frequency)和**振幅**(amplitude)。图 4-3 里的模拟信号,其频率和振幅都没有变化,是不能传递信息的。但是经过调制后,它可以"搭载"信息,所以称之为**载波**(carrier wave)信号。模拟信号可以在电缆、光缆和大气等介质中传播,这些信道叫做**模拟信道**。

2. 数字信号

数字信号(digital signal)是一系列**脉冲**(pulse)。脉冲状态只有两种,如恒定的高电平和低电平。因为不存在中间状态,因此脉冲在不断跃变,信号是离散的。可以把脉冲的两种电平状态和二进制数字"1"和"0"对应,如图 4-4 所示。传送数字信号的信道叫做**数字信道**。

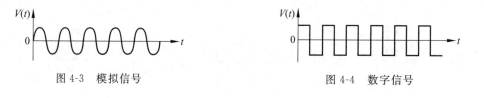

图 4-3　模拟信号　　　　　　　　　图 4-4　数字信号

4.1.2　数据的传输

数据也分成**模拟数据**和**数字数据**两类。声音、温度、压力和视频都是模拟数据的例子,它们在一个区间上具有连续变化的值。而数字数据的值是离散的,数和文字都是常见的数字数据。

数据必须转换成为信号才能在信道上传输。模拟数据和数字数据可以选择模拟信号或数字信号表示。比如打电话,语音是模拟数据,在电话网络里以模拟信号的形式传送。电视画面和伴音也是模拟数据,既可以用模拟信号送到电视机播放,也可以转换为数字信号发射和接收,即下一代的数字电视系统。计算机系统里面的数据和信号都是数字的,但异地两台机器互相连接的时候,传送的数字信号又要转换为模拟信号在公共通信网上传送。

信号的传送需要专门的技术,调制和编码是最基本的两种。

1. 调制

在电话线这样的模拟信道上传送数据,要将数据转换成为模拟信号。发送基础是上面提过的载波信号。把数据"装载"到载波上去的过程叫做**调制**(modifying)。通过改变载波信号的振幅、频率和相位三种基本特性之一,达到"装入信息"的目的。调制的三种基本形式分别叫做幅移键控(ASK)、频移键控(FSK)和相移键控(PSK)。

假设现在要传送数字数据,幅移键控法用载波的振幅变化表示 0 和 1。比如,用振幅大的波表示 1,用振幅小的波表示 0。平时收听的 AM 广播就是用**调幅**的方法生成声音信号的。频移键控法用载波的频率变化来表示 0 和 1。例如,用高频载波表示 1,用低频载波表示 0。平时收听的 FM 广播就是用**调频**的方法生成声音信号的。相移键控法用载波的相位变化来表示 0 和 1。比如,如果载波一个周期的相位与前一个周期相比发生了改变表示 1,没有发生改变则表示 0。

图 4-5 描述了对二进制数据 010010 进行三种不同调制后,得到的模拟信号的连续波形。

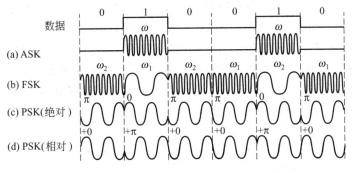

图 4-5　载波信号的调幅、调频、调相

不管使用哪一种调制方式,产生的信号都要占据以载波频率为中心的某一个频率范围,这个频率范围称为信号的**带宽**(band width)。

2. 编码

如果要用数字信道传输数据,需要将数据转化为数字信号,也就是用脉冲表示 0 和 1,这个过程叫做**编码**(coding)。

用数字信号来传送数字数据,最容易想到的编码方式是用高、低电平分别表示 1 或 0,这种方式叫做**不归零编码**(NRZ),如图 4-6 所示。

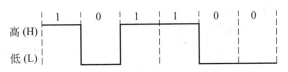

图 4-6　NRZ 方式编码的数字信号

使用不归零编码,发送方和接收方要约定如何决定一个位的开始和终结,否则,接收方确认一段时间之内,信道保持高电平,那么怎么知道送过来的是三个 1 还是两个 1 呢?一种处理方法是发送 NRZ 码的同时,用另一个信道来发送**同步时钟信号**,以决定传送一个位的延续时间。

曼彻斯特编码(Manchester code)在传输每一个位时,中间要出现一次电平跳变,从高电平到低电平的跳变表示 1,从低电平到高电平的跳变表示 0,如图 4-7 所示。这样就可以把数据信号和同步时钟信号合二为一,使用一个信道来传送了。

如果模拟数据要编码为数字信号,常见的技术是**脉冲代码调制**(PCM)。例如,怎样把一段

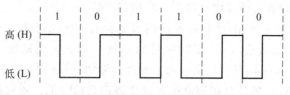

图 4-7　按曼彻斯特方式编码的数字信号

声音变成数字信号呢？PCM 方法是先对模拟的声音信号采样，即以信号频率两倍以上的速率测量信号的振幅变化；然后把采样值量化为二进制数据；最后经过编码成为数字信号串。

3. 调制解调器

在实际传输过程中，往往需要在数字信号和模拟信号之间进行多次转换。如两台相隔很远的计算机，中间借助于公用电话网相连接。电话网络是为语音的传输设计的，只能传送模拟信号，所以在发送端先要把数字信号转换为模拟信号，接收端再把模拟信号重新转换为数字信号。传输过程中，发送设备和接收设备要达成一致，发送方是如何调制的，接收方要按照相同的方法来解调，如图 4-8 所示。能够完成调制和解调任务的设备叫做**调制解调器**（modem）。这是一个由调制器和解调器两个名称的字头派生出来的术语。

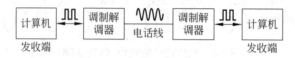

图 4-8　计算机通信信号的转换

4. 两种数据传输

在通信网上传输数据信号的方法也分为**模拟传输**和**数字传输**两类。传输方法和信号的种类并不是简单对应，不是说模拟信号就只能模拟传输，数字信号就只能数字传输。

不管传送的是模拟信号还是数字信号，模拟传输都不考虑信号的内容。信号传送一段距离之后，强度会衰减、波形会走样，这时要靠放大器来增强信号。信号放大并不能纠正信号畸形，数据传输就会失真。如果长途电话信号采用模拟传输方法传送，身在远方的家人可能都听不出是你给他们打电话。

而数字传输方法关注信号的内容，通信线路上的中继器不但增强信号强度，而且会修复信号形状。这样，不管传送的距离有多远，数据都不会失真。显然数字传输方法更加适用于远程通信系统。

5. 数据、信号、传输的组合关系

如上所述，数据、信号、传输三个概念都有模拟和数字两种不同属性。表 4-1 列出它们之间的可能组合。

表 4-1　数字与模拟之间的组合

数据类型	模 拟 传 输	数 字 传 输
模拟数据	模拟信号（调制）	数字信号（PCM）
数字数据	模拟信号（调制）	数字信号（编码） 模拟信号（调制）

4.1.3 传输介质和信道

两个通信设备之间必须由物理介质连接才能传送数据信号,物理介质可以分为有线介质和无线介质两类。前者如金属导线和光纤,后者如空中的微波。所谓**信道**(communication channel),指的是传输介质里数据信号的传送通道。

情况如同两个城镇由一条高速公路连接,车流被隔离在划分的 8 个车道。公路是车辆的传输介质,但是车辆在路上要分车道行走。路越宽,车道就可以越多,能够通过的车流量也就越大。

信号具有带宽(如同车的宽度),传输介质也有带宽特性(如同公路的宽度)。不难理解,介质的带宽越大,数据的传输率也就越大。有时甚至会不加区分地使用**带宽**和**数据传输率**这两个术语。

下面列举的是几种比较常见的传输介质。

1. 非屏蔽双绞线

双绞线由两条互相绝缘的铜导线组成。把两根线绞在一起,用以减少彼此的电磁干扰。计算机接入网络常使用 **5 类双绞线**,特富龙材料保护外壳里有 4 对双绞线(如图 4-9(a)所示)。由于没有金属屏蔽层,因此叫做**非屏蔽双绞线**(unshielded twisted pair,UTP)。

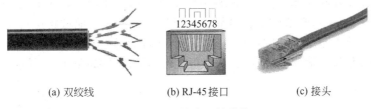

| (a) 双绞线 | (b) RJ-45接口 | (c) 接头 |

图 4-9 双绞线及其附件

所有 UTP 都有规定颜色,4 对导线的颜色分别是橙-白橙、绿-白绿、蓝-白蓝、棕-白棕。常常用 UTP 把计算机接入网络,在 UTP 端部套接一个 RJ-45 接头(如图 4-9(c)所示),RJ-45 接头上有 8 片金属片,通过强迫挤压,擦破胶皮与 UTP 的金属导线对接。计算机网卡上有 RJ-45 接口(如图 4-9(b)所示),接口上也有 8 片金属片,把 RJ-45 接头插入RJ-45 接口,网卡与 UTP 导线就连接好了。

模拟信号和数字信号都可以使用 UTP 传送,而且成本低廉。但 UTP 不适合远程传输信号,直接传输距离一般不要超过 100m,否则就需要使用中继设备。

2. 同轴电缆

同轴电缆(coaxial cable)的"轴"是一根铜芯线(如图 4-10 所示),铜芯外面套有塑料绝缘层,外面再套屏蔽金属网,最外面是塑料保护套。

图 4-10 同轴电缆

同轴电缆曾经在电话系统、有线电视和计算机网络中广泛使用,现在逐渐被光缆和 5 类双绞线取代。

3. 光缆

和金属电缆相比,**光缆**(fiber-optic cable)是近年出现的一种高速传输介质。光缆由一束称为**光纤**的玻璃纤维组成。光纤粗细大致和头发丝相当。纤芯的外面包围着一层折射率比纤芯低的玻璃材料。信号传送的时候，由光源产生的光脉冲在两种介质的结合面上不停地全反射传播。使用光纤来传输数据信号，速率可达 1Gb/s，比双绞线高 26 000 倍左右（如图 4-11 所示）。除此之外，传输过程中光信号不容易受外界干扰，信号强度衰减也小，直接传送距离可达几十千米。所以光缆是当代重要的通信传输介质。

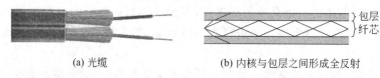

(a) 光缆   (b) 内核与包层之间形成全反射

图 4-11　光缆和光在光纤里的传播

4. 微波

时刻要求在线的移动用户用笔记本式电脑、智能手机传接数据，显然双绞线、光纤这些有线介质都不可能满足连接要求，所以移动通信必须借助无线传输介质。**微波**（microwave）是频率高达几吉赫兹、波长只有几厘米的电磁波，在空中直线传递数据信号（如图 4-12 所示）。由于地球表面是一个球面，远程通信要借助彼此相距几十千米的一系列微波站接力传送微波信号。

地面微波站要建在无遮挡的地方，在卫星上建立微波中继站就不再受地形的制约了。卫星在同步轨道上运行，和地面站相对静止。通信卫星覆盖的地域跨度可达 18 000 千米，因此发射三个通信卫星就可以实现覆盖地球任何区域的远程通信。卫星地面站使用碟形天线将数据的微波信号传输到卫星，或者从卫星接收传输信号，如图 4-13 所示。

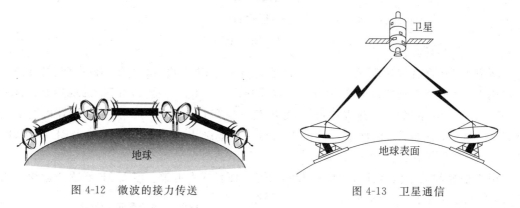

图 4-12　微波的接力传送   图 4-13　卫星通信

4.1.4　信号传输的技术特性

1. 传输速率

数据传输速率指的是信道上每秒钟传输的二进制位数，单位为位/秒，记作 b/s 或 bps。常用的数据传输速率单位有 kb/s、Mb/s、Gb/s 和 Tb/s，换算关系是：

$$1kb/s = 1000b/s$$
$$1Mb/s = 1000kb/s$$
$$1Gb/s = 1000Mb/s$$
$$1Tb/s = 1000Gb/s$$

2. 带宽和宽带

前面讲过,信号和信道都有一个基本特性——**带宽**。信号带宽是指信号的频谱,即占用的频率范围。比如声音有高音、低音,声音信号带宽为 300～3400Hz。信道也有可用带宽,即信道可以同时支持的信号频率范围。信道带宽和信道最大数据传输率成比例。就像路越宽,单位时间内能够通过的车就越多一样。按照数据传输率的高低,信道带宽可以分成以下几种类型。

(1) 话音频带(voice band):标准电话线路的带宽,典型的数据传输率为 9600～56kb/s。

(2) 中频频带(medium band):数据传输率在 56kb/s～264Mb/s 之间。

(3) **宽带**(broadband):数据传输率在 264Mb/s～30Gb/s 之间。目前,宽带网络主干网的带宽在 2.5Gb/s 以上,接入网带宽在 1.54Mb/s 以上。

有时会不严格地使用带宽和数据传输率这两个术语。有时会说"信道具有 10 兆带宽",其实就是指信道具有 10Mb/s 的传输率。

3. 并行和串行

使用**并行传输**(parallel transmission)方式时,一组信道上同时传输数据信号的多个位,如图 4-14(a)所示。情况如同几道车流在多车道的路上齐头并进一样。并行传输效率较高,但只适合短距离通信。计算机系统内部多采用并行传输方式。

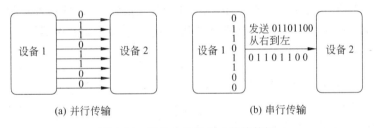

(a) 并行传输   (b) 串行传输

图 4-14　设备 1 向设备 2 传输数据

串行传输(serial transmission)方式是指在信道一位一位传输数据信号(如图 4-14(b)所示)。就像在单行车道的路上,所有汽车只能一辆接一辆依次前进一样。远程通信一般都使用串行传输方式,典型的例子是公共电话网。

实际应用当中,经常会同时使用串行传输和并行传输。信号在计算机总线上并行传送,按照 RS-232-C 标准进行转换后在串行接口送出,串行信号经调制解调器调制成模拟信号后,送上公共电话网继续传送,在目的地再进行相反的一系列转换。并行传输和串行传输的转换如图 4-15 所示。

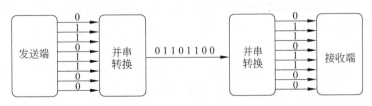

图 4-15　并行传输和串行传输的转换

4. 信号的单工、半双工、全双工传送流向

单工（simplex）传送是指信道上数据流向是单方向的。通信时，一方只能发送，另一方只能接收。传统的电视系统就是单工方式传送的，电视台发送信号，电视机接收信号，通信方向不可逆转。

双工（duplex）传送是指信道上的数据流向是双方向的，又分为半双工和全双工两种。

半双工（half-duplex）是指同一时刻通信双方之间只能有单一方向的数据流，一方要么处于发送状态，要么处于接收状态，不能同时又发又收。就像有两个车道的隧道，一条车道维修，隧道两端就要实行交通管制，双向车辆轮流通过唯一的车道。步话机是典型的半双工系统。一方说完一句话，必须再说 OVER，意思是"我说完了，该轮到你讲话了，我听着呐"。

全双工（full-duplex）是指在同一时刻，通信双方之间有两个相反的数据流向，任何一方可以一边发送数据、一边接收数据。电话是典型的全双工系统。吵架时大家可以同时开腔，两边都听得到。

三种信号的传送流向如图 4-16 所示。

5. 多路复用

多路复用技术如图 4-17 所示。事实上，通信介质的可用带宽远远超过通信信号带宽。例如在电话系统里，语音信号的带宽有 3000Hz 左右就可以了，但一根光纤的带宽可以达到 25 000GHz。如果两个人打电话要占用一根光纤，就太浪费了，因此可以把很多个不同频率范围的信道在同一通信介质中"重复安排使用"，这就是**频分多路复用**（frequency division multiplexing，FDM）技术。

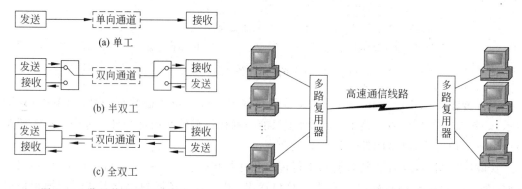

图 4-16　信号传送的三种流向　　　　图 4-17　多路复用技术

公共电话网中常用的 FDM 标准是每对用户使用 4000Hz 的音频信道，语音信号带宽为 3000Hz，两边各有 500Hz 的隔离频带，以防互相干扰；每 12 个信道组成一个群，多路复用到 60～108kHz 的频带上；每 5 个群（60 对电话信道）多路复用成为一个超群；再上一级的多路复用单位是主群。

因为光纤的带宽极大，现有标准可以在主干线路上频分复用多达 230 000 个话音信道。限制通信能力的不是光学技术，而是光电转换元件和电子技术。

另外一种多路复用技术是**时分多路复用**（TDM）。类似操作系统进程调度的分时方式，在划分的时间片里传送来自某个信源的信号。同一个信源使用的分离时间片序列构成一个信道,多个信道共用通信介质。打个比方,线路数据传输率是56kb/s,8个信源要求的数据传输率均为7kb/s,可以把1秒钟分成8个时间片,线路按照时间片轮转,同时传输来自8个不同信源的数据信号。这样采用时分技术,一条线路也可以分成8个信道。

6. 异步传输和同步传输

信号传送的基本要求是接收方必须知道每个位的开始时间和持续时间。假设数字信号使用4.1.2节里讲的NRZ编码传送。接收方感知信道上持续高电平,有1送过来了,那么是多少个呢?

一种解决方法是**异步传输**(asynchronous transmission)。每次传输单位是一个字节,字节用一个起始位(start bit)引导,再用一个停止位(stop bit)结束。起始位的编码为0,停止位编码为1。没有数据传送时,发送方发出连续的停止位1。每当出现从1到0的跳变,就意味着一个新字节开始到达。接收完8个位之后,接收方继续等待下一个字节的到达。

另一种解决方法是**同步传输**(synchronous transmission)。以一个**块**(block)作为传输的单位。为了准确地确定每一位的起始时间和结束时间,发送方和接收方的时钟必须同步。一种办法是在数据信号传送信道之外,再用一个信道传送时钟同步信号;另一种办法是使用4.1.2节介绍过的曼彻斯特编码,这时数据信号和时钟信号是合二为一的。

同步传输的数据块可大可小,要在块前和块后增加一个标志字节01111110和其他一些传输控制信息。这样的一个数据传输单位称为**帧**(frame)。

4.1.5 数据交换

任何情况下都直接连接两台通信设备是不现实的。数据在传输过程中要经由许多中间交换设备组成的网络,才能从源地抵达目的地。就像要飞到欧洲某个城市,中途要转好几次飞机一样。**数据交换**(data switching)是指数据通过通信网络的整个传输过程。

数据交换技术可以分为两大类:线路交换和存储转发交换。

1. 线路交换

线路交换(circuit switching)方式的特点是先在通信双方之间建立一条专用通信通路,然后在信道上传送数据。典型的线路交换例子是电话系统。用户拨号就是提出线路要求,对方拿起话筒,通信信道就建立起来了。随后双方的语音数据都在信道传输。信道是独占的,不再提供给其他用户使用。直到某一方放下听筒,表示通信结束,可以释放线路占用的通信资源为止。

就公共通信网的资源利用而言,线路交换方式的使用效率比较低。两个人都不吭声了,信道还是被占用着。所以两边的话筒都没挂好,电信局继续收钱还是合理的。

但是,一旦建立起交换线路,通信双方就可以用固定的传输率传送数据,除了在信道上和中间交换设备上必须消耗的传送时间之外,不会再有其他的延迟。因此,线路交换方式的数据传输效率是比较高的。

2. 存储转发交换

这种交换方式有点像邮政系统。通信网的中间交换设备可以存储数据,而且可以根据数据的目的地和信道的当前状况,智能地做出下一步转发决策。例如,某一条线路出现故障或者过于拥塞了,就选择另外的通信路径进行传送。这种交换方式在计算机网络通信中得到了广泛应用。在通信网中用做交换设备的也是计算机,所以数据存储能力和处理能力都不成问题。

分组交换(packet switching)是最主要的一种存储转发交换方式。把传送的数据分割为比较小的一个个分组(packet)独立传送,可以有效地提高公共通信网的利用率。

按照分组在通信网上传送的管理方式,可以把分组交换再分为数据报(datagram)交换和虚电路(virtual circuit)交换两种不同的方式。它们的主要区别在于传送数据的所有分组是否沿着同一条路线传送。

虚电路交换有点像电话系统的线路交换,先建立一条连接发出地和目的地的路线。每个数据分组沿着这条路径传送,在每个中间结点上不再作路径选择。但与线路交换的根本区别在于虚电路只是一条逻辑连接电路,并不独占物理信道。多个虚电路可以共用网络的信道,数据分组在中间交换设备上仍需存储,排队等待在信道上传送。

数据报交换是一种无连接传送方式,各数据分组可能沿着不同的传送路径到达目的地。为此,每个分组都要附加控制信息,标识分组的源地址、目的地址和分组所属标志,方便中间交换设备转发分组,以及在目的地把所有分组重新装配为原来发送的数据。

分组交换最大限度地利用了通信网络资源,这是基于计算机网络传送的 IP 电话比传统长途电话要便宜的原因。由于语音数据分组在传送过程中有丢失的可能性,所以实际上 IP 电话的通话质量不见得比传统的电话系统更好,但相关技术已有长足的进步。

习　题

1. 解释下列概念:模拟数据、数字数据,模拟信号、数字信号,模拟传输、数字传输。

2. 如何把数据转换成模拟信号?

3. 声音是怎样转变成数字信号的?

4. 和现在的模拟电视系统相比,数字电视系统应该如何进行传输?

5. 举例说明调制解调器在通信系统中的作用。

6. 调幅广播和调频广播的区别是什么?

7. 什么是带宽?它和数据传输率有什么关系?

8. 比较双绞线、同轴电缆、光缆和微波这几种通信介质的数据传输率。

9. 查一查你用的调制解调器的数据传输率。

10. 在 10Mb/s 的信道上传输 100MB 的文件需要多长时间?

11. 解释传输介质和信道的联系与区别。

12. 如何实现在一根电话线上传送几十路电话信号。

13. 列举日常生活中你知道的单工、半双工、全双工通信方式。

14. 简要描述一台计算机的数据通过电话系统传送到另一台计算机的过程。

15. 指出异步传输和同步传输的区别。

16. 使用曼彻斯特编码传送数字信号有什么好处?

17. 从数据交换的角度比较传统电话系统和在计算机网络上传送的 IP 电话的差别。

18. 分组交换的虚电路方式和线路交换(实电路)方式有何区别?

4.2 计算机网络

计算机网络是计算机技术和通信技术结合的产物。大量分散但又互连的计算机按共同约定的规则,提供数据通信和资源共享等网络服务。

在企业机构建立计算机网络,首要目的是资源共享。无论网络用户在哪里,网络资源的物理位置在哪里,都能够使用计算机的数据、软件和硬件(如图 4-18 所示)。其次,提高了系统的可靠性。数据可以在网上多台计算机中存储副本,一台机器出现故障,其他计算机仍然可以分担任务。而且,使用由大量较小型计算机组成的网络比使用大型主机更省钱。最后,计算机网络可以为分布各地的企业雇员提供强大的通信支持手段。

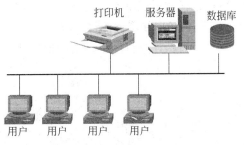

图 4-18　利用网络共享软硬件

计算机网络已成为服务公众的重要手段。网络已经成为人们相互联络不可或缺的媒介,今天我们离不开电子邮件、微信、博客、微博、QQ、BBS,传统的电报、信件日渐式微。坐在相隔千里的办公室里,可以借助网络举行视频会议,不一定要飞来飞去,如图 4-19 所示。网络使人们安坐家中就能获取信息,访问网站,网上购物,申办证件,银行转账,报税等,传统获取信息的渠道和方式发生了翻天覆地的变化。甚至连娱乐也不例外,视频点播、歌曲下载和网络游戏是时尚的选择。

图 4-19　利用网络进行视频会议

总之,计算机网络的迅速发展和广泛应用已经引发了新的一轮社会、政治、文化和道德方方面面的变化。无论这些变革包含正面还是负面的因素,计算机的出现给人类社会带来了有史以来的第三次革命。其中，计算机网络扮演着极为重要的角色。

4.2.1 计算机网络的组成

计算机网络是"独立自主"的计算机的互连集合。接入网络的计算机是独立的，意味着网络系统中不存在主从依附。脱离了网络，计算机仍然能够独立运行。所以，一台主机带有遍布全球的远程终端，这样的计算机系统不是网络；主机连接了许多台专管输入输出的从属计算机，这样的系统也不是网络。

1. 通信子网和资源子网

大体上说，计算机网络是由**通信子网**和**资源子网**所组成的，如图 4-20 所示。

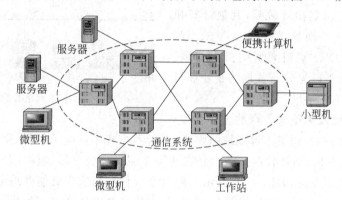

图 4-20　计算机网络的通信子网和资源子网

资源子网指的是网络中可以供使用的各种资源的集合，包括计算机、软件和数据等等。资源子网执行各种数据处理工作，向网络用户提供资源和服务。

通信子网由通信设备和通信线路组成，功能是执行通信控制和数据传输。

2. 网络硬件

网络硬件是计算机网络的物质基础，网络硬件多种多样，包括端点设备、通信线路、通信和网络连接设备等，如图 4-21 所示。

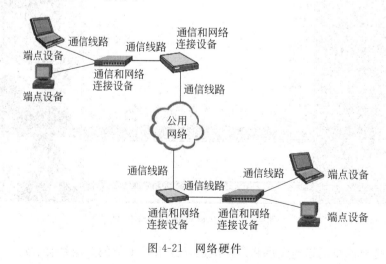

图 4-21　网络硬件

端点设备位于资源子网中，用以存储和处理数据。服务器、用户计算机、打印机和移动终端设备都是常见的端点设备。

通信线路是传输数据的介质，常用的通信线路包括公共电话网、双绞线、同轴电缆、光缆和无线线路（如微波线路和卫星线路）等。

通信和网络连接设备包括调制解调器、交换机和路由器等。

3. 网络软件

为了协调网络的工作，需要使用软件对网络资源进行管理、调度、分配、负责安全保密，包括网络协议软件、网络应用软件和网络管理软件等。

网络协议软件是网络软件系统的基础。它为网络内的通信提供一套统一的约定规则，使不同的计算机系统之间能够顺利地完成通信。

网络应用软件是为用户提供各种网络服务的工具。例如支持访问共享资源的软件，包括万维网访问、远程登录服务和网络文件访问等；支持远程用户通信的软件，包括电子邮件、IP电话和网络会议等；支持网上事务处理的应用软件，包括电子商务、电子政务、电子金融、远程教育和远程医疗服务等。

网络管理软件负责网络资源的管理和分配。主要的功能包括性能管理、配置管理、故障管理、计费管理、安全管理、运行状态监视与统计等。**网络操作系统**（network operating system, NOS）也是一种网络管理软件。网络操作系统在操作系统传统功能之外，增加网络通信管理功能、网络范围内的资源管理功能和网络服务功能。

由于网络的广泛应用，网络操作系统应有的功能现在都会集成到计算机操作系统当中。

4.2.2 网络类型

可以按照不同的角度对计算机网络进行分类，如果按照网络中计算机之间的关系划分，可以分为对等网络和C/S网络等几种模式；如果按照网络的地域覆盖范围划分，可以分为局域网、城域网和广域网等几种类型。

1. 对等网络和C/S网络

在计算机网络中，倘若每台计算机的地位平等，可以平等地使用其他计算机内部资源，这种网络称为**对等网络**（point-to-point, P2P），如图4-22所示。

现在，在局域网和因特网上流行的一些软件都可以支持这种P2P网络模型的应用。如BT、Emuler、飞鸽传书和迅雷等，这类软件多用于影音文件的共享下载。

如果网络上连接的计算机比较多，需要考虑专门用一台计算机来存储和管理共享资源，这台计算机被称为**服务器**（server），其他的计算机被称为**工作站**（workstation），也可以叫做**客户端**（client）。这种网络称为**客户端/服务器**（client/server, C/S）网络。

C/S网络（如图4-23所示）是目前较常见的网络应用模式。一个C/S网络可配置多个功能不同的网络服务器，如电子邮件服务器、文件传输服务器、网站服务器、数据库服务器、打印服务器和视频点播服务器等。一般而言，服务器必须连续不间断地工作，任何时候都能为客户端提供服务。

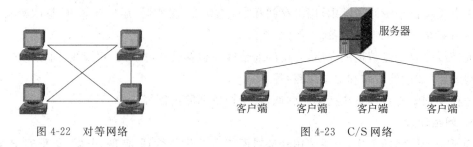

图 4-22　对等网络　　　　　　　　　　图 4-23　C/S 网络

2. 局域网、城域网和广域网

局域网(local area network,LAN)是由有限范围内的各种计算机互联而成的专用网络。一个局域网可以在一栋楼、一个校园、一个小区里建立。局域网技术发展迅速,应用广泛,是计算机网络技术最活跃的领域之一,4.3 节对局域网再作进一步介绍。

城域网(metropolitan area network,MAN)是一个城市范围内的网络基础设施,用来连接同城企业、机关、公司的网络设备,如图 4-24 所示。MAN 通常采用和 LAN 相似的技术,可以看成是一种大型的 LAN。之所以单列一类,主要原因是为 MAN 制定了一个名为 DQDB 的实施标准。

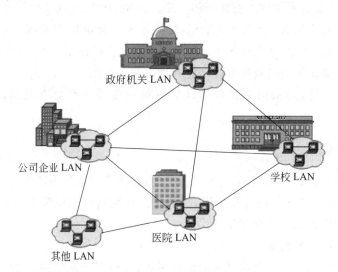

图 4-24　城域网

广域网(wide area network,WAN)也称为远程网。所覆盖的地域范围可以从几百千米到几千千米不等,可以为位于不同城市、地区的计算机提供网络连接,甚至可以跨越几个洲,形成全球性的计算机网络。

广域网由两个部分组成:以独立的计算机**主机**(host)为核心的资源子网和以传输线、交换设备为核心的通信子网。

4.2.3　网络协议和体系结构模型

1. 协议与分层

为了实现网络通信功能,所有参与网络的软件和硬件应该遵循一些统一的规则和约定。这些约定和规则叫做**协议**(protocol)。网络协议的质量直接影响到网络的性能。

为了减少网络协议设计的复杂性,常常使用分层的方法。将网络通信这个庞大而复杂的问题划分成若干个层次,每个层次实现相对独立的技术目标。每层的目的都是向上一层提供一些服务,而服务的实现细节是上一层不必关心的。这种分层次的结构化技术使网络的设计和实现变得简单一些,各种网络硬件和软件也更容易标准化。

2. OSI 参考模型

一个重要的网络分层体系是 ISO/OSI 参考模型。**开放式系统互连模型**(Open System Interconnection,OSI)由国际标准化组织(ISO)提出。所谓的"开放式"系统,是指为了进行通信而相互开放的计算机系统。OSI 提出了一套把它们连接成为计算机网络的标准模式。

OSI 并没有定义任何通信协议。它的首要贡献在于明确定义分层次网络系统中的三个基本概念:**服务**、**接口**和**协议**。

假设两个商人要进行通信,一个只会说汉语,一个只会说阿拉伯语。于是他们各找一个懂英语的翻译,一个负责把中文合同翻译成英文,另一个负责把英文合同翻译成阿拉伯文。

双方还各有一位秘书,负责文本传送。这就构成了一个三层的通信系统。秘书对翻译提供传输服务,翻译对商人提供语言转换服务。他们之间存在规定的服务交接形式,即接口。对应着每一层服务的实现,就需要有协议。商人层次上的协议就是商业合同的格式,翻译层次上的协议就是英文的语法,秘书层次上的协议就是传真方法,如图 4-25 所示。

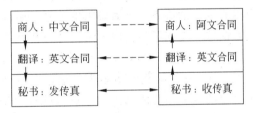

图 4-25 一个三层通信体系结构

有两个地方值得注意。首先,商人之间、翻译之间存在着的对等联系只不过是逻辑意义而言的,只有秘书之间的联系才是实实在在的,或者叫物理上的。其次,服务和协议是完全分离的。秘书传递合同可以使用传真机,也可以改用电子邮件,把英文翻译换成德文翻译也没有问题。

OSI 模型把网络通信的实现体系划分为 7 个层次称为应用层、表示层、会话层、传输层、网络层、数据链路层和物理层,如图 4-26 所示。

举个例子看看,数据传输的任务按照 OSI 模型是如何完成的。如图 4-27 所示,若干个小型计算机网络互联成一个大网络。网络 Net1 中的计算机 A 要发送一份文件到 Net5 中的计算机 C 去,为了完成这一任务,需要如何分层次地解决网络通信问题呢?

(1)需要定义各种必要的应用协议以方便用户操作。例如,不管使用何种型号的终端,都是在计算机 A 上单击"发送"按钮发送文件,在计算机 C 上单击"接收"按钮接收文件。把解决这一类问题的实现方法划分为**应用层**(application layer)。

(2)文件被发送之前,需要规定通用的数据表示方法,而不是由用户各自实现。例如,要约定大家都接受的数据编码方法。考虑到计算机 A 可能用 ASCII 码来表示字符、用补码表示数,而计算机 C 用 Unicode 码表示字符、用反码表示数,因此,在这个层次上数据表示可以是统一抽象定义的,然后在计算机内部表示和网络标准表示之间再进行转换。必要时还可以对数据进行加密、压缩等处理后再发出,接收方要按照同样的协议对数据解压、解密。把解决这类问题的实现方法划分为**表示层**(presentation layer)。

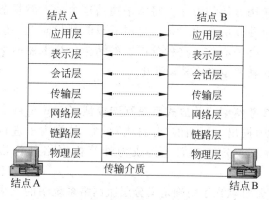

图 4-26 OSI 参考模型

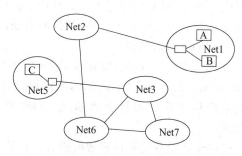

图 4-27 网络通信示例

（3）通信时数据在计算机 A、C 之间传送，因此双方用户要建立会话（session）关系。每一台计算机需要执行自己的通信进程，如启动会话、保持会话、结束会话。但是网络软件要提供管理对话服务。会话采用单工方式还是双工方式？出现故障打断了数据传输怎么办？把解决这一类问题的实现方法划分为**会话层**（session layer）。

（4）计算机 A 和 C 确立会话关系之后，就要在网络中建立从 A 到 C 的一条独立的连接通道。在"端点到端点"的数据传输过程中，网络软件需要提供一系列传输控制服务。例如，A 发出的数据是否成功到达 C？有没有数据丢失？有没有顺序错乱？出现了差错如何处理？把解决这一类问题的实现方法划分为**传输层**（transport layer）。

（5）从计算机 A 发出的数据文件会被分解成一个一个分组在网络通道上向 C 传送。那么，从 A 到 C 如何选择路就是要解决的关键问题之一。"端点到端点"的传送过程是由从一个交换设备到另一个交换设备的若干个分段传输组成的。如图 4-28 所示，如果只考虑中转网络的数目尽量少，则 Net1→Net2→Net6→Net3→Net5 是一条理想路径。但是运行时如果 Net6→Net3 的通道出现故障，就只能沿着 Net1→Net2→Net6→Net7→Net3→Net5 这条路径传送数据分组了。另外，需要考虑的问题包括数据分组数量过多出现"网络堵车"怎么办？如何分段统计数据流量以便分别记账？传输路径要横跨执行不同协议的网络时如何进行协议转换？把解决这一类问题的实现方法划分为**网络层**（network layer）。

（6）网络层决定的数据传送路径必须成为一条无差错的传送链路。为此，数据要分装在**数据帧**（data frame）当中。要保证从一个交换设备到另一个交换设备传送每个帧不出错。要有数据流量控制机制，以协调处理传送速度不一样的交换设备。要考虑传送数据帧过程中的信道共享问题。把解决这一类问题的实现方法划分为**数据链路层**（data link layer）。

（7）数据在网络上的传送最终表现为在信道上传输的位流。用什么信号来表示 1 和 0？一个位要持续多少微秒？如何建立、终止收发通信设备的连接？网络接插硬件有多少只"脚"？每只"脚"用来干什么？选择什么样的通信传输介质？把解决这一类问题的实现方法划分为**物理层**（physical layer）。

总的来说，OSI 定义了一种实现网络通信的结构体系框架模型。从网络应用到物理实现划分出 7 个解决层次。每个层次都定义了相对独立的通信目标和功能，下层对上层提供各种服务，层与层之间由接口连接。这样就非常清晰地界定了建立一个计算机网络的实现途径，对研讨和学习计算机网络技术特别有用。

OSI 由 ISO 颁发,影响巨大,但缺点也很明显。OSI 没有偏向任何特定的、已在应用的并且广受欢迎的通信协议,表面上是留下技术发展空间,事实上严重影响了模型的合理性和可实现性。

会话层对大多数应用都没有用处,表示层几乎是空的。而网络层和数据链路层包含的功能又太多,现在不得不把它们划分成几个不同功能的子层。一方面 OSI 定义的服务太复杂,据此产生的协议和实现,效率较差、质量不高。另一方面又忽略了一些重要的网络协议,数据链路层起初没有考虑以总线型局域网为代表的广播式网络,也没有定义无连接方式的服务,只有"点对点"方式的连接服务,以致后来不得不进行修补。

因此,应该充分肯定 OSI 模型在研究建立计算机网络过程中开创性和指导性的作用。但并不意味着实际应用中,一定要死板地按照 7 层模式来建立一个计算机网络系统。

3. TCP/IP 参考模型

和 OSI 模型相比,**TCP/IP 模型**(如图 4-28 所示)的最大特点是它的实用性。甚至可以认为,其实不存在什么网络通信模型,只有数量不多的、各负其责的实用通信协议组成一个计算机网络体系。但是它们功效卓著,应用广泛,构成了当今因特网应用的技术基础。

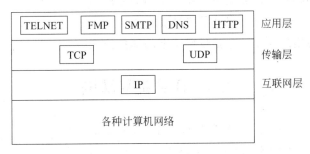

图 4-28　TCP/IP 模型

借用 OSI 术语,TCP/IP 模型的几个协议分布在三个层次:应用层、传输层和网络层。其中网络层在 TCP/IP 模型中叫做**互联网层**(internet layer)。

应用层包含各种各样的高层协议,包括远程登录(TELNET)协议、文件传送协议(File Transfer Protocol,FTP)、简单邮件传送协议(Simple Mail Transfer Protocol,SMTP)、超文本传输协议(Hypertext Transfer Protocol,HTTP)和域名服务(DNS)协议等。

TELNET 协议能够使一台机器的用户登录到网络上的另一台计算机,好像它的用户一样工作。FTP 定义了把数据文件从一台机器传送到另一台机器的方法。电子邮件也是一种通信数据文件,SMTP 定义了邮件的特别格式。HTTP 定义了访问万维网网页的方法。DNS 给定了把主机名字映射到计算机网络地址(IP 地址)的方法。

传输层上定义了两个端点到端点协议。一个是 **TCP**(Transmission Control Protocol),它是一个连接协议,发送端把输入数据流分组后,再交由互联网层在网络上传送,接收端则把到达的数据分组组装为输出流。TCP 保证了从源计算机发出的数据流正确无误地到达目标计算机。另一个协议是 UDP(User Datagram Protocol),它是一个无连接协议,适用于自己有能力完成数据传输的应用程序。

互联网层的核心是 **IP** 协议,定义了数据分组的格式和传输控制。其中路由选择和避免分组阻塞是关键问题。可见,TCP/IP 结构体系的基础是个分组交换连接网络。

习　题

1. 列举你知道的计算机网络硬件和网络软件。

2. 路由器的主要作用是什么？

3. 简述网络的分类角度和对应的网络种类。

4. 基于网络的客户端/服务器应用模式和终端/主机模式有哪些主要差别？

5. 什么是网络协议？为什么在讨论网络问题时要使用功能分层的方法？

6. 用分层次的方法分析用户使用邮政系统传递信件的过程。

7. 列举 OSI 参考模型和 TCP/IP 参考模型的共同点和不同点。

8. "把位流划分为帧"以及"决定通信子网中的传输路径"分别属于 OSI 模型哪一个层次的功能任务？

9. 网络结构体系的模型和网络协议的区别是什么？

10. TCP 协议和 IP 协议分别属于哪一个功能层次？

11. TCP 协议和 UDP 协议的主要差别是什么？

12. TCP/IP 模型的应用层包括哪些主要的通信协议？

4.3　计算机局域网

和其他计算机网络相比,局域网(LAN)有三个特征。

(1) 所谓"局域",意味着 LAN 通常只覆盖几千米的局部地域,由一个企业按业务需要自主地建设、拥有、管理;

(2) LAN 上的计算机和其他通信设备具有特别的连接方式,即所谓的局域网的拓扑结构;

(3) LAN 使用专门的数据传输技术和协议。

4.3.1　局域网的拓扑结构

拓扑结构是指局域网的连接模式。常见拓扑结构可以划分为**总线型**、**环型**和**星型**几种。实际使用的一些拓扑结构多是从这三种结构衍生或组合而来的。

1. 总线型

总线型局域网的拓扑结构如图 4-29 所示。总线型局域网用一条公共的传输总线连接所有的设备。结构简单,接入灵活,一个设备失效不会影响其他设备的工作。数据传输速率可以达到 10~1000Mb/s,数据传输出错率低。

总线型局域网所有计算机都接在同一通信介质上,任何时刻只能有一台计算机有效地进行数据发送。因此遇到两台或更多台机器同时发送信息时,总线上的信号就会发生冲突。此时,需要采用特别的传输控制技术协议来解决信号发送冲突。

2. 环型

环型局域网的拓扑结构如图 4-30 所示,所有网络设备构成一个闭合环。数据沿着一个

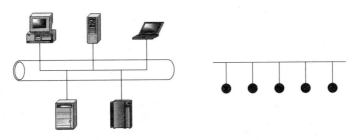

图 4-29 总线型局域网的拓扑结构

方向,绕环逐站传送。环结构的致命弱点在于某一处出现故障会导致全环数据传输崩溃。增强环结构可靠性的一种方案是采用双环结构。一个环发生故障时,另一个环还可以继续为网络提供服务。由于采用特别的发送控制方式,环型局域网的数据传输率可达 4~16Mb/s。

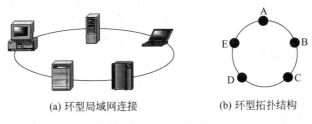

(a) 环型局域网连接   (b) 环型拓扑结构

图 4-30 环型局域网

3. 星型

星型网络拓扑结构如图 4-31 所示。星型网络中,计算机之间的通信都通过中心设备进行。常见的交换局域网具有典型的星型拓扑结构。交换局域网使用交换机作为网络中心设备,网络的可靠性和吞吐量取决于交换机。多级的星型结构组成了目前颇为流行的树型局域网结构。

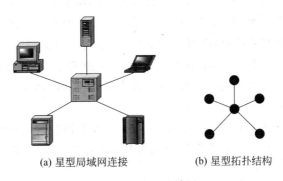

(a) 星型局域网连接   (b) 星型拓扑结构

图 4-31 星型局域网

4. 混合型结构

混合型结构是组合各类拓扑结构而成的网络结构,用于较大型局域网,如图 4-32 所示。

一种常见的高速局域网混合型拓扑结构以光纤分布式数据接口(fiber distributed data interface,FDDI)作为骨干网络。FDDI 是使用光纤作为通信介质、高性能的环型局域网,用它充当数据传输的主干道,上面再联上其他拓扑结构的局域子网。

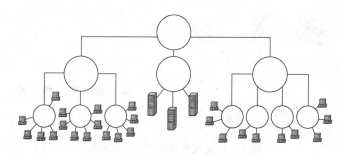

图 4-32　混合型网络拓扑结构

4.3.2　介质访问控制方法

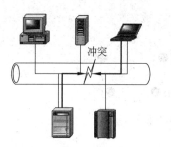

图 4-33　总线型网络中的信号冲突

总线型、环型、星型、树型局域网都是**广播式网络**。源计算机把信息发送到通信线路上,目标计算机在线路上"各取所需"。某个时刻多部机器都想发送信息时,要有一种仲裁机制进行管理。否则就会像图 4-33 表示的那样,在传输介质里产生信号冲突,导致传送失效。介质访问控制的目的在于当网络出现对通信信道竞争的时候,进行信道使用权的分配。

OSI 模型的数据链路层原来只考虑了采用"点到点"连接方式网络的功能需要。因此,解决广播信道分配的协议现在被定义在数据链路层的一个子层里,称为**介质访问控制**(media access control,MAC)子层。最重要的几个协议合称 **IEEE 802 标准**。大体上,介质访问控制方法有两种:冲突回避和令牌环。

1. 冲突回避

可以想象一下举行会议的一种情景,有许多人参加但不设主持人。大家争先恐后发言,难免会碰到两个人同时讲话,结果谁也听不清楚谁。应该怎样维持这种会议的秩序才好呢?一种方法是大家达成协议:首先,没有人说话的时候,自己才能说话;其次,自己说话同时,要留意有没有其他人恰好也开始说话;如果冲突了,大家都不要继续说下去,随机等待一段时间之后再开始发言。等待的时间随机而定,各人不尽相同,从而降低下一次再出现几个人同时说话,发生冲突的机会。

冲突回避控制方法的一种协议叫 CSMA/CD(带冲突检测的载波侦听多路访问)。可以把这个方法归结为 16 个字:"先听后发,边发边听,冲突停止,延迟重发"。CSMA/CD 技术已定义为 IEEE 802.3 标准。

当网络连接的计算机数量巨大时,冲突的几率会呈几何倍数增加,再三随机延迟,冲突都难以回避。因此,方法不适合直接用于较大型网络。现代的技术手段可以把一个较大的网络划分成若干个较小的冲突侦听域。一种以交换机为核心连接设备的交换式 802.3 局域网是当前广泛应用的计算机局域网形式。

2. 令牌环

可以想象另外一种圆桌会议规则:会议桌上只放了一个麦克风,它是发言的"令牌",可以绕着圆桌传递。大家一致协议,想说话的时候,只有掌握麦克风的那一位才能发言。

令牌环网上所有计算机都没有发送信息时,叫**令牌**(token)的一个位串不停地绕环传送。想发送数据的机器必须先捕获令牌。令牌只有一个,因此每个时刻只会有一台机器在发送信息。发送结束,再重新产生一个令牌,如图 4-34 所示。

令牌环控制方法严格地控制计算机发送数据的权利,避免冲突,不管规模多大的网络,都能保证传输的有效性。因此在骨干网络中得到广泛应用。

这种技术方法已经定义为 IEEE 802.5 标准。

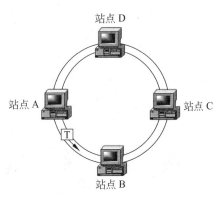

图 4-34　令牌环网上的令牌传输

4.3.3 局域网中常见的网络设备

除了计算机和通信介质之外,局域网需要配备各种通信设备才能完成数据传输功能。

1. 网卡

网卡(network interface card)也叫做网络适配器,基本功能是实现计算机与传输介质之间物理连接和电子信号匹配,接收和发送数据。另外,有的网卡增加防病毒功能,有的增加与主机板配合实现远程启动计算机功能等。网卡按其数据传送速率可分为 10Mb/s 网卡、10/100Mb/s 自适应网卡和 1000Mb/s 网卡等几种。

以前的计算机里,网卡多利用扩展槽外接。随着网络应用的普及,越来越多的微机已把网卡集成在主板上了。

2. 集线器

集线器(hub)的主要功能是作为网络的集中连接点,如图 4-35 所示。

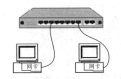

(a) 集线器外观　　　　　　　(b) 集线器的连接

图 4-35　集线器

集线器的工作特点是从一个端口传入的数据会发送到其他所有的端口。因此,集线器呈现的网络连接方式是星型的,但是实际的工作方式却是总线型、广播式的。

3. 交换机

与集线器相仿,**交换机**(switch)也用做网络集中连接设备。但是和集线器相比,交换机有几个不同的特点:能够根据数据传送目的地址将数据发往指定端口,多个端口可以并发地通信,能够进行软件设置以实现较为复杂的网络管理功能。

早期交换机售价高,集线器还能够占据低端市场。随着交换机价格的逐步下降,市场上已难有集线器的生存空间,集线器已经不断被交换机所取代。交换机在网络中典型的接入如图 4-36 所示。

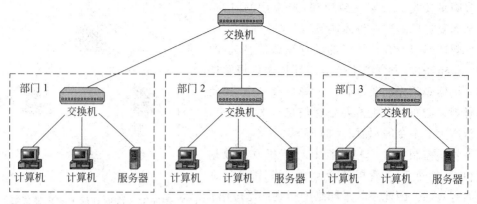

图 4-36　交换机

4. 路由器

路由器是极为重要的网络通信设备。在广域网中,**路由器**(router)是一种网络层上的数据交换设备,基本功能是决定数据在通信网上的传送路径,即路由。

将不同网络互相连接,构成更大的**互联网**(internet)时,需要使用路由器作为网络互联设备。一个网络中的信息要传送到另一个网络,必须借助于路由器转发。因此,路由器起到数据链路层的**网桥**(bridge)设备的作用。

路由器的主要功能包括:为网络之间提供物理连接手段;决定数据传输的有效路径;通过访问控制来保护网络安全;进行不同的网络协议转换等。

在因特网的环境里,企业的内部网络要通过路由器和外部网络联结。这时,路由器又起到**网关**(gateway)设备的作用(如图 4-37(b)所示)。

(a) 路由器外观

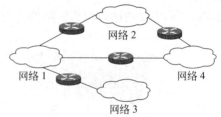

(b) 使用路由器实现网络互联

图 4-37　路由器

5. 防火墙

防火墙(firewall)是一种网络安全保护设备,将网络分成内部网络和外部网络两部分,如图 4-38 所示。人们认为内部网络是安全的、可以信赖的,而外部网络则是不够安全的。防火墙检查进出内部网的信息流,防止未经授权的信息进出被保护的内部网络。

硬件防火墙的结构与一台计算机差不多,具有很高的稳定性和系统吞吐性能,价格昂贵。软件防火墙安装在主机中,受主机和操作系统性能的影响,效率比较低,一般只用来对一台主机进行防护,俗称"个人防火墙"。

6. 无线局域网设备

笔记本计算机和平板计算机(personal digital assistant,PDA)的使用已经非常普遍了。

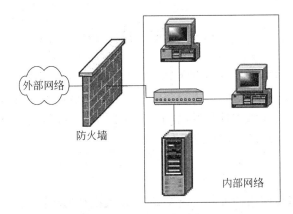

图 4-38　防火墙示意

在旅途中或者身处荒山野岭仍然需要上网,只能借助无线网络。无线网络可以有多种形式,**无线局域网**(wireless local area networks,WLAN)是其中的一种,主要设备包括无线网卡、接入点设备和天线(如图 4-39 所示)。

(a) 无线网卡　　　　　　(b) 无线网接入点　　　　　　(c) 无线局域网天线

图 4-39　无线局域网的连接设备

无线网卡的功能与传统网卡类似,差别在于它的数据传送要依靠无线电波。接入点设备相当于集线器或交换机,有的设备可以同时支持有线连接和无线连接,从而作为有线局域网与无线局域网之间的桥梁。现在也常常使用路由器作为一种网络接入点设备。天线的功能在于能够远距离接收或传送无线信号,扩大无线局域网的覆盖面积。

习　　题

1. 简述局域网的特点。
2. 对比局域网和远程网的差别。
3. 局域网的拓扑结构含义是什么? 常用的有哪几种?
4. 什么是广播式网络?
5. 解释定义介质访问子层的意义。
6. 说明下列设备的作用:网卡、集线器、交换机、路由器、防火墙。
7. 调查学校的校园网上已经开通的应用。
8. 你觉得有必要使用无线网络吗? 理由呢?

4.4 因 特 网

因特网(Internet)是由世界范围内众多广域网、局域网和计算机联结而成的产物。因特网将分布全球的计算机连接起来,形成一个覆盖全球的通信基础设施和庞大的电子信息库。短短时间里,因特网改变了人类社会通信、工作、娱乐以及各种其他活动的方式。

认识因特网,应该从网络互联概念开始。

4.4.1 网络互联

过去几十年,计算机网络的应用飞速发展,出现大批结构不同、使用不同软硬件的网络。一个网络中的用户希望和另一个网络中的用户通信,促使了不同网络之间互相联结的要求。互联的网络集合称为**互联网**(internet,注意首字母是小写的 i)。LAN 和 LAN、WAN 和 WAN 会联结,LAN 和 WAN 会联结,两个 LAN 之间也可能通过 WAN 来联结,所以不妨把互联网看成是"网络的网络"。

网络互联要有连接设备。连接设备的种类和名称和要实现哪个层次的连接功能有关。在物理层上连接两个同种网络的设备叫做**中继器**(repeater),只能放大和修复衰减的信号。在数据链路层连接两个不同网络的设备叫**网桥**,通常用做连接使用不同协议的两个局域网。在网络层上连接不同种类网络的设备是**路由器**,它从一条线路接收数据分组,再转发到另外一条线路上,当然两个网络使用的通信协议可能完全不相同。在传输层以上各个层次连接网络的设备叫做**网关**(gateway),有时甚至可能指应用软件的转换程序。实际上,产品市场上的情况会更混乱一些。例如,路由器产品可能兼有网桥或者网关的功能。甚至可使用一台路由器作为和外部网络的接入点设备,家里所有的计算机和手机用有线或者无线的方式和路由器联通。这时它又起到了交换机的作用。

当今,应用最广泛的一个互联网是覆盖全球的一个特定的互联网络,把它称为Internet。注意字头是大写的"I",音译为"因特网"。

因特网有三个基本特征:

- 覆盖全球,接入的每一台主机都要给予一个唯一的地址标识;
- 因特网上计算机之间进行数据通信时,必须遵守 TCP/IP 协议;
- 用户在因特网平台的支持下使用各种各样的应用事务。

因特网提供的主要服务之一是万维网(World Wide Web,WWW),以网站网页的方式向用户提供文字、图像、音频、视频等多种形式的数据。当然除了 WWW 以外,因特网上还有其他方式的服务,如电子邮件等。和早期的邮件系统不同,现在可以建立一个邮件网站,用户可以在全世界任何地方通过因特网登录这个网站,完成邮件收发和其他相关操作。

因特网以前所未有的广度和深度介入社会。从某种意义上说,计算机对人类社会生活方式全面的、革命性的改变是由因特网的应用带来的。人们随时随地接触到的都是因特网,鲜有机会认识还存在其他类型的互联网,因此往往把因特网等同为互联网是可以理解的。国内社会已经习惯使用"互联网"这个称谓而不是"因特网"这个标准译名,甚至行业和专业上也有这种趋势,有点约定俗成了。

4.4.2　因特网的地址编制和域名

因特网里每一台计算机或路由器都有一个地址,网上机器的这个唯一标识称为 **IP 地址**(IP address),由两个部分组成,分别叫做主机地址和网络地址。

每一个 IP 地址是一个 32 位二进制数,通常习惯写为**点分十进制**形式。即每 8 个位用十进制数表示,中间用“.”来分隔。比如 00111101 00001001 01000011 11111110 写作 61.9.67.254。

IP 地址难以记忆。为方便起见,Internet 用**域名系统**(domain name system,DNS)来标识一台计算机。记住美国总统住在哪条路几号有点难度,记住他住在“白宫”就容易得多。DNS 的核心是分层次、基于域(domain)的机器命名机制,主要用来把应用中的主机名字和电子邮件地址之类的机器标识映射为 IP 地址。

就像邮政地址先区分国家,然后才是省、市、街道、门牌号码一样,DNS 将整个 Internet 划分为几百个顶级域,规定了每个顶级域的名字。如表 4-2 所示,一类顶级域表示了机构的所属类型,另一类则表示国家或地区。如 com 是商业机构,edu 是学校,cn 则代表中国。

表 4-2　因特网信息中心(Inter NIC)定义的顶级域名

顶 级 域 名	使用机构、国家或地区	顶 级 域 名	使用机构、国家或地区
com	商业组织	net	主要网络支持中心
edu	教育机构	org	其他的组织
gov	政府部门	int	国际组织
mil	军事部门	国家或地区代码	国家或地区,中国的代码是 cn

顶级域的下面可以定义树型的子域,分由不同组织管理。中国互联网信息中心(CNNIC)负责管理我国的顶级域。它将 cn 域划分为多个二级域。一些二级域表示机构的类别,比如,ac 表示科研机构,com 表示商业结构,edu 表示教育机构,gov 表示政府部门,int 表示国际组织,net 表示网络支持中心,org 表示非赢利性组织。另外一些二级域用来表示地理位置,bj 代表北京市,hk 代表香港特别行政区等。

因特网主机域名的排列原则是低层子域名在前,所属的高层域名在后,顶级域名则位于末尾。例如,域名 www.sysu.edu.cn 标识了中国 sys 大学网站所在的一台主机。

每个域的本地管理机构有责任维护一个目录,上面记载着域名和 IP 地址的对应关系,由域内的一台服务器进行管理,这台服务器称为**域名服务器**(domain name server,DNS)。当程序请求访问一个域名的时候,域名服务器负责将域名转换为对应的 IP 地址。因特网上所有的域名服务器一起组成因特网全球地址目录系统。

4.4.3　因特网的典型应用

今天,因特网是个覆盖全世界的信息中心,存储的信息上至天文、下至地理,无所不包。因特网又是一个通信中心,人们通过它收发电子邮件,聊天,购物,看电影,听音乐。因特网的应用已经使人类社会的生产方式、生活方式产生了巨大的变化。

1. WWW 服务

WWW 的出现是因特网发展的一个里程碑。WWW 服务是因特网上最方便、最受用户欢迎的信息服务之一。通常说"上网",往往就是指享受 WWW 所提供的服务。其影响力已远远超出问世时用来发布高能物理技术数据的范畴,广泛地进入各种各样的社会领域,包括信息服务、电子商务、远程教育和远程医疗等。

1) HTML、XML 和 HTTP

在 WWW 中,信息用**超文本**(hypertext)方式来组织。超文本文件是一种多媒体文件,信息以文字文本、图像、声音和视频等多种形式出现,除了信息之外还会包含指向另外一个超文本文件的**链接**(hyperlink)。读者只要单击链接,就可以得到另一个超文本文件的信息。超文本文件以**网页**(Web page)形式组织,内容相关的一组网页称为**网站**(Web site),一个网站通常驻留在网络上的一台主机里面,网站的第一个网页叫做**主页**(home page)。

网站好比一本书,网页是书页,主页是前言和目录。WWW 就是个国际性的大图书馆,不仅藏书极其丰富,而且每本书都图文并茂、声色俱全。读者在浏览网站的时候,可以查阅相关网站里的信息,或者随着思绪从一个网站转到另一个网站继续阅读,如图 4-40 所示。

超文本标记语言(Hypertext Markup Language,HTML)和**可扩展标记语言**(Extensible Markup Language,XML)是用来编写网页的两种专用语言。它们本质上都是记号系统,用来标识网页上的信息内容应该以什么形式在网络用户的计算机上呈现,以及怎样连接到其他网页中去。

WWW 使用客户端/服务器模式实现。原理大体是:网站的网页存储在 **Web 服务器**当中;用户计算机通过一个叫做**浏览器**的客户端程序向 WWW 服务器发出访问请求;WWW 服务器根据请求内容将指定网站的某个 Web 页面发送给客户端;浏览器接收到页面之后,对其进行解释,把图、文、声、像并茂的画面呈现给用户,如图 4-41 所示。这样的 Web 页面,数据内容和格式都是预先就确定好的,单向地传送给用户,通常称之为"静态页面"。

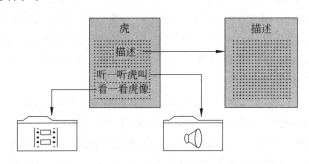

图 4-40 在网页中用超文本和超链接的方式组织内容

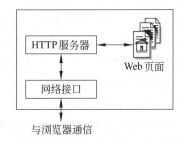

图 4-41 WWW 客户端/服务器工作原理

Web 服务器和浏览器之间按照 HTTP(超文本传输协议)进行网页多媒体数据的传送,因此有时也会把 Web 服务器叫做 **HTTP 服务器**。

2) URL

因特网中 WWW 服务器数量惊人,网站的网页更是不可胜数,如何找到想看的网页呢?这就需要使用**统一资源定位符**(uniform resource locators,URL)。

每个 Web 页面都由 URL 标识。标准的 URL 由三个部分组成:协议、主机的 DNS 名和页面所在的文件名。例如,网站主页的 URL 是 http://www.sysu.edu.cn/index.html。

其中，"http："指明访问网页要使用 HTTP 协议，"www. sysu. edu. cn"是网站所在的 Web 服务器的 DNS 名，"index. html"是主页的文件名。

网页的 URL 给出了三个信息：页面叫什么名字（文件名），页面存放在网上哪台计算机（DNS 名），怎么样才能访问页面的数据内容（协议名）。所以，用户只要在运行浏览器程序输入页面的 URL 之后，就可以看到想访问的页面内容。

3）WWW 浏览器

浏览器是个客户端软件，利用它可以访问 WWW 服务器上的网页信息。使用的浏览器都支持多媒体功能，可以播放声音、动画、视频，使得 WWW 世界更加丰富多彩。目前，Microsoft 公司的 Internet Explorer(IE)是最知名的浏览器软件包之一。IE 出现虽然稍晚，但是由于 Microsoft 公司的技术优势，以及与 Windows 操作系统的紧密结合，使它在浏览器市场的占有率逐年增长。新版本 IE 将 Internet 使用的其他工具集成在一起，不但用来浏览 Web 网页，而且可以收发电子邮件，阅读新闻组，或者上网聊天。目前新的浏览器产品仍在出现，国内厂商的产品也越来越受到用户的欢迎。

4）搜索引擎

因特网中拥有的 WWW 服务器、网站、网页数不胜数，要求用户记住它们的 URL 以及所提供的信息种类简直就是天方夜谭。于是一批用各种技术对 Web 网页建立索引和进行搜索的程序研究出来了，它们被冠以各种名称，如搜索引擎(search engine)、蜘蛛(spider)、爬虫(crawler)、蠕虫(worm)和知识机器人(knowbot)等。

搜索引擎的主要功能是定期在因特网中主动搜索 WWW 服务器中的页面，搜索程序的动作宛如蜘蛛在网上爬行，这就是被称为"蜘蛛""爬虫"的原因。对出现在标题里的关键字建立索引，将索引存储在供查询的大型数据库中。此后，用户就可以利用搜索引擎所建立的分类目录找到有关信息所在网页的 URL。

这样，用户只需要给出自己感兴趣信息的关键字，搜索引擎就会返回包含该关键字信息网页的 URL，并提供通向该站点的链接。用户利用这些链接便可以访问页面，获取所需的信息了。显然，用户自己的思维和判断也是搜索过程的重要组成部分。例如，如何给定查询关键字会影响查找结果，如何在返回结果中找到需要的信息也有待自行判断。但搜索引擎的作用还是十分关键的。

图 4-42 所示的是名为 Google 的搜索引擎的主页，是最著名的因特网搜索引擎之一。百度是另一个受欢迎的搜索引擎，是国内研制的软件产品，已占有国内市场的最大份额。

为了方便用户使用，门户网站、网址导航之类的软件往往会在自己的页面上集成所选定的搜索引擎的入口。

2. 电子邮件

电子邮件(E-mail)是因特网上最早出现的服务之一，在因特网用户之间传送数据报文。电子邮件服务和邮政系统的结构与工作过程颇为类似，只是邮政系统主要依赖人来运转，而电子邮件系统则通过计算机、网络、应用软件和协议等协调地运行着。在电子邮件系统里，邮件服务器就是"邮局"，电子邮箱就是"信件邮箱"，还要规定电子邮件地址的书写规则以及传送邮件的相关协议。

1）邮件服务器

邮件服务器(mail server)的作用与邮局相似。一方面，邮件服务器负责接收用户发出

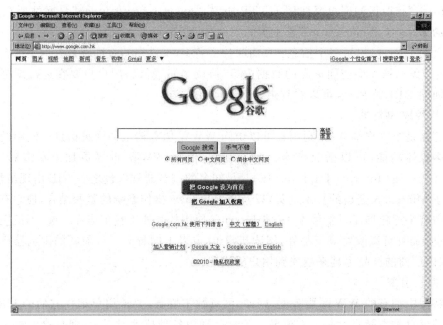

图 4-42　著名的搜索引擎 Google

的邮件,依据收件人地址发送到对方的邮件服务器去。另一方面,又负责接收经由其他邮件服务器发过来的邮件,依据收件人地址分发到相应用户的电子邮箱当中保存起来。

2) 电子邮箱

用户想使用电子邮件的服务,首先要拥有一个**电子邮箱**(mail box)。电子邮箱由提供电子邮件服务的机构为用户建立。其实,电子邮箱就是服务机构邮件服务器上分配给用户使用的邮件存储空间,由用户名(user name)与用户密码(password)标识。任何人都可以将邮件发送到指定的邮箱中去,但只有电子邮箱的拥有者才能查看电子邮件内容并进行处理。

每个电子邮箱都会有一个全球唯一的邮箱地址,称为**电子邮件地址**(e-mail address)。用户的电子邮件地址格式规定为:

用户名@邮件服务器的 DNS 名

其中"@"符号读作"at"。邮件服务器 DNS 名是映射到一台计算机的 IP 地址,用户名是这台机器上为用户建立的电子邮件账号标识。例如,在名为"mail. sysu. edu. cn"的邮件服务器上有一个叫 isshsz 的用户,那么他的电子邮件地址为 isshsz@mail. sysu. edu. cn。

3) 电子邮件系统的功能结构

电子邮件系统通常由两个部分组成:**用户代理**(user agent)和**信件传输代理**(message transfer agent)。用户代理是个客户端程序,安装在本地机器上面,负责邮件的撰写、阅读、消息报告、其他处理如删除、转发等。Microsoft 公司的 Outlook Express、国内开发的 FoxMail 都是有代表性的电子邮件用户代理软件包。信件传输代理程序的核心功能是完成电子邮件在收发双方邮件服务器之间的信息传输。

除了读写、收发邮件的基本功能之外,邮件系统还会提供各种各样附加的功能。例如,收件人地址列表管理(mailing list),存储经常联系的邮件地址方便操作;邮件"挂号"管理,使发送人能够及时知道发出邮件的下落;以及方便企业内部通信使用的"群发"功能等。

4）电子邮件传递协议

传递电子邮件需要涉及两类协议：邮件的格式和传输方式。目前流行的电子邮件格式源自早年颁布的一个协议 RFC822。一个邮件由三部分组成：头部（header）、信件（message）和签名（signature）。头部类似"信封"，包括主题（subject）、收发用户和地址（address）以及可能有的附加文件（attachment），即**附件**。

在因特网上收发电子邮件的一个基本协议是 SMTP。两台联网的计算机之间建立基于 TCP 的连接，在双方电子邮箱间传送邮件。SMTP 比较简单，只能传送 ASCII 字符，要传送多媒体数据只能放在附件里依靠其他软件解释。另外一个问题是按照 SMTP 进行收发时，双方机器要一直处在通电运行状态，显然不够方便。

现在最常见的邮件系统运作方式是通信双方的邮件服务器 24 小时连续运行，不停地发送和接收邮件。用户的 PC 或者其他终端设备需要的时候才通过网络和邮件服务器接通。这样上班时可以在办公室里收发邮件，下班回到家里也一样可以访问服务器上的电子邮箱。某些邮件客户端程序也可以把远程邮箱里的邮件下载到用户所在机器的本地邮箱再处理。支持这种邮件传输方式的一种协议是 POP3（Post Office Protocol 3）。

3. 文件传输服务

利用电子邮件的附件固然可以传送数据文件，但是借助 FTP 协议可以使文件传输服务更加方便有效。和电子邮件的 SMTP 一样，FTP 也是基于两台联网机器之间的 TCP 连接的。但两台机器并不对等，构成客户端/服务器的关系。充当数据文件"集散地"角色的机器称为**FTP 服务器**。其余的机器都是客户端，尽管其中一些机器是数据文件的发送者，另外一些是文件的接收者。

在大学校园网上，FTP 服务的典型应用是教师把讲义、教案和课件等教学资源**上传**（upload）到网络的 FTP 服务器，学生把它们从服务器**下载**（download）到各自的计算机里。或者学生把作业上传到 FTP 服务器，教师再下载到自己的机器上批改。

用户在访问 FTP 服务器前必须进行登录，用户要给出在 FTP 服务器预先登记的合法账号和口令。只有成功登录的用户才能访问 FTP 服务器，对授权的文件进行查阅和下载。FTP 的这种工作方式限制了因特网上一些公用文件的发布。因此，FTP 服务器可以提供一种匿名 FTP 服务。用户用访问一般网站的方式访问这些"FTP 网站"，不必输入用户名与密码就可以任意下载文件。为了保证 FTP 服务器的安全，几乎所有匿名 FTP 服务都只允许用户下载文件，而不允许用户向 FTP 服务器上传文件。

客户端要用 FTP 客户端程序和 FTP 服务器连接。现在的浏览器也都支持 FTP 访问，可以直接登录到 FTP 服务器上传、下载文件。例如，要访问某大学的 FTP 服务器，只需在 URL 地址栏中输入"ftp://ftp.sise.com.cn"即可，当然要有相应的权限。

使用浏览器和 FTP 服务器连接，如果在运行过程中网络连接意外中断，那么已传送完的那部分文件数据将会丢失。为此可以选用功能更加强大的 FTP 下载工具，通过断点续传功能可以接续传输剩余部分。常用的 FTP 下载工具包括 CuteFTP、LeapFTP、AceFTP、WS-FTP 和 Bullet-FTP 等。其中 CuteFTP 是较早出现的一种 FTP 下载软件，可以从很多提供共享软件的站点获得。CuteFTP 的运行界面如图 4-43 所示。

4. 远程登录服务

利用**远程登录**（remote log-on）服务，一个用户可以和网上另一地点的远程登录服务器

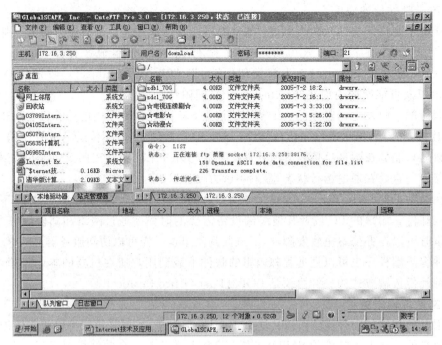

图 4-43　CuteFTP 的运行界面

接通,按照远程机器上运行的操作系统注册过程,成为那台计算机的合法终端用户。

远程登录基于 TCP/IP 体系的 TELNET 协议实现。协议的核心是网络虚拟终端机的定义,任何 TELNET 服务器都以单一的方式和定义在任何 TELNET 客户端上的网络虚拟终端通信。这样,家里的一台 PC 就可以成为网上一台大型主机的一个远程终端。

5. 动态网页和应用程序的 B/S 方式

在 WWW 里,浏览器只是向指定的站点要求传送网页,并且在本地机器呈现给用户。这种内容预先确定的网页叫做**静态网页**。有时需要更复杂的服务,是静态网页无法支持的。例如,要求网页即时显示当前的系统时间;需要在网页上显示一段动画的时候,首先由网页带过来一个小程序,客户端的浏览器运行这个程序来控制动画的播出;又如服务器发过来的网页列有商品名称和价格,客户看到后填上购买数量送回网站,接着服务器端又生成新的网页送往客户端。这类网页不只是传送"静态"的数据,还必须有即时交互数据功能,所以叫做**动态网页**。

这种工作模式可以超越 WWW 的范围,成为一种基于服务器端和客户端运行的程序方式。这时可以把浏览器当作一个应用程序的客户端,而网站是服务端。服务端根据客户端的要求作出不同的响应,共同完成应用任务。虽然这也是一种 C/S 应用程序模式,为了与传统的 C/S 模式相区别,称之为 B/S(browser/server)模式。

从技术实现上来看,动态网页包含两个含义:首先是具有在客户端的动态处理能力,如提供动画播放功能,接收用户的输入数据和操作要求等;其次是在服务器端对客户端输入的信息作出响应处理,动态生成"用户定制"的网页,传送给客户端浏览器。

用 HTML 编写的网页只能存储静态信息,要编写动态网页只使用 HTML 就不够了,需要其他语言工具。可以把这些工具分为两大类:客户端脚本语言和服务器端脚本语言。

这类语言工具多种多样、层出不穷,分别用来设计 B/S 方式的服务器端和客户端应用程序。当前,构建企业级 B/S 结构应用程序可以选用两种主流的开发平台:基于 Java 的解决方案和基于 .NET 的解决方案。它们的功能大致上是重叠的。

可以在 HTML 页面中嵌入一些脚本语言代码来构成动态网页的客户端程序。它们不需要经过服务器端处理,而是由浏览器解释执行。JavaScript 和 VBScript 是常见的客户端脚本语言。另一种方法是使用 Java 语言编写一个称为 Applet 的小应用程序(Applet 的构词方式和小猪 Piglet 是一样的),也是一种客户端程序。如果客户端的目的是播放动画,Flash 系统也是一个选择。

如果服务器端的任务是构建动态网页,基本的方法是在 HTML 嵌入服务端脚本语言代码来描述处理逻辑,HTML 代码仍然负责描述数据的显示样式。常见的**服务端脚本语言**包括 JSP(Java Server Page)、ASP(Active Server Page)和 PHP(Hypertext Preprocessor)等。这些脚本语言通常都会包含访问数据库的机制。

可以使用的其他方法是用 Java 编写在服务器端执行的小服务程序 servlet。Java 语言家族还包括 JavaBeans,里面包含的可重用组件能够加快用 JSP 编写动态网页的速度。

由**核心级 Java**(core Java)和**企业级 Java**(enterprise Java)组成的 Java 语言平台是 B/S 方式应用软件的重要实现手段之一。当然这不是唯一的选择,上面提过,微软的 .NET 平台产品同样也可以提供解决方案。

6. 因特网应用的新发展

上述各种互联网应用已被人们广泛接受,智能手机和无线网络接入服务使应用更方便。近年来,基于互联网的新应用和技术一直在研究开发中,如物联网、大数据、云计算等。

1) 物联网(Internet of Things)

物联网是指“物和物互联互通的网络”。所谓“物”代表能够独立寻址的物理对象。把各种物品通过传感器设备接入互联网,从而实现对物品智能化的识别、定位、跟踪、监控和管理操作。按照传统的思路,物理对象,如建筑物、电网、货柜、家用电器等,与它们相关联的信息系统,如计算机、网络是分隔的。物联网要把两者整合成一个融合的系统。

物联网的应用仍然在发展中,为此要研究各种相关技术。例如传统的物品标识条形码识别系统显然不适合物联网。条形码包含信息太少,只能印刷在物品表面,需要近距离扫描识别,数据是静态的。而射频识别技术(RFID)就更适合物联网应用。附着在物品里的电子标签以无线电射频信号形式发送与物品相关的数据,识别器自动捕捉跟踪,再接入网络进行后续处理。又如在防入侵系统中,分布在监控建筑物各监测点成千上万的传感器互联互通,把监测到的数据接入网络统一分析、处理。

2) 大数据(big data)

数据处理的基本动作,收集、存储、查找、检索,渐渐不能满足人们对数据的使用要求了。我们希望能够广泛深入地分析已经产生的数据,从中得到新知识和行动的指南,但是要面对的数据量实在太大。一种传统方法是抽样调查,从海量的数据中抽取少量分析样本的方法难免百密一疏,导致分析错误。最新例证是美国总统选举,所有主流媒体抽样分析的预测都是错的,结果选出了一匹黑马。虽然统计分析有数学依据,预测并不是乱猜,但一千几百人的样本和上亿选民还真是两码事。

要抛弃基于抽样的随机分析方法,就要面对“大数据”。其含义是数据规模巨大到无法使用传统手段去抽取、处理、管理，无法在合理时间内得到想要的知识和决策依据。大数据概念的巨量数据不只是单纯的数量大，而且会关联着大量的不同数据对象。一台受监控的设备每天也会产生大量数据，但不能称为大数据。大数据要求全量而不是抽样。大数据在采集的时候会有更多的角度和属性，从而有利于后续分析。数据采集和分析更强调实时性。这些特征都是大数据和传统数据概念的差别。

相关的技术研究一直在进行，从早些年的数据仓库、数据挖掘到现代的云计算技术。

3) 云计算 (cloud computing)

如前所述，云计算是网络应用的一种新模式。用户透过互联网动态地获得资源和服务。工作需要的软硬件资源集中在"云端"而不在用户的计算机设备上，使用和存储的数据也在"云端"这个虚拟空间上。

这就是说，云计算中心以网络连接的计算机资源作为平台，统一动态调度和管理，按照各用户的需要提供服务。用网络的强大计算能力来减轻单台计算机各自的负担，显然整体效能会有极大的提高。而在今天所谓的移动互联网上，手机是使用最广泛的移动终端，即使配置再高，提供的资源仍然有限，云计算的服务显然也是有必要的。

从集中式处理到分布式处理，再到云计算处理的演变过程体现了计算机系统应用模式螺旋式的发展过程。目前云计算可以提供的服务形式有几种。一种是向用户提供诸如虚拟服务器等各种基础设施作为服务。一种是向用户提供开发平台，用户可以在上面建立自己需要的应用。还有一种是向用户提供特定的软件服务，完成用户需要的处理事务。

当然无论在技术上还是商业运作模式上云计算都需要继续发展，才能够满足各类用户的不同需求，放心地把自己的业务和数据托付给"云端"。云计算中心毕竟是另一家企业。

7. 互联网＋

互联网＋不是一个纯技术概念，而是发展经济的一种策略。其内涵是指把互联网加入到工业、农业、商业、金融业、交通、医疗、教育、服务业等社会经济各行各业中去，不只是充当企业业务运作工具，而是成为推动行业创新发展的核心力量。互联网和行业的深度融合必将促进形成创新的社会经济发展模式。诸如云计算、大数据、物联网等新一代的信息技术迎合了社会发展的创新要求，促使"互联网＋"的出现。国家已经制定了互联网＋的行动计划纲领。

互联网对传统行业的渗透影响深远，大众已经可以明确感受到业态的变化。淘宝、京东为代表的网上商品销售模式颠覆了几百年来"开门营业"做生意的方式。百度、新浪、搜狐的出现迫使主流媒体也要向"全媒体"演变，否则就有被大众抛弃的危险。通信业已面目一新，互联网的地盘已经很大了，人们可以不寄信、不打电报、不打电话，但是离不开"微信"这样的社交媒介。"网约车"的出现震动了出租车业，世界各地都有业内人士上街抗议，因为行业的传统利益格局被触动了，当然乘客是拍手欢迎的。银行业曾经或明或暗地反对"支付宝"，但随即就被卷入网上银行的洪流，银行金融业开启了变革的时代。医疗、教育、娱乐、饮食等各行各业都可以感受到互联网带来的深刻变化。

离大众稍远的制造业，有点名气的可能是"3D打印"，其实它是互联网＋行动纲领最为关注的行业。作为全球制造业大国，政府已经用"互联网引领制造业持续发展"的策略替代过去的"信息化＋工业化"的发展方针。

也许，互联网农业是农业现代化的方向。这些年"姜你军"和"蒜你狠"反复出现暴露了农业产销信息不够畅通引起生产和价格大起大落的弊病。现代农业产业链应该以信息系统作为核心推动力量。

4.4.4 因特网的接入

一台主机怎样才能接入因特网呢？有一类企业专门提供最终用户与因特网主干网之间的连接服务，这类公司称为**因特网服务供应商**（Internet Service Provider，ISP），如图 4-44 所示。

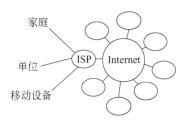

图 4-44 ISP 示意图

把计算机与 ISP 连接起来一般有两种方式：一种是机器通过调制解调器直接接入，另一种是一个局域网中的机器通过局域网上的路由器接入，如图 4-45 所示。

个人计算机通常都是通过电话网与 ISP 连接的。上网时，通过拨号方式与 ISP 建立连接，由于公共电话网只能传输模拟信号，计算机的数字信号无法直接在电话线上传输，因此需要使用调制解调器进行信号转换。国内大多数家庭使用的拨号上网服务，数据传送速率更高的 ISDN、ADSL 服务都是由电信公司提供的。随着技术发展，光纤连接到户，提供宽带上网服务已经日益普及。

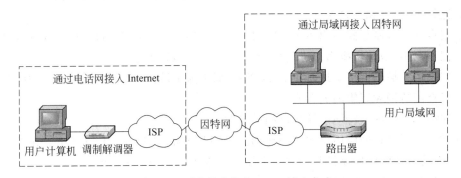

图 4-45 两种基本的 Internet 接入方式

现在，大多数企业都有自己的局域网。局域网上的机器成百上千，采用每一台独立接入因特网的方式，成本过高，并不可行。通常，局域网上的机器会通过网上的一台路由器或者代理服务器接入因特网。为了提高接入的可靠性，一般会向电信公司租借数据通信专线作为通信链路。大多数数据通信专线会使用光纤，数据传输速率在 $2\sim1000\text{Mb/s}$ 之间。至于用户选择哪一种数据通信线路以及租用多大的带宽，取决于用户的信息总流量与愿意承担的费用等因素。这种接入方式如图 4-46 所示。

随着宽带无线接入和移动终端的发展，近年移动通信技术和互联网的技术平台、应用、商业模式的结合，组成了所谓移动互联网，发展极其迅猛。今天数以十亿的用户随时随地甚至在移动状态下都能接入互联网使用各种服务。据目前统计，使用手机接入的用户人数已超过用计算机接入的人数。

移动互联网不只是无线接入因特网的问题。它是一个相对封闭的系统，有集中管控，有自己的商业运营模式。主要业务模式包括社交、广告、游戏、电子阅读、手机游戏、地图导航和定位、搜索、信息共享、移动支付、移动电子商务等。

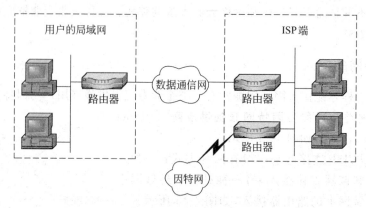

图 4-46　局域网通过数据通信网和 ISP 接入因特网

习　题

1. 解释下列网络互联设备的主要功能：网桥、路由器、网关。

2. 什么是计算机的 IP 地址？它有哪些组成部分？每个部分标识的对象是什么？

3. 比较 IP 地址和邮政地址。

4. 用点分十进制形式写出下列 IP 地址：01111110 11110001 11100111 01111111。

5. 把下列 IP 地址转换为二进制数的形式：172.3.27.255。

6. 如果一个域的网络地址是 172.24.255，那么这个域内最多可以有多少个 IP 地址？

7. 解释因特网和万维网的含义。

8. 列举你知道的因特网能够提供的功能服务。

9. 指出下列因特网应用层协议的作用：HTTP、SMTP、POP3、FTP、TELNET。

10. 因特网的网络协议是基于哪一个模型来组织的？分多少层？

11. 解释电子邮件地址和 IP 地址，它们有何区别？

12. 请对域名 www.cctv.com.cn 分层解释它的含义。

13. 说出下列 URL 的组成，描述各组成部分的含义。

    http://www.cctv.com.cn/News/200702011069.html

14. 解释下列电子邮件地址的组成意义：hsz@sise.com.cn。

15. WWW 以什么形式提供信息服务？使用什么软件接收这些信息？

16. URL 是什么？找一个典型的 URL，分析一下它的组成。

17. 对于下列两个 URL，浏览器的动作有何不同？

    http://www.sysu.edu.cn 和 telnet://sysu.edu.cn

18. 在 B/S 方式的程序中，术语"客户端"和"服务器端"指的是什么？

19. 解释静态网页和动态网页的区别。

20. 列举你知道的用来编写网页的语言。

21. 什么是 ISP？

22. 你的计算机使用什么方式接入因特网？

本 章 小 结

通信技术的核心是把数据转换为信号形式在通信信道上进行传输。

通信技术和计算机技术的互相结合产生了计算机网络。独立计算机联结在一起,相互之间传递数据、共享信息和其他资源。在短短的时间内,计算机网络成为了计算机科学对人类社会影响最为显著的一个领域。多用户大型主机的传统应用模式逐渐被联结众多较小型计算机的网络所代替。

计算机网络通常可分为局域网和广域网。开放网络是基于公共方式设计的网络,封闭网络只考虑用户企业的内部使用和管理。

计算机的联结形式称为网络的拓扑结构。总线型、环型和星型是流行的结构。

OSI 和 TCP/IP 是两种主要的网络结构体系模型。从网络应用到网络物理线路信号的传送划分出几个不同的功能层次,每个层次上定义了一批通信协议,即功能实现的标准方法。

相容或者不相容的网络都可以联结成更大的网络,这种网络的网络称为互联网。最大的一个互联网覆盖全世界,基于 TCP/IP 体系构建的这个互联网名字叫因特网。当然,独立的计算机系统和移动终端设备也可以接入因特网。

因特网提供的主要信息服务包括万维网网站和网页、电子邮件、文件传输、远程登录等。用户可以通过因特网服务供应商(ISP)接入因特网。

可以在后续专业课程中学习本章涉及的内容,如计算机网络、计算机网络与互联网和Web 系统与技术等。

第5章　数据表示方法

计算机科学要在计算机系统上实现处理数据任务，面临三方面研究课题。用什么方法来表示数据？用什么方法来表示对数据进行加工的过程？数据和加工数据的表示如何最终在机器上实现？

前面三章介绍了计算机系统的组成，这是数据和数据加工表示方法的最终载体。第2章谈及计算机硬件，第3章谈及计算机软件，第4章谈及计算机网络。本章要介绍计算机科学如何使用分层次的方法来解决数据表示问题。至于数据加工的表示方法，在第6章再讲。

5.1　数据的分层表示方法学

计算机科学用"数据"作为手段来表示客观世界里要处理的对象。而在计算机的内部，能够物理实现的数据记号只有两个二进制数字"0"和"1"。因此，数据表示面临的任务是用最简单的记号表示出内容复杂而形式多变的对象。计算机科学的解决方法是：

（1）划分出不同的数据表示抽象层次；

（2）每个层次上都各自定义数据的表示概念和手段；

（3）这些表示手段既相对独立，又可以从上一个表示层次映射到下一个层次上去；

（4）从现实世界到计算机内部物理实现，数据表示的抽象程度逐层降低，直到"0"、"1"记号能够在硬件的层次上实现为止。

这样，在完成数据表达任务过程中，人们可以根据需要选择适当的表达层次。而层次之间不同表示的转换，由人或计算机系统本身按照明确定义的映射规则来完成。

可以把不同时期计算机科学提出的数据表示方法总结为上述分层次数据表示方法学。图5-1描述了这种表示层次。当然，它们并不是由个别人预先提出来的一个表示体系，而是经历一段历史后，我们对计算机科学完成数据表示任务的方法和体系的理解结果。

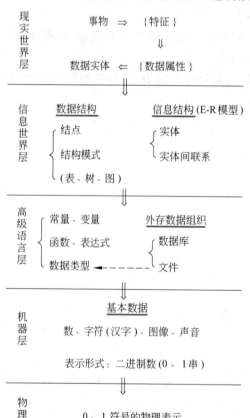

图 5-1　数据的分层表示方法

5.1.1　现实世界层

正如本书一开始所指出的，计算机科学把

现实世界里的客观事物等同于事物的一组特征。这就是说,不管事物是有形的还是无形的,总是用**事物特征**的集合来表示事物本身。图 5-2 中的例子描述了数据表示方法的出发点。用合同的一组特征等同表示现实世界里的一纸合同。这是数据表示体系的出发点。

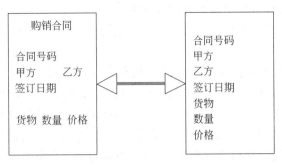

图 5-2 把"合同"等同于"合同的一组特征"

5.1.2 信息世界层

两个原因促使人们要在另一个抽象层次上考虑数据表示问题。首先,一种事物的特征几乎有无限多个,人们必须按照数据处理任务的需要选取出恰当的特征来代表事物;其次,一个数据处理任务不可能只面对一种事物,所以有必要刻画各个数据对象之间存在的关联,以便组成一个统一的数据表示构造,不妨称之为**信息结构**。

在提出的众多信息结构中,有两种被人们广泛接受,应用至今,它们是**实体-联系模型**和**数据结构**。

1. E-R 模型

正如名称所提示的那样,实体-联系模型由两个要素组成:**实体**(entity)以及实体之间的**联系**(relationship),因此又常称为 **E-R 模型**。

实体是一组**数据属性**(attribute)的集合,是客观事物的一种表示手段;而联系则从实体的对应规律角度出发,刻画实体之间的关联状况。E-R 模型成功地把千千万万种事物之间存在的关联模式归结为五六种不同的联系类型。

注意,数据属性对应着事物特征,数据实体对应着客观事物。但是,它们代表不同层次上的对象,如何对应取决于专业人士对有关事物的深刻了解。

以"合同"为例,表达的 E-R 模型可以有两个不同方案。一个方案是用一个实体来表示合同,如图 5-2 所示。实体包含合同号码、甲方、乙方、签订日期、货物、数量和价格等数据属性。另外一个表示方案则由两个存在相互关联的实体组成,如图 5-3 所示。

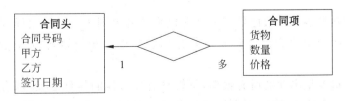

图 5-3 表示"合同"的一种 E-R 模型

在第二个方案里,现实世界里的"合同"在 E-R 模型中用"合同头"和"合同项"两个数据实体表示。这样可以更准确地刻画出合同内各个数据之间的关联关系,即一份合同里面可以包含数目不确定的合同项。一份合同可能只涉及一种货物,而另一份会买卖十种八种。对合同数据的这种准确描述,就为以后的工作奠定了基础,在设计在计算机内存放合同数据的存储空间结构时,能够得到更加合理的设计方案。

直到今天,E-R 模型仍然是对存储数据进行前期分析时可以采用的工具,简单而有效。

2. 数据结构

数据结构(data structure)是另外一种应用很广泛的信息结构,对它的学习极为重要。数据结构用**结点**(node)这个抽象概念来表示数据构造的基本元素,用结点之间的联系模式来描写数据构造的内部关联。结点是事物的抽象,联系模式是事物之间关联方式的抽象。

例如,要描述公司日积月累、数以千计的合同,可以把每一份合同抽象为一个数据结点,如果只需要按签订日期的先后来保存这些合同,所有合同之间就存在一种顺序关联的关系。不难想象,具有同样顺序关联的事物数不胜数。因此,归纳出一种称为线性表的抽象结构,就可以表示一大类内容虽然各异,但关联构造却完全相同的数据对象。

更重要的是,人们发现只要定义三种抽象数据结构,就足以描写现实世界中的任何事物对象,它们是**线性表**(list)、**树**(tree)和**图**(graph)。因此,只要把握三种数据结构的特征、性质、实现方法和相关的典型算法,就可以应用到任何一个需要表达数据的场合中。"数据结构"一直是计算学科类专业的核心基础课程,原因就在这里。

本章的 5.6 节会更详细地讲述数据结构的主要概念。

5.1.3　高级语言层

数据结构也好,E-R 模型也好,说它们是"抽象"的,是指表达数据的概念和方法仍然没有进入到计算机系统的范畴。如果在程序设计时,能够利用程序设计语言提供的数据表达手段来表示这些抽象的信息结构,那么我们向数据表达的终极目标又前进了一步。

今天,高级语言仍然是程序设计的主要工具。尽管可以选用的高级语言很多,语言机构各有差别。但是可以归纳出高级语言表示数据对象的 5 个共同手段:**常量**、**变量**、**表达式**、**函数**和**数据类型**。

高级语言中,常量和变量是数据表示的基本概念;表达式和函数都表示了经过特定操作过程而得到的一个结果数据;而数据类型刻画出不同种类数据的基本特征、一类数据合法的取值范围以及合法的数据操作种类。

5.5 节会更详细地讲述高级语言的数据表示的 5 大手段。

5.1.4　机器层

高级语言的数据表示手段已经进入计算机系统的范围了。经过编译,高级语言程序可以转变为对应的机器语言程序。转变对象包括程序里的操作语句,也包括程序里定义的数据。

经过转换在机器里出现的所有数据,不管具有什么样的信息语义,都有两个共同特点:数据要存储在一组顺序组织的、可寻地址的存储单元当中;当然,任何数据的表现形式最终只能是二进制数。

那么,如何来确定一个二进制数形式数据的信息含义呢? 靠各种各样的**数据编码规则**。

又是谁来把握这些编码规则呢？处理数据的程序。当然，其实是编写程序的人。编写程序时，按照预先约定的数据表示规则，对一个二进制数进行操作，就是按正确的语义处理一个数据。

机器层次上要考虑几类基本数据的编码表示方法：**数**、**字符和汉字**、**图像**、**声音**。本章的 5.2 节～5.4 节分别讲述它们的编码规则。

5.1.5 物理层

硬件是数据表示的最终层次。在这个层次上，数据表示的目标集中而单纯，就是如何在计算机的各种物理元件上表示二进制数字"0"和"1"。共同原则是元件必须具有两个稳定的物理状态，并且两种状态可以按照处理需要相互转换。这样，硬件材料的物理状态就可以和二进制数字挂钩了。

比如，电子电路的高电平、低电平；电磁材料的两个不同磁化方向；电容的充电、放电；光的通、断或强、弱；半导体材料"微穴"中电子的"满"、"空"等，都是计算机各类硬件里常见的物理状态。

至此，只用硬件的两种物理状态表示出世界万物的艰难任务，依靠划分数据表达层次的方法学得以顺利完成。以下各节将对各个层次上数据的表达方法进一步展开。至于更详细的学习，就要依靠以后开设的相关专业课程了。

习　　题

1. 列举数据表示的层次，并解释为什么要分层次表示数据？
2. 挑选现实世界的三种事物加以描述。
3. 一个系有多个学生，每个学生只能在一个系注册；一个学生可以选修多门课程，而每门课程可以有许多个学生选修。用一个 E-R 模型表示"系"、"学生"、"课程"的数据联系。
4. 在磁盘和光盘上如何表示二进制数字"0"和"1"？
5. 各种数据在计算机内的共同表示特点是什么？
6. 如何确定计算机内一个二进制数究竟是代表一个数，还是代表一个汉字？谁负责确定？

5.2　数 的 表 示

数（numbe）是数据的一种表示形式，计算机内需要以二进制数为手段来表示整数、实数和复数等各类数的数值，以方便对数进行算术运算。本节讨论的实质是**数值**的表示，而不是表现为**数字**（digit）**串**的数的记录形式。因为以数字为单位存储一个数，不但需要更多空间，而且不利于对数进行算术运算。

5.2.1 无符号整数的表示

一个无符号整数自然必须以二进制数的形式在计算机内出现。第 1 章的 1.3 节里已经讲过把一个日常使用的无符号整数转换为二进制形式的方法。要强调的是，注意数的**字长**。

当然可以说数 5 的二进制形式是 101。但一个数所驻留的内存单元、寄存器、运算器总是有固定字长的。存储空间里每个位上不是 0 就是 1,不可能是不确定的其他状态。

例如,计算机字长为 16 位,5 这个无符号整数在内存单元里的存储形式是:

$$0000000000000101$$

注意,在有效数字 101 的前面,有 13 个对数值计算无效但确实存在的"左零"。

因为存放在计算机内的数必有预先确定的字长,所以数的表示范围总是有限的。如果规定用 16 位来存放一个无符号整数,计算机内只能表示出 0~65 535,一共 65 536 个整数。这一点和数学的概念不一样,数学上一种数的所有可能值总是构成一个无穷集合。

5.2.2 有符号整数的表示

那么,如何表示有符号整数所带的正负号呢? 能够使用的记号仍然只有 0 和 1。于是就产生一个问题,如何区分表示数绝对值的 0、1 和表示正负号的 0、1 呢? 区分的唯一手段是数的**编码规则**。必须按照预先设计的一种规则来表示数,对数进行运算,理解运算的结果。

在编码表示方法里有两个极其重要的概念:**机器数**和**真值**。机器数是指被表示的数在机内呈现的表面形式。真值则是机器数的信息含义。两者依靠预先确定的编码规则互相对应。

有符号整数的编码规则有多种。先以**原码规则**为切入点。原码容易理解,但缺点很多,并不实用。然后介绍广为应用的**补码规则**。

1. 原码

原码规则规定:在数的绝对值以外再增加一个**符号位**,用 0 表示正号、用 1 表示负号。这样,额外符号位上的 0、1 就和数的正、负值对应了。

【例 5-1】 假设字长为 4 位,写出 +5 和 -5 的原码表示式。

字长 4 位,必须留出一个符号位,其余 3 位用来表示数的绝对值。按原码规则:

$$+5 的原码是 \underline{0}101 \quad -5 的原码是 \underline{1}101$$

不难理解,4 位原码能够表示的最大整数是 +7(0111),最小整数是 -7(1111),一共 15 个数。0 的原码有两个:0000 和 1000。这是原码规则的毛病之一。

重要的是,通过对原码的认识,要区分**机器数**和**真值**这两个不同的概念,如图 5-4 所示。机器里的一个二进制数 1101,只有引用原码规则才能确定它代表的真值是 -5。如果引用的是无符号整数编码规则,机器数 1101 的真值是 13。

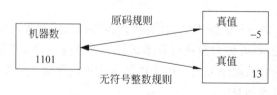

图 5-4 机器数和真值的对应

可见,机器数的形式是单一的,离开了编码规则,一个机内二进制数所代表的数据真值无从谈起。至于规则的引用,则由处理数据的程序负责。当然,实质上是由程序的设计者来负责的。

和第 1 章里讲过的基本概念对照,机器数其实就是一种数据,而真值则是对应的信息,编码规则就是信息的理解规则。

2．补码

和原码相比,补码的优点很多。所以机内表示有符号整数时,大多数情况下会采用**补码**(complement notation)的形式。想透彻理解补码规则,要认识以下 5 个概念:

1) 模

一个预先确定的无符号整数 m。模的值可以随意规定。但是用二进制形式表示数时,如果字长规定为 n 位,那么补码系统的模就是 2^n。

2) 模 m 运算系统

模为 m 的运算系统有两个基本特点:

(1) 系统处理的是无符号的整数。

(2) 操作数和运算结果都必须在 $0 \sim m-1$ 之间取值。如果运算结果等于或者大于 m,则必须用除以 m 的余数取代。

模 m 运算系统的特点如图 5-5 所示。

可见,在一个模为 m 的运算系统中,只能有 m 个数存在。不管是运算对象还是运算结果,它们的数值分布在 $0 \sim m-1$ 的范围内。

$$\text{操作数}: 0 \sim m-1$$
$$\text{运算结果}: N = \begin{cases} N \bmod m & (N \geq m) \\ 0 \sim m-1 & (N < m) \end{cases}$$

图 5-5　模 m 运算系统的特点

模运算系统并不抽象,日常生活中也能找到。"时钟"就是一个 $m=12$ 的模运算系统。钟只有 12 个数值,即 $0 \sim 11$。把时针顺时针走动当作加法,逆时针走动当作减法。显然做加、减法的时候,和与差都只能在 $0 \sim 11$ 范围内的 12 个数中取值。

在这个系统里,$3+9=0$;而 $3-4=11$。(请思考其原因。)

3) 补数

在模 m 系统中,如果 $a+b=m$,则 a 为 b 的补数,b 为 a 的补数。

因此,在模 12 系统里,3 与 9、1 和 11 互为补数,其余类推。注意,这里讲的是**补数**,而不是补码。

数与它的补数的和等于模,如果规定数的表示是定长的,这个和呈现为 0。想想"时钟"这个模 12 系统,3 和 9 互为补数,它们的和为 12,不就是零点吗?

4) 求补

所谓"求补",就是指求出一个数的补数(不是补码)的操作过程。

模 m 系统中,如 a、b 互为补数,则 $a+b=m$。因此可以用减法求出一个数的补数。即:

$$b=m-a, \quad a=m-b$$

使用二进制表示的情况下,可以用更简单的操作取代减法。即模减去一个数得到的差等同于对这个数"**求反加 1**"。即把二进制数每一位,0 变 1、1 变 0 地"取反",然后再在结果的最右位加上 1,就可以得到原来二进制数的补数。

【例 5-2】　在字长为 8 位的模运算系统中,求二进制数 01101010 的补数。

这个系统的模 $m=2^8=256$。

二进制数	01101010
对二进制数"求反"	10010101
结果再加 1	10010110

验证：两个互补的数，其和等于模。如果数的长度定为 8 位，则最左的 1 丢失，结果为全 0。

$$01101010 + 10010110 = 100000000 = 2^8$$

5) 补码

在上述 4 个概念的基础上，现在可以给出补码的定义规则了，即在一个模 m 的系统中，正数的补码是自身的绝对值，负数的补码是绝对值的补数。这样，就可以用无符号的机器数来表示有符号的整数真值了。

【例 5-3】 一个模 12 的补码表示系统。

系统 $m=12$，共有 12 个无符号整数，记为 0～11。用其中 6 个表示 0～+5 这 6 个正数，其余 6 个表示 −1～−6 这 6 个负数。各个补码和真值的对应关系如图 5-6 所示。

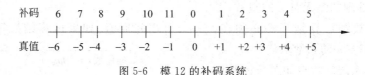

图 5-6 模 12 的补码系统

按补码编码规则，+1～+5 这 5 个正数的补码是各数的绝对值 1～5。−1 的绝对值是 1，1 的补数是 11，所以 11 是 −1 的补码。其他负数的补码表示可以依此类推。

【例 5-4】 字长为 4 位的二进制数补码系统（如图 5-7 所示）。

系统的模是 $m=2^4=16$，一个有 16 个补码，表示 −8～+7 共 16 个有符号整数。

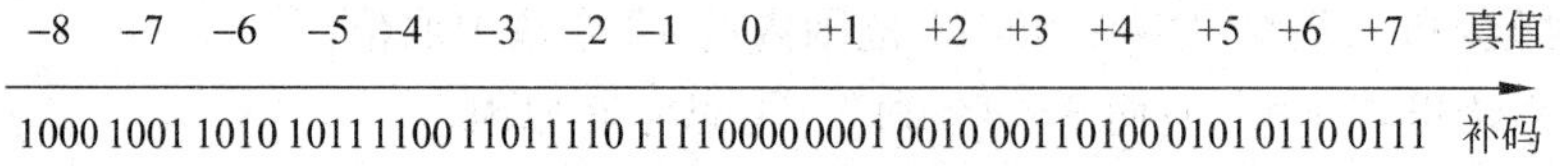

$$
\begin{array}{cccccccccccccccc}
-8 & -7 & -6 & -5 & -4 & -3 & -2 & -1 & 0 & +1 & +2 & +3 & +4 & +5 & +6 & +7 \quad 真值 \\
\end{array}
$$

$$
\begin{array}{cccccccccccccccc}
1000 & 1001 & 1010 & 1011 & 1100 & 1101 & 1110 & 1111 & 0000 & 0001 & 0010 & 0011 & 0100 & 0101 & 0110 & 0111 \quad 补码
\end{array}
$$

图 5-7 字长 4 位、模 16 的补码系统

(1) 补码的优点。

计算机运算器的字长 n 是固定的，所以是个模为 2^n 的模运算系统。用补码表示正负数有许多优点，因而被广泛使用。

在使用补码表示的前提下，最大的两个好处是：

① 对任意的正、负整数，可以不加区分地进行机械式的加法运算，结果总是对的；

② 可以用加法替代减法，减去一个数等同于加它的补数。

【例 5-5】 在例 5-3 的模 12 补码系统中，验证补码运算的特点。

如图 5-8 所示，不难验证在补码体系里只要按模运算的规则进行加法运算，得到的和总是符合有符号整数的真值运算意义的。如果用原码来表示有符号整数，就没有这个好处了，请读者自行验证。

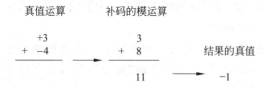

图 5-8 模 12 系统中的加法运算示例

但是再看看 3+4=7，3 和 4 分别是 +3 和 +4 的补码，而 7 是 −5 的补码，结果错了。原因在哪里呢？

【例 5-6】 在例 5-4 给出的字长为 4 位的二进制补码系统中，验证补码运算的特点。

用补码表示正、负数,除了可以机械地、不加判断地执行加法运算之外,还可以用加法来替代减法(如图 5-9 所示)。当然,这一点没有那么重要,毕竟多数 CPU 都会提供减法指令。通过这个例子,请读者更清晰地区分"补数"和"补码"这两个不同的概念。

```
真值运算    补码的模运算   "变减为加"
  +4          0100          0100
 − +3       − 0011        + 1101    (1101 是 0011 的补数)
 ────       ──────       ──────
                          1 0001 ──→ +1 (结果真值)

                          溢出位
```

图 5-9 模 2^4 的补码系统的减法示例

对于其他的运算数,上述运算方法当然也是对的。例如:
$$(-7)-(-6)=-1$$
即
$$1001-1010=1001+0110=1111(-1 \text{ 的补码})$$
再看一个出错的例子:
$$(-3)-(+6)=-9$$
$$1101-0110=1101+1010=0111 \quad (+7 \text{ 的补码,结果错了})$$
出错的原因是什么?

(2) 补码和真值的转换。

前面已讲过,所谓的"求补"是一种操作,把一个数的补数求出来。对于二进制数,可以用"求反加 1"的动作完成"求补(数)"。

使用求补操作,既可以把一个负数的补码写出来,也容易确定负数补码的真值。

【例 5-7】 求 +3 和 −3 在字长 4 位、模 2^4 的二进制数补码系统中的补码形式。

根据前述补码编码规则:

+3 的绝对值是 3,所以 +3 的补码是 0011;

−3 的绝对值是 3, 0011 的补数是 1101,所以 −3 的补码是 1101。

【例 5-8】 已知 0001 是正数的补码,1000、1111 是负数的补码,写出它们的真值。

显然,0001 是 +1 的补码;因为 1000 的补数是 1000(0111+1),1000 是 8,所以 1000 是 −8 的补码;1111 的补数是 0001(0000+1),0001 是 1,所以 1111 是 −1 的补码。

(3) 补码的几个性质。

① 符号位。补码的最左位可以指示真值正、负。正数补码的最左位必为 0,负数补码的最左位必为 1。要注意的是,和原码里额外添加的符号位不同,补码的这个"符号位"不仅仅指示数的正、负,而且是真值里不可切割的一个组成部分。

【例 5-9】 写出补码 1011 的真值。

它不是 −3。从最左位判断,1011 是个负数的补码,因此对它求补:

1011 的补数是 0101(5),所以 1011 是 −5 的补码。

② 不同补码的真值比较。比较两个同符号数的补码,补码越大对应的真值也越大。再看例 5-4 里面的补码系统,从 0000 到 0111 补码越来越大,对应的真值也从 0 增大到 +7。在负数的范围里,补码从 1000 渐增到 1111,对应的真值也从 −8 增大到 −1。

③ 补码系统的表示范围。字长为 n 位的补码系统,模为 2^n,共有 2^n 个码,表示有符号整数的真值范围为:

$$-2^{n-1} \sim +2^{n-1}-1$$

因此,例 5-3 里的模 12 系统,只能表示 12 个数,从 -6 到 $+5$;而例 5-4 里的模 2^4 系统,只能表示 16 个数,从 -8 到 $+7$。

【例 5-10】 用 16 位的补码形式来表示有符号整数,指出数的表达范围。

因为 16 位补码系统的模为 $2^{16}=65\ 536$,所以总共可以表示 65 536 个正、负数。

- 能够表示的最小负数是 $-2^{15}=-32\ 768$;
- 能够表示的最大正数是 $+2^{15}-1=+32\ 767$。

想想为什么能够表示的最大正数的绝对值会比最小负数的绝对值小 1?

5.2.3 实数的表示

实数包括有符号的整数和非整数。数学上的实数是连续的,而且组成了一个无限集合。计算机内的实数则不然,离散而且数量有限。实数的机内表示形式分**定点数**和**浮点数**两种。表示实数时,两种形式常常混合着使用。

1. 定点形式

在一个二进制定点数里,人为认定在某两位数字之间存在一个小数点。小数点左边是整数部分,右边是小数部分。整数位上的权值自右到左是 2^0、2^1、$\cdots$、2^{n-1}。小数位上的权值自左到右是 2^{-1}、2^{-2}、$\cdots$、2^{-m}。

【例 5-11】 二进制定点数 $10_\wedge 111$ 的值。

$$10_\wedge 111 = 1 \times 2^1 + 0 \times 2^0 + 1 \times 2^{-1} + 1 \times 2^{-2} + 1 \times 2^{-3}$$
$$= 2 + 0.5 + 0.25 + 0.125 = 2.875$$

表面上看定点方式挺方便,小数点只是认定的,不需要有具体表现形式,也不占用空间。但是,实际操作时却面临很多麻烦,每个实数小数点前后的位数都可能不一样,如何"记住"每个数的小数点位置呢?

所以定点方式通常只会在实数表示中起辅助作用,尤其多使用以下两种形式的定点数:

(1) 把小数点认定在数字串的最右端,这种定点数实质上是个整数,即:

$$a_{n-1}\ a_{n-2} \cdots a_1 a_{0_\wedge}$$

这里"$_\wedge$"表示人为认定的小数点在定点数里的出现位置。

(2) 小数点认定在高端第 1 位数字和第 2 位数字之间,即:

$$a_{n-1_\wedge} a_{n-2} \cdots a_1 a_0$$

如二进制的定点数 $1_\wedge 01$ 应理解为 1.01,也就是十进制实数 1.25。

2. 浮点形式

可以把实数 12.34 用另外一种形式表示,即 $0.1234 \times 10^{+2}$,称之为浮点数形式。0.1234 表示了实数值的各位数字,叫做**尾数**;$+2$ 表示了小数点在实数里的实际位置,叫做**阶码**。

二进制的情况也一样。一个二进制数 -0.00101 可以表示为 -0.101×2^{-2},-0.101 是尾数,-2 是阶码。

一般来说,一个二进制实数 N 总可以表示为:

$$N = R \times 2^k$$

因此,只要记录尾数和阶码就可以表示一个实数。(尾数 R,阶码 k)就是实数的浮点表示式。阶码的底 2 只需约定,不必出现在浮点数表示当中。当然,运算时不能忽略它。

尾数和阶码都用定点数形式来表示。阶码总是整数,而尾数的习惯表示是把小数点定在左起第一位和第二位之间,见下例。

【例 5-12】 约定每一个浮点数占 8 位,左端 3 个位表示阶码,右端 5 个位表示尾数。给出二进制实数 10.11 的浮点形式。

因为

$$10.11 = +0.1011 \times 2^{+2}$$

即尾数是 +0.1011,阶码是 +2,所以它的浮点数形式是 <u>010</u>01011。

这里,尾数和阶码都是用补码表示的定点数。左 3 位阶码的隐含小数点位置在最右端,右 5 位尾数的隐含小数点位置在左起第一位数字和第二位数字之间。

3. 规格化的浮点数

实数的浮点表示并不唯一。12.34 可以写成 $0.1234 \times 10^{+2}$,可以写成 123.4×10^{-1},喜欢的话,也可以写成 $0.000\,012\,34 \times 10^{+6}$。尽管数值并不因为形式的不同而变化,但是尾数的位数是固定的,不恰当的浮点形式会导致有效数字的丢失。解决的办法就是规格化,即做出各种规定,使浮点数的表示标准化。

可以规定不同的规格化标准,下面是可行的一种,其要点是:

(1) 浮点数的字长为 $m+n$ 位,左起 m 位是阶码,右起 n 位是尾数;

(2) 阶码用模为 2^m 的补码表示,是有符号的整数;

(3) 尾数用定点形式的补码来表示,隐含的小数点位于左起第一位和第二位之间,因此尾数是模为 2 的补码系统;

(4) 尾数头两位数字必须相反,即正尾数头两位是 $0_\wedge 1$,负尾数头两位是 $1_\wedge 0$。

符合上述要点的规格化浮点数,形如图 5-10 所示。

$K_{m-1} \cdots k_1 k_0$	$r_{n-1} r_{n-2} \cdots r_1 r_0$
m 位阶码	n 位尾数

规格化阶码:模 2^m 的补码
规格化尾数:模 2 的补码　正数 $0_\wedge 1 \cdots$
　　　　　　　　　　　　　负数 $1_\wedge 0 \cdots$

图 5-10　一种规格化浮点数

【例 5-13】 浮点数字长 8 位,左起 3 位是阶码,右起 5 位是尾数。按上述规定,给出 +1/2、+1/4、-1、-1/2 的规格化形式。

+1/2	<u>000</u>01000	即	$+1/2 \times 2^0 = +1/2$
+1/4	<u>111</u>01000		$+1/2 \times 2^{-1} = +1/4$
-1	<u>000</u>10000		$-1 \times 2^0 = -1$
-1/2	<u>111</u>10000		$-1 \times 2^{-1} = -1/2$

注意,+1/4 的规格化浮点数不是 00000100。虽然尾数 $0_\wedge 0100$ 确是 +1/4 的模 2 补码形式,但尾数头两位数字都是 0,不符合上述规格化约定。

4. 实数表示的截断误差

计算机内表示的实数和数学上的实数的差别,除了不连续之外,截断误差也是一个不能忽略的问题。首先,一些实数本身就没有准确的二进制形式。比如 0.3 的二进制数形式是个无限循环小数,即 $0.0\overline{1001}1001\cdots$,在机内出现必然会引起截断误差。其次,即使实数有准确的二进制形式,但预定存储实数的字长是固定的,尾数字段空间不够大时,部分数字位因此丢失,产生截断误差。实数机内表示误差产生的影响往往是远出乎我们意料之外的。

很多时候,会用 4 个字节(32 位)存放一个浮点数,尾数会有 7 个左右的有效数字,叫做**单精度浮点数**;有时也会用 64 位来存放,尾数的有效数字可以增加到 15 位或者 16 位,叫做**双精度浮点数**。

【**例 5-14**】 按例 5-12 中规定的规格化标准,表示实数 $+2.625$。

$+2.625$ 的二进制数形式是

$$10.101 = +0.10101 \times 2^{+2}$$

所以,规格化的浮点数形式是 01001010。

可见,因为尾数部分只有 5 位,$0_\wedge 1010$,最末位的一个 1 存储时丢失了。

实数的机内表示误差是无法完全避免的,但要采用适当应对措施,以免危及应用业务。在类似控制、定位这样的应用中,要很小心地处理误差的运算积累。

上例中,机内浮点数的值是 $+5/8 \times 2^{+2} = 2.5$,而原来实数的值是 $+2.625$。尾数截断一位,绝对误差竟高达 0.125,而相对误差近 5%,可见问题不容忽视。

5. 规格化浮点数的表示范围

除了截断误差问题之外,规格化浮点数的实数表示范围也值得注意。先看下面的例子。设规格化浮点数字长为 8 位,阶码和尾数各占 4 位,能够表示的实数范围如图 5-11 所示。

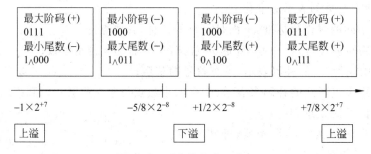

图 5-11　浮点数的表示范围

从例 5-14 可以总结以下规律,在尾数为模 2 补码,阶码为模 m 补码的前提下:

(1) 正的规格化尾数的取值范围是 $+1/2 \leqslant R < +1$,即 $0_\wedge 10 \cdots 0 \sim 0_\wedge 11 \cdots 1$。

(2) 负的规格化尾数的取值范围是 $-1 \leqslant R < -1/2$,即 $1_\wedge 00 \cdots 0 \sim 1_\wedge 01 \cdots 1$。

(3) 阶码是 m 位整数,即 $-2^{m-1} \leqslant K \leqslant +2^{m-1} - 1$。

还有两个问题是值得注意的。首先,由图 5-11 可见,绝对值特别大的和绝对值特别小的实数(0 除外)都会超过预定字长的浮点数所能够表示的范围。前者称为**上溢出**,后者称为**下溢出**。其次,由于机内实数表示的离散性,即使处在浮点数能够表示范围里的实数,也不是每一个都能准确表示的。

5.2.4　复数的表示

有些应用中,要涉及复数的运算。如何在计算机内表示形如 a+bi 的复数呢?考虑到一个复数其实是由两个特征所确定的,即实部系数 a 和虚部系数 b,而两个系数都是实数。因此,复数的表示就归结为两个相关实数的表示问题,不再需要考虑新的表示方法。

对复数的运算其实都可以分解到对实部系数和虚部系数的运算上。所以就用上面讲过的规格化浮点数表示方法分别实现它们的机内存储好了。

习　　题

1. 数、数字、数值这三个概念有什么区别？

2. 举例说明什么是机器数，什么是真值。

3. 字长 8 位。写出 +16 和 −16 的原码形式能够表示的最大正数和最小负数。

4. 解释补码系统的下列概念：模、补数、求补、补码。

5. 字长 8 位。写出 +16 和 −16 的补码形式能够表示的最大正数和最小负数。

6. 字长 8 位的原码和补码分别可以表示多少个有符号的整数？有差别吗？为什么？

7. 写出 0 的原码形式和补码形式。

8. 机器数 0011 和 1101 代表两个有符号的整数，用原码规则解释时，它们的真值是多少？用补码规则解释时，它们的真值是多少？

9. 已知 00000001 和 11111110 是两个数的补码表示式，求它们相反数的 8 位补码表示式。

10. 分别写出字长 16 位的原码和补码能够表示的最大正数和最小负数？字长 n 位呢？

11. 用 4 位补码表示数，验证下列加法：3+3、3+(−3)、(−3)+(−3)、(−5)+(−5)。

12. 用 4 位补码表示数，验证下列减法：3−3、3−(−3)、(−3)−(−3)、(−5)−(+5)。

13. 用补码表示的一个正数和一个负数相加时会产生溢出吗？为什么？

14. 补码机器数的大小和表示数值的大小有什么对应规律？

15. 补码的符号位和原码的符号位的根本区别是什么？

16. 设规格化的浮点数字长 8 位，左 4 位为阶码，用模 2^4 的补码表示；右 4 位是尾数，用模 2 的补码表示。指出下面机器数代表的实数：01000101 和 11011101。

17. 浮点数格式如题 16，给出下列实数的机器数形式：+3/4、−3/4、−3.5。

18. 指出使用题 16 的浮点数格式能够表示的最大、最小正实数和负实数。

19. 使用题 16 的浮点数格式表示 0.3，分析表示误差。

20. 什么叫单精度浮点数？什么叫双精度浮点数？

21. 比较数学意义的实数和计算机内表示的实数。

22. 设计一个复数 −1−0.5i 的机内表示方案。

5.3　字符和汉字的表示

文字是数据的另外一种表现形式。以英文为代表的西方文字里，表示单位是**字符**（character），而中文的表示单位是**汉字**。字符串或者汉字串称为**文本**（text）。

机内表示字符的思路仍然是编码，称为**字符编码**。就是使用一个约定的二进制数来表示一个字符，包括字母（alphabet）、数字（digit）和其他符号（symbol）。显然，如果这种约定各行其是，就不利于交流。为此，字符编码多以国家标准或者标准化组织的标准形式颁布，厂商也乐于执行这些标准。但不排除大厂商也会定义自己使用的字符编码。

5.3.1 字符编码

1. ASCII 码

美国国家标准局(ANSI)颁布的美国标准信息交换码(American Standard Code for Information Interchange,ASCII)(读作 as-kee)是 7 单位码,每个字符和一个 7 位二进制数对应,从 0～127 代表 128 个不同字符。表 5-1 列出了各种字符的分布情况。

表 5-1　各种字符的分布

字　　符	数量/个	码值分布范围	字　　符	数量/个	码值分布范围
英文字母(大小写)	52	65～90 和 97～122	标点符号	33	离散分布
十进制数字(0～9)	10	48～57	控制符号	33	0～31 和 127

字母、数字、标点符号通称为**可印出字符**,而**控制字符**则代表一些控制动作。虽然动作的含义最终是由软件负责解释,但是一些控制字符的控制语义是比较固定的。比如,回车符(码值 13)表示把数据输出位置退回本行起点;换行符(码值 10)表示把输出位置转到下一行同一列等。但很多软件接收到一个回车符后,会额外再执行一个换行的动作,以方便用户的操作。这就是程序接收到一个回车字符后,对字符的数据语义做出的解释。

虽然 ASCII 码是人为的规定,但一些编码规律值得注意。前 32 个码都代表控制符号;字母和数字的编码顺序递增;而且小写英文字母的码值比对应大写字母的码值大 32。所以至少有两个码值应该记住,大写字母"A"的码值 65,数字"0"的码值 48。

标点符号的码值分布没有规律。字符含义和日常使用一致。"空格"是较为特别的标点符号,显示或者打印时,什么字形都没有,但要占据一个字符的位置,机内编码是 32。

现在的 ASCII 码已经扩展为 8 单位码,方法是在原来的 7 单位码上再增加一个高位 0。这样编码字符的数目可以增大一倍,达到 256 个。而且 8 单位码恰好和一个字节位数对应。但是增加的 128 个码值的表示语义并无标准定义。

除了广为应用的 ASCII 码之外,下列几种字符编码在一定范围内也有影响。

(1) EBCDIC 码。由 IBM 公司提出,在自己生产的大型计算机系统上使用,是 8 单位码,定义了 256 个不同字符。

(2) Unicode 码。由一些知名的计算机厂商联合提出,是一种 16 单位码,共有 65 536 个码值,记为十六进制数 0000～FFFF,足以表示世界上各种语言的记号。

(3) 国际标准化组织(ISO)提出的一种 32 位字符编码方案,可以包括近 43 亿(2^{32})个不同字符。

【例 5-15】 给出字符串 Good 的机内表示形式。

用 ASCII 码来表示字符,常把每个字符存放在一个字节当中。字符串 Good 要占据 4 个字节,存储情况形如:

01000111 01101111 01101111 01100100

当然,上行 01 串里字节之间的空格只是为方便阅读而设,在计算机里是不存在的。

实际应用还要考虑很多表示细节。例如,通常用一个字节来存放 7 单位的 ASCII 码,虽然浪费了一个位,但方便了对字符数据的处理。

又如,把字符串存储在连续的一个内存区域上,从存储区的首地址开始,可以一个字节、一个字节地分割字符。但字符串长短不一,如何判定字符串最末字符的位置呢?一种方法是在字符串末端添加一个"全0"字节,用来充当字符串的结束标志。全0的一个 ASCII 码代表"空白"字符,表示"什么都没有了"。不要把它和"空格"字符相混淆。

因此,上述字符串 Good 可以用以下方式在机内存储,一共需要 5 个字节,即:

01000111 01101111 01101111 01100100 00000000

2. 数字编码

像挂号信上的编号、超级市场里的商品编号这样的一些应用里,只需要表示数字字符。为此,使用专门的数字编码方法更恰当。数字编码只表示 0～9 这 10 个十进制数字。注意,数字编码仍然是一种字符编码,不要和 5.2 节讲的数值编码方法混淆。和 ASCII 码相比,专门的数字编码的好处是 10 个数字只需要 4 位编码,因此每个字节可以存放两个数字。

已经提出的数字编码方案也是各种各样的。下面介绍有代表性的两种:

1) BCD 码

BCD 码(binary coded decimal)的编码方案是用一个 4 位的二进制数表示一个十进制数字,0000 表示"0"、0001 表示"1"、…、1000 表示"8"、1001 表示"9"。4 位二进制数字位上的权值自右至左是 2^0,2^1,2^2,2^3,所以又把这种编码叫做 8421 码。每个十进制数就用一个数字编码串来表示。显然,使用 BCD 码表示的十进制数是字符数据,并不适合参加算术运算。

【例 5-16】 给出数字串"2007"的 BCD 码表示形式。

0010 0000 0000 0111

2) 条形码

条形码(bar code)是一种以印刷形式出现的数字编码。黑线条表示 1、白线条表示 0,每一个十进制数字根据编码规则和一个规定位数的二进制数相对应,表现为若干条黑白线。这样就方便使用光学扫描设备来读入数字编码了。

不同的应用会使用不同的条形码编码规则。应用最广泛的一种是标识商品的条形码,叫做 UPC 码(universal product code)。看看这本书的封底,上面就印有标识的 UPC 码。

UPC 码中,每个十进制数字和一个 7 位二进制数对应;每种商品编码由 13 个数字组成,一个前置数字不需要编码,其余 12 个分配到左、右两区,同一个数字在左、右区里的编码是不相同的;各个区域由防护带分隔;一个编码数字由 7 条等宽黑白线表示,由于相邻的位可能同是 1 或者 0 的缘故,因此我们看到的黑白线条会是宽窄不一的。

图 5-12 表示 UPC 码的编码形式。

前置数字(1 个)	左防护带 101	左区数字(6 个)	中央带 01010	右区数字(6 个)	右防护带 101

图 5-12 UPC 码的形式

【例 5-17】 UPC 码示例。

例 5-17 给出了一种商品的 UPC 码。前 3 位数字 690 表示商品产地是中国,后面是厂商和产品类别的编码。请注意,右区上的两个"1",编码是 1100110,和左区上"1"的编码是不同的。请再细心观察,左区上的两个"1",其编码也不相同。第一个是 0110011,第二个是 0011001。原因是左区上每个数字的编码又分为"奇码"和"偶码"两种形式,规定左区的 6 个数字按"奇、偶、偶、偶、奇、奇"的顺序编码。第一个"1"是偶码,7 位编码中一共有 4 个 1;第二个"1"应该使用奇码,编码中出现了 3 个 1。但是,右区上面的数字只有一种编码,所以例中右区上的两个"1",它们的编码是相同的,这些规定便于设备识别。

3）二维码

条形码实质上是一种一维的图形编码,在水平方向以黑白条纹表示信息,而在垂直方向则没有信息表示。二维码(2-dimentional bar code)在二维平面上用黑白相间的几何图形表示"0""1",进而表示各种编码信息,而不限于数字。二维码形如:

二维码的信息容量比条形码大得多,已经出现高达 32KB 的产品,可以表示文字、数字、图像、声音种种编码信息。因此,条形码只能标识物体,而用二维码足以描述对象。二维码的分类和标准多种多样,国内已经研制成功拥有全部知识产权的应用系统。

二维码信息表示量大、数据可加密、容错能力强,可使用光电识读装置读出,成本低廉,这些特点使二维码得到了广泛应用,如证件照片记录、物品追踪、表单登录等。我们最熟知的应用可能是用二维码表示网站地址,用手机"扫一扫"就可以方便登录。

5.3.2　汉字编码

1. 国家标准 GB2312

字符是英文文本的表示单位,而中文文本的表示单位是汉字,当然也会夹杂一些字符。1981 年颁布了汉字编码基础性国家标准 GB2312《信息交换用汉字编码字符集—基本集》。其核心要点是:

(1) 每一个汉字都有一个唯一的 4 位十进制数字编码。

(2) 汉字编码的前两位叫做区号,后两位叫做位号,区号和位号的取值范围均为 1～94。就是说,标准规定所有汉字分布在 94 个区上,每个区最多可以有 94 个汉字和其他字符。

(3) 规定的极限编码数目为 8836(94×94)个。国家标准中已经定义了 6763 个汉字和 682 个非汉字字符。其中,汉字集中又按使用频率分为一级汉字 3755 个和二级汉字 3008 个。

(4) 1391 个未定义的码留作备用。

这个汉字基本集是在 1965 年国家颁布的《印刷通用字形表》(6196 个字)的基础上稍作

扩充而成的。据统计,对现代使用的汉字覆盖率可以达到 99.99%。对常用汉字的分析和选择极其重要,既能缩短汉字编码码长,提高汉字处理效率,又能满足各种应用的基本需要。进一步的分析表明,三四千个最常用汉字的覆盖率已达 99.9%,把它们区分出来利于使用。这些一级常用字在标准里按拼音顺序排列。其余汉字定义为二级次常用汉字,按部首排列。因为较少使用的汉字,人们不一定都熟悉它们的读音。

一切汉字处理技术和汉字处理系统的研究必须以 GB2312 为基础标准。应用过程发现,尽管汉字基本集已经可以满足绝大多数的使用要求了,但在某一些应用领域当中,6000 多个汉字还是少了一些,如图书馆业务、户籍管理系统中的人名、地名的表示等。所以又筛选出16 000 多个汉字,分成两个集合,即 GB2312 汉字基本集的第一辅助集和第二辅助集。

2. 输入码

如何在通用的输入设备上进行汉字输入,这是个问题。当然可以依据国标码,用键盘的数字键输入汉字。但要熟记 6000 个汉字的数字编码是个恼人的任务。多年以来,人们一直在研究汉字输入的技术问题。本来,汉字是一种图形符号,基于**模式识别**技术,用光学扫描的方法读入汉字图形信息,再加以识别是合适的。或者直接把汉字语音读入计算机加以识别也是个好方法。这两种技术现在都实现了,但仍然未能推广。目前,键盘依然是不可或缺的通用输入设备。一段时间以来,汉字输入的核心课题是用什么样子的规则把汉字映射到键盘的字符键上去。这就要定义汉字输入码。

最直接的想法是像历史上曾经用过的汉字打字机一样,研制一键一个汉字的专用键盘,以便输入时可以"一触即发"。在已经研制成功的普通字盘、一键多字字盘、笔触式字盘中,由于键盘体积、输入速度等原因,都难以被大家普遍接受。

人们的共识是对汉字进行字符编码,在通用键盘上输入汉字仍是目前最有效的方法。其实,汉字编码和在汉语字典上排列汉字,或者在电报通信中用"四角号码"表示汉字等方面是一脉相承的。数以百计已提出的汉字输入码方案中,两类主流方法是字形码和字音码。

汉字由笔画组成,依据笔画特征可以把汉字划分成 个个较小的集合。这类编码研究按照什么字形属性特征来给汉字分类,而且每个类所包含的字数比较均匀。例如,可以按照汉字的起笔笔形分为横、竖、撇、点、折 5 大类;可以按照起笔和末笔的组合把汉字分成更小的类别;可以按照和偏旁、部首类似的"字根"来分类;可以和使用"四角号码"的词典类似,以汉字的"角形"来分类等。基于上述汉字子集的划分依据,就产生了各种以字形拆分为主的编码方案。

汉字字形复杂,但字音却比较简单,一般多是由声母、韵母组成的单音节。据统计,现代普通话只有大约 400 个音节,连上四声,也就是 1200 多个音的样子。现代人学中文,都是从汉语拼音开始,所以按照字音对汉字编码最容易被人接受。但是汉语数量成千上万,音节又那么少,重音现象就极其严重。例如,如果忽略四声,发"qi"音的常用汉字就超过 221 个。因此,如何解决重音字的输入是各种以字音为主的编码方案考虑的重点。

从 1978 年起,经过 30 多年的"全民测试",在提出的几百种汉字输入法中,最受欢迎的应该是字根代码类和字音代码类的汉字编码方案。

1) 字根码

字根代码的典型代表是"五笔字型"输入法。这种编码方法通过分析,找出了组成汉字字形的两百余个字根,按起始笔画分成 5 大类,每类再分 5 组,把每组字根分配到 25 个英文字母键上。输入法要提出一套规则,把汉字拆分为字根序列。研究表明,按汉字正确的书写顺序,最多取一、二、三和末笔4个字根就可以区分汉字,重码率小于万分之二。这样,只要按1~4个英文字母键就可以输入一个汉字了。

使用"五笔字形"编码,输入汉字速度快,但是拆字根、记住字根的键位都非常麻烦,比较适合专职的文字处理人员使用。

2) 拼音码

根据字音对汉字编码,其实就是把汉字的拼音作为汉字的编码。汉语拼音已经拉丁化,声母、韵母都可以在通用键盘上直接输入,加上大家都是从小学一年级开始学习汉语拼音,容易使用、不必强记是拼音码的一大优势。但问题在于,不表示四声的前提下,要以400个左右的汉语音节来表示几千个汉字,如何输入同音字是使用拼音码的关键问题。如果只是在同音字中再进行挑选,输入速度就会很慢了。同一个音节的汉字少则几十,多则上百。

近年,拼音输入法改进的策略是从字词的上下关联入手,以词、成语、短语为输入单位,命中第一个汉字后,其余字只输入声母。这样就能够尽量减少击键的次数,提高输入速度。比如输入"计算机科学",用全拼的方法,一共要按键13次。现在通常使用的输入法,只需按键6次,"jsjkx"外加一个选择键就可以完成。

其次,输入法还会尽量增加一些"智能"。例如一个不太常用的字会位于同音字表靠后的位置,随着重复的输入,出现的位置不断靠前,命中的时间随之缩短。又如,第一次输入"靠前",系统不知道这个词,只能分别输入"靠""前",一共要按9次键。但多输入一两次后,输入法系统就"学会"了。这时,再按键"kq"就能够命中。

这也是一种"大数据思维",从积累的数据中抽取规律,再提供不断精准的服务。不是把输入简单地和预先确定的静态词库比对,而是记下用户的当前输入,实时更新用户的词库,随后的搜索首先在用户使用过的输入词语集合中进行,命中率就越来越高。

拼音输入法很适合一般用户使用,其典型代表包括紫光拼音输入法、搜狗拼音输入法和微软拼音输入法等。不断改进的拼音输入越来越成为汉字输入的主流方法。

3. 内部码

如何存储用输入码形式输入计算机内的汉字好呢?把输入编码字符串原封不动地存放是不合适的。同一个汉字在不同输入法中有不同编码,但编码长度绝大多数超过2个字节。而且同一种输入法里,不同汉字的编码长度不一定相同。这样就给汉字的存储和处理带来麻烦。因此有必要对已经输入的汉字进行转换,把它变成单一的机内存储形式,这就是汉字的内部码。

虽然汉字内部码没有统一的标准格式,但实际使用形式只有不多的几种。常用的一种内部码格式是:

(1) 一个汉字的内码占据两个字节。

(2) 每个字节中使用标志位来表示这是一个汉字字节还是ASCII码字符字节。汉字的第一个字节的标志位为"1",第二个字节的标志位可以是"1"也可以是"0";而ASCII码字符的字节标志位为"0"。

(3) 汉字的第一个字节中除标志位外的其余7位内容是:汉字的GB2312码区号+32;第二个字节标志位外的其余7位内容是:汉字的GB2312码位号+32(如图5-13所示)。

1	GB 码区号＋32	0 或 1	GB 码位号＋32

图 5-13　一种汉字内部码格式

这种方案实现的前提是系统使用 7 单位 ASCII 码表示字符,每个字符编码用一个字节存储,这样就有一个"空闲"位可以用做汉字或字符的标志位。那么,为什么汉字内码不直接用国标码的区号和位号表示,而要作一个加 32 的变形呢? 也许这是一种以防万一的考虑。区、位号的取值范围是 1～94,加上 32 后,码值在 33～126 之间。这样就避过了 ASCII 码的控制字符区间。万一系统没有汉字处理能力,把汉字内码字节的右 7 位当作字符处理,也只是错为可印出字符,引起混乱的程度也许不那么严重。

4. 输出码

汉字是图形字符,输出时要形成汉字的形状,因此系统要记录汉字字型。一种基本方法是用点阵形成汉字的模样,即汉字**点阵字模**,称为汉字**字形码**。字形码也可用于汉字输入,借助光学扫描、字符识别技术把印刷或者书写的汉字输入计算机。

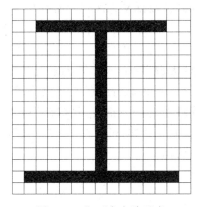

图 5-14　"工"字点阵示意

显然,表示一个汉字的点越多,汉字字形就越精确、越漂亮。目前,已经确定汉字点阵的结构系列是 15×16、24×24、32×32、96×96。系统根据应用领域和输出设备选择适用的点阵字模。图 5-14 表示"工"字的 15×16 点阵。

根据点阵字模,笔画上的点记为"1",不在笔画上的点记为"0"。这样,16×15 个位组成了"工"字的字形码,存储在 32 个字节里。点阵每行的左 8 位存入一个字节,右 7 位存入另一个字节。

全部汉字字形码的集合称为**汉字字库**。把字库存储在存储器,使用时可以直接读出某个汉字的字形码。方法简单、操作方便、响应速度快、点阵规模足够大的时候字形质量好。但是字库容量较大,需要使用不同字体时要有相应的字库,放大输出时字形质量会变差。

另外一种记录字形的方法叫**矢量法**。这是一种把汉字字形信息压缩存储的方法,只存放汉字字形的压缩信息,输出时要还原成为字形。

矢量是指平面上的一段直线。每个汉字的字形可以看成由若干段直线笔画组成,不妨称为实笔画。实笔画可能首尾相接,也可能以其他方式相接或根本不连接。在后一种情况下,可以认为存在一条虚矢量把两条实笔画连接起来。所以每个汉字的字形都可以由一系列首尾相接的矢量组成。其中,表示笔画的是实矢量,表示笔画连接的是虚矢量。

如图 5-15 所示,"工"的字形可以用 6 个首尾相接的矢量来表示。只要认定一个原点,每个直线矢量用 X 方向的位移 Δx 和 Y 方向的位移 Δy 就可以表示,当然还要记录这个矢量代表实笔画还是虚笔画。就

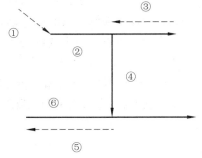

图 5-15　"工"字的矢量表示示意

是说,每个笔画可以表示为一个三元组:

$$(实/虚, \Delta x, \Delta y)$$

这样,一个汉字的字形就可以用若干个三元组表示出来了。

实现时,每个三元组用两个字节存放。这样,"工"字的矢量法字形码只占 12 个字节,而使用 15×16 点阵字模要用 32 个字节,使用 96×96 点阵则需要 1152 个字节,可见矢量法的汉字库空间容量要少得多。而且,输出的字形质量和字体大小无关。但是,输出汉字的时候要依据矢量字形码"还原"汉字的字形。操作不如按汉字点阵输出那样直接简便,但不至于产生什么问题。

5.3.3　汉字处理系统

在计算机实现汉字处理功能的研究大约是从 20 世纪 70 年代起步的。因为计算机系统的软、硬件几乎全部来自国外,早期的汉字处理系统相对独立。如研制能够和较大型计算机连接的汉字终端,实质是台专用的计算机。所有汉字输入、输出的功能都在汉字终端上完成,主机系统不作任何变动。从主机角度来看,汉字数据和其他数据并无区别。所有和汉字处理功能有关的硬件、软件都安装在汉字终端上。研究的关注点之一是汉字的表示和处理方法如何才不会和原有系统发生冲突。

经过这么多年的研究,今天的汉字处理技术已经可以"无缝"地嵌入计算机系统当中。硬件设备、通信设备都支持汉字数据的输入输出、存储、传送。系统软件都扩充了汉字处理功能。操作系统、语言处理软件、文字处理程序、数据库管理系统……都有了"汉化"版本。当然,个别的汉字处理程序依然"游离"在系统外部会更加方便。例如,可以在已经"汉化"的操作系统上再安装一个自己喜欢使用的"搜狗"汉字输入法软件。

习　　题

1. 解释以下字符编码规则:ASCII 码、EBCDIC 码、Unicode 码、BCD 码、条形码。

2. 给出下列 ASCII 码的字符含义:1000011、1010011、1111111、0100000。

3. 给出下列字符的 ASCII 码:F、f、2、空格、回车。

4. 英文大写字母和小写字母的 ASCII 码有什么规律?

5. 采用 BCD 码,两个字节可以表示的最大数是什么?如果直接用二进制数呢?

6. BCD 编码方案浪费了多少个码?

7. 字长为 8 位的字符编码最多可以表示多少个不同字符?

8. 解释汉字编码方案的区位码、输入码、输出码、内部码。

9. 为什么不直接使用区位码充当内部码?

10. 一个汉字要占据多少个字节?

11. 系统如何区分汉字和 ASCII 码字符?

12. 比较汉字字形表示的点阵法和矢量法。

5.4 图像和声音的表示

今天,计算机不仅要处理数和文字形式的数据,还要处理图像、视频和音频等各种不同形式的数据。通常习惯用"多媒体"来描述计算机处理多种形式数据的能力。和前两节讲的数和文字的表示方法一样,图像和声音的计算机内表示也是通过编码规则的定义完成的。但是业界尚未形成统一编码标准,不如数和文字的编码表示那么规范。

5.4.1 图像的表示

图像的表示方法有两大类:**位图**(bit map)和**矢量**(vector)。其实在 5.3 节已经谈及这两种方法。因为输出汉字时,字形是作为图像来处理的。

1. 位图

位图方法把图像看成是点的集合,每个点叫做一个**像素**(pixel)。像汉字这类简单图像,每个像素非黑即白,用 1 或 0 表示就可以了。因此一个汉字的笔画可以用几百个点表示,这就是 5.3 节讲过的汉字字模。对于彩色图像,要记录每个像素的色彩,这就需要更多个位。可见,位图是一幅图像在计算机内部的映像,表现为一个长度惊人的0、1 串。

在计算机设备上,像素的色彩通常根据三原色原理表示。任何颜色都可以由不同浓度的红、绿、蓝(RGB)三种色混合而成。一个实现方案是每种原色的浓度用一个字节来记录,全 0 字节表示色彩里不含有这种原色,全 1 字节表示原色浓度达 100%,中间值表示原色的不同浓度。这样,每个像素的颜色要用 24 个位(三字节)来表示。

【例 5-18】 一个纯红色像素、一个纯黄色像素、一个纯白色像素的 RGB 位表示。

红色是一种原色,而黄色由绿色和红色叠加而成,白色由红色、绿色和蓝色叠加而成。三个像素的表示如表 5-2 所示。

表 5-2　三个像素的表示

颜色	红(R)	绿(G)	蓝(B)	颜色	红(R)	绿(G)	蓝(B)
纯红色	11111111	00000000	00000000	纯白色	11111111	11111111	11111111
纯黄色	11111111	11111111	00000000				

一般来说,每种原色都设 256 级浓度,三种原色搭配起来一共可以表示出 1600 多万(2^{24})种不同颜色。

这种方案面临两个问题。首先,图像的位图容量太大,一张 1024×1024 个像素的图像,其位图需要几兆字节。其次,用位图表示的图像不利于放大。就像数码相机的"数字变焦"一样,放大图像只能扩大像素占据的面积,使图像颗粒变粗,显示质量下降。

解决位图容量大的问题要使用**图像压缩**技术。如 GIF 方法用一个字节表示像素,位图容量可以压缩 2/3。但是颜色种类也随之减少到 256 种,至于具体代表哪种颜色,则映射到所谓的"调色板"上决定。在彩色卡通一类的应用上,使用 GIF 格式图像效果很好。

更复杂的 JPEG 技术可以把每个像素 3 字节格式的位图容量压缩到 1/20。还原时图像质量只会轻微下降,是目前公认的表示彩色相片之类图像的有效标准,被众多图像处理系统接纳。

2. 矢量图

要解决图像放大，但仍能保持显示质量的问题，则要用图像表示的矢量方法。一幅图像不再是像素点的一个集合，而是一组直线和曲线的集合。再借用数学的方法表示这些线条，比如直线的两个端点坐标、圆的圆心坐标和半径等。它们是指示图像设备产生图形的依据，而不是图像的像素模式。显然，矢量方法较适于表示字符、汉字和线条图形，而不适合表示相片、图画一类的图像。

3. 视频

视频（video）是指按时间顺序组织起来的一系列图像，播放时会表现为活动画面。视频中的每幅图像称为**帧**（frame）。只要每秒钟播出帧的数目在 24～30 幅之间，画面上的活动就很自然流畅，电影就是一个例子。因此可以说，视频是一系列相关联图像帧的快速流。

似乎使用图像表示技术就可以表示视频了，但数据量大得不能接受，因此必须采用压缩技术。MPEG 就是最常用的一种视频压缩技术。这种压缩方法基于：用 JPEG 方法对每个帧进行压缩；相邻帧的大部分画面可能是相同的，那么只需要记录前面帧的变化部分。这样，就从空间和时间两个角度对视频进行了压缩。

MPEG 有多个标准版本，MPEG-1 和 MPEG-2 用于 CD 和 DVD 的视频；MPEG-3 是一个声音压缩标准，市场上多称为 MP3；而较新的 MP4 标准仍适用于视频。

5.4.2 声音的表示

声音是种模拟数据，声波的频率和振幅在连续变化。首先要通过像麦克风一类的设备把声音转变为连续变化的电流或者电压。体现了声音高低、音量大小和音色等各种特征的电流变化其实是由一系列不同频率、周期变化的分量叠加而成的。

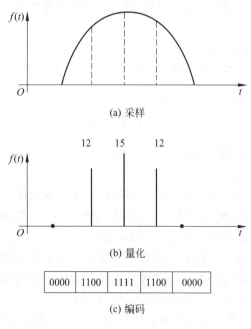

(a) 采样

(b) 量化

(c) 编码

图 5-16　声音数字化示意

在计算机内处理**音频**（audio）数据的基本方法是采样、量化、编码、压缩，如图 5-16 所示。即第 4 章的 4.1.2 节里提过的 PCM 方法，把模拟的声音数据变成离散的声音数字信号。

采样是指按照固定的时间间隔对声电变化曲线的振幅进行测量。为了保证声音还原的音质，采样频率要足够高。在电话线路上传播的声音，每秒采样 8000 次就够了；而记录在 CD 上的音乐，每秒采样要在 4 万次以上，还原时才能得到高保真的音质。

通过采样得到的声音振幅的测量值要量化为整数值，再编码为二进制数。采样的频率越高、编码位数越多，声音的失真程度就越小。通常会用 16 位或者 32 位来对声音振幅的测量值进行编码。可见每秒钟单一的声音数字化后，也要上百万个位来表示。

因此,对声频数据必须进行压缩,技术方法和视频压缩本质上是一样的。

另外一种声音编码系统称为 MIDI,只适合于电子音乐合成的记录表示。MIDI 编码针对的是音色、音高和延续时间,即什么乐器、什么音符、多少时间。所以,MIDI 是对"乐谱"编码,而不是对声音本身编码,这样音乐的编码长度就大大减少了。但使用不同的合成器输出 MIDI 编码时,会得到完全不同的乐声。打个比方,有点像使用矢量法来记录的汉字字形,输出时可以在设备上得到大小不同的字体。

习　　题

1. 比较表示图像的两种方法的优缺点。

2. 设彩色图片每个像素用 3 个字节表示,一幅图片有 1024×1024 个像素,计算需要的存储容量。

3. 如果黑白图像要求有 16 级灰度,那么每个像素要用多少位表示?

4. 图像和视频的关系是什么?

5. 简述声音数据在计算机内表示为二进制数的方法。

6. 设对乐曲的采样频率是每秒 44 100 次,采样值用 32 位表示。计算录制 1 小时音乐需要多少存储容量?

7. 什么是 MIDI?

5.5　高级语言的数据表示手段

在机器内部,一切形式的数据都要以二进制数的编码形式出现。如果程序设计的时候,对涉及数据对象的所有操作都要依据某种编码规则来进行的话,显然是十分麻烦的。因此,高级语言定义一批完全和计算机无关的数据表示概念,以方便对程序涉及的操作对象给出说明、定义和操作。然后,由编译程序把这些数据概念转变成为对应的机器内部表示形式,以及相应的操作方法。尽管不同的高级语言数据定义形式有这样那样的差别,但是都基于完全一致的 5 大表达手段,它们是**常量**、**变量**、**函数**、**表达式**、**数据类型**。

5.5.1　常量和变量

1. 常量

常量(constant)表示程序执行过程中,值不发生改变的数据。显然,常量值是程序设计时要预先决定的,之后在执行时是固定不变的。例如,圆周率总是 3.141 592 6,程序里需要用到这个数据时,就可以用一个常量来表示它。

不要把高级语言常量的概念和数学、物理、化学里经常会出现的常数混为一谈。常量有不同的数据类型,可以有整数类型的常量、实数类型的常量、字符类型的常量和逻辑类型的常量等。不是只有"常数"一种概念。

常量的表示形式是由各种程序设计语言自行确定的,总的说来比较接近自然语言里面的数据形式。例如,整数 +5、-3,实数 3.14、-1.2E-3,单个字符'A',字符串"ABCD"等。

由于输入操作和机内处理需要,常量形式不可以和人们平时习惯的数据形式一模一样。

例如,要输入-1.2×10^{-3},如何区分底数和幂指数? 把常量形式规定为$-1.2E-3$就好办了,字母 E 之前的是尾数,之后的是指数,底 10 就作为默认值来处理。至于字符类的常量,要使用引号做边界符号,比如字符'A'和字符串"ABCD",目的是在程序里区分字符常量和以字符形式出现的其他标识名字。

过多使用常量不是程序设计的好习惯。首先,常量无法表示数据语义。程序里出现一个 20,不知道究竟是代表长度、温度,还是学生年龄? 其次,使用常量表示数据不利于修改程序。程序里用了 100 个圆周率 3.14,现在要增加数据的精度,改为 3.141 592 6,改起来就挺麻烦。

因此,某些语言里会提供常量名定义机制,即可以给常量起个等价的标识名字,如:

```
const int Length=2,Wide=3.5;
```

定义之后,程序里就可以用标识符 Length 代表整型常量 2,用标识符 Wide 代表实型常量 3.5。

程序设计使用常量名而不是常量值有两个好处。名字可以表示常量的数据语义,这样就提高了程序的易读性。程序也好改多了,把长度数值改为 3,只要修改常量名 Length 的定义部分,不必查找整个程序,把原来的数值一一改为新值。

注意,常量名是常量的等价表示,高级语言不会提供操作手段去修改一个常量名的值,只能在编辑程序时人工修改程序里常量名的定义。编译的时候,编译程序把源程序里定义的常量名替换为它们的定义值,再出现在目标程序中。

2. 变量

变量(variable)表示程序执行中,可以按照算法的需要,使用各种各样操作来改变值的数据。要从“**名**”和“**值**”两个不同角度来认识变量的概念。其实是数据固有的基本特征。

1) 变量名

程序里使用的每个变量,都要在使用前定义标识变量的名字。例如定义:

```
int weight;
```

说明了程序准备使用一个整型变量,名字叫做 weight。编译的时候,会给它分配内存空间,从而把 weight 这个名字和一个内存地址相关联。因为变量的数据类型是整型,变量空间要占用两个字节,操作时要按照补码规则来处理存放在这个空间里的二进制数据。

从本质上说,变量定义就是申请数据的存储空间,登记数据的各种存储特性。大多数时候会把变量分配在内存上,但不排除变量也有可能和外存空间相对应。有些语言会以文件变量的形式定义存放在外存设备上的文件数据。无论是哪一种情况,变量名总是数据在变量存储空间上所在地址的抽象。在 C++ 等一类语言中,会提供操作手段来求出分配给变量的地址、利用指针(pointer)机制指定由地址标识的空间里面存放的数据,对其进行有关的操作。

2) 变量值

变量值就是由变量名所指定空间上的存储数据内容。存放的数据内容可以用语言提供的操作语句来改变,最基本的手段就是**赋值**(assign)语句。因此准确地说,所谓变量值应当理解为变量的**当前值**。

定义变量的时候,也可以同时确定变量的初始值。例如:

```
int weight=2;
```

表示定义整型变量 weight 的时候,赋以初值 2。就是指示编译程序,把整数 2 以补码的形式
写入到分配给变量 weight 的、长度为两个字节的内存空间
中去,如图 5-17 所示。

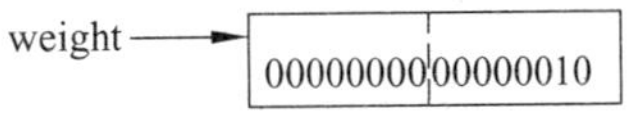

weight ⟶ | 00000000 | 00000010 |

图 5-17　变量的名和值

别把变量定义和常量名定义搞混了。表面的定义形式
可能会有点相似,但两者的含义、处理、操作完全不相同。
常量数据也需要存储空间,常量名也有地址含义,但常量空间里的存储内容是不允许由程序
内部的任何操作加以改变的。

高级语言里,变量是非常基本的数据表示手段。使用变量,使程序具有表示一类数据,
而不是一个数据的能力。例如,程序里要计算圆的面积。使用常量 3.5 来表示圆半径的话,
程序只能计算一个圆的面积。但是用变量 r 来表示半径的话,只要在程序里先设好 r 的值,
就可以计算出不同的圆的面积。

5.5.2　函数和表达式

1. 函数

高级语言的函数(function)是指程序内相对独立的一个程序段。函数内部会定义局部
的数据对象和对数据的操作过程,执行这个函数过程会产生一个结果数据,称之为**函数值**。
从这个角度来看,不妨把函数当成是一种数据,由一个特定的操作过程来决定它的结果值。
应该从定义、调用和参数机构等几个方面认识程序设计语言的函数机制。

1) 函数的定义

函数定义是指在程序里描写函数的组成。大体上由两个部分组成:函数头和函数体。
一般的定义形式形如:

函数值的数据类型　函数名 (形式参数)
　　　　　{ 函数体 }

在函数头里,必须给函数定义一个标识名字;形式参数表示函数操作的一类数据对象;
有的语言还会要求说明函数完成操作过程之后,返回的结果数据应该是什么数据类型的,即
函数值的数据类型。

在函数体里,要说明函数涉及的一些局部数据对象以及函数要执行的过程。函数过程
就是一段程序,由各种操作语句组成,对形式参数和局部数据进行运算,结果得到要返回的
函数值。

【例 5-19】　计算圆面积的函数定义示例。

```
float circle_area(r)
{return (3.14 * r * r)}
```

例中,标识符 circle_area 是函数名,形式参数 r 代表函数要计算面积的那个圆的半径,
计算出来的结果应该是具有浮点数类型(float)的一个圆面积。函数的过程里只安排了一个
操作语句 return,指示对局部数据(常量 3.14 和形式参数 r)进行运算,把计算结果 $3.14r^2$
作为函数值返回程序,然后做其他后续处理。

2）函数的调用

在程序里调用函数的操作，表示启动一个已经定义函数的执行过程，得到一个函数值。一般的调用形式是：

函数名(实在参数)

函数名标识要调用的函数，而实在参数表示被调用函数要处理的实际数据对象。

例如，函数调用 circle_area(3)表示要启动例 5-19 给出的函数过程，计算一个半径为 3 的圆面积；而调用 circle_area(50)则计算半径为 50 的一个圆面积。函数调用同时也代表了函数过程返回的函数值。这个值不可能孤零零地在程序里出现，程序要给出对返回函数值的后续处理动作。

【例 5-20】 调用计算圆面积的函数，并输出结果值。

以 C 语言形式为例的一个程序例子：

```
float circle_area (r)
  {return(3.14 * r * r)}

main()
  {printf("%f",circle_area(3));}
```

该例中，程序由两个函数构成。在名为 main 的函数里，以 circle_area(3)的形式调用程序已经定义的函数 circle_area，计算半径为 3 的圆面积。返回的函数值交给 printf()操作语句处理，完成数据结果的输出动作。注意，形如 circle_area(3)的函数调用形式同时也表示了执行之后的函数值 28.26。这个数据返回到 main 函数中去，成为输出操作 printf()的数据对象，如图 5-18 所示。

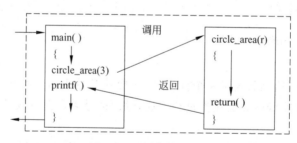

图 5-18　程序执行时函数的调用过程

3）函数的参数机构

除通过函数调用把函数值带回来外，程序有必要进行函数外部和内部之间的数据传递。所谓参数机构，是指通过函数机构定义的**形式参数**和**实在参数**来实现这种传递。形式参数代表程序和函数之间的交互数据，之所以称为"形式"，是因为定义函数时，形参值不确定。而实在参数则出现在函数调用当中，是用来"取代"形参的数据。如何"取代"的具体方法叫"形实结合"规则，由不同的语言各自定义，是参数机构的核心内容。

最基本的一种参数结合方式是函数调用发生时，先把实参值计算出来，再传递给对应的形参；执行函数过程的时候，所有对形参的操作实际上都变成对实参值的操作。但操作结果不反映在实参上，就是说实参的值不会变化。显然，这种参数传递方式使函数具有一种输入数据的机制,但不可能通过它把函数内部的数据结果输出到外部去。这种类型的形参叫做**值参**。

事实上,要输出数据是通过"引用调用"方式来实现的。引用调用时,把实参的存储地址传送给形参,函数里对形参的操作变成对实参的间接操作。在这种方式下,形参既可以充当输入参数,又可以充当输出参数。有时也会把这种形参叫做**变量参**。

在例 5-20 中,函数 circle_area() 的形参 r 是一个只支持单方向传递数据的参数(值参)。定义函数时,r 的值是不确定的,r 只参与圆面积计算过程的表达。在调用这个函数的时候,实参是常量 3,其值传送到形参 r 中去,函数过程里定义的运算 3.14 * r * r,执行时替换为 3.14 * 3 * 3。在函数执行过程中,实参是个常量,它的值显然不可能发生任何改变。

4)函数的分类

可以把高级语言里程序的函数分成两大类:**标准函数**和**自定义函数**。

标准函数由语言系统预先定义,包括函数名、参数类型和格式、函数值类型、函数过程的功能等,可以按规定的格式直接调用。例如,语言系统提供了一个标准函数 INT(x)定义,形参 x 规定是实数,用值参的方式和实参结合,函数返回值是 x 的整数部分。需要时,可以用形如 INT(3.5)这样的形式直接调用这个取整函数,返回的函数值是整数 3。大部分语言提供数百个各式各样的标准函数,给程序设计带来方便。调用标准函数就能完成很多功能,不必再自行编写实现这些功能的程序段了。

自定义函数是编写程序时,由编程人员自行给定的函数。给出函数的完整定义后,才能调用函数。例 5-20 就是自定义函数定义和调用的简单例子。请注意,**"先定义、后使用"**是高级语言函数机制的普遍要求。

5)函数的作用

首先,函数表示了一段计算过程。只要一次定义,就可以多次调用。尤其是参数机构的设立,用形参形式表示传递给函数运算过程的数据,调用时再用实参来替换。如果程序存在重复计算,利用函数机构可以显著减少程序编写工作量和程序长度。

更重要的是,函数是个程序段,是程序的结构单位,是一种**子程序**(sub program),也可以叫做**子例程**(sub-routine)。例如,每一个 C 语言的程序都规定要由一个主函数 main()和若干个自定义的函数来组成。

从概念角度来看,存在着两种不同的子程序:**过程**(procedure)和**函数**(function)。它们的主要差别在于过程是没有结果值返回的程序段,函数是有一个值(函数值)返回的程序段。因此,过程调用是独立的操作,相当于在程序里面"插入"了一段程序;而函数调用则等同于一个数据值,因此必须存在对函数值的后续加工操作。除此之外,两者机构大体相同。所以有一些语言(如 C 和 C++)干脆把过程并入函数,规定函数可以有一个返回值,也可以没有返回值。没有产生函数值的函数,概念上自然就等价于过程了。

2. 表达式

高级语言里所定义的表达式(expression)是指使用规定的运算符来连接常量、变量和函数(调用)而成的一个式子。这里,常量、变量、函数调用都是数据的表示形式,运算符则是对数据进行操作的语言记号。

所以,表达式表示了程序要执行的一个操作过程,其结果是一个数据,即表达式的值。因此不妨和函数一样,可以把表达式看成是经过一个运算过程而得到的一种数据表示手段。

通常会依据所进行的运算类别,把表达式分成几大类。不同的语言提供的表达式种类

差别很大,其中最基本的几种是:

1) 算术表达式

用算术运算符来表示对数据的算术运算求值过程。例如表达式:

$$(-B+SQRT(B*B-4*A*C))/(2*A)$$

表示一元二次方程一个实根的计算过程。表达式里出现常量 4 和 2,变量 A、B、C,函数调用 SQRT(),以及算术运算符+、-、*、/,它是下面一个算术式子的语言表达形式。

$$\frac{-B+\sqrt{B^2-4AC}}{2A}$$

不同的语言中,算术运算符的种类和记号定义会有差别。例如,C++里用"%"表示求除法余数的运算,而 Pascal 里则表示为 mod;C++用"++"、"--"记号表示"增1"和"减1"运算,其他语言却少有这些运算符等。至于用"*"表示"×"、用"/"表示"÷"是普遍的做法,这是因为键盘上没有"×"、"÷"键,而且"×"也容易和"X"搞混。

2) 关系表达式

用关系表达式表示对数据的比较判断,运算的结果是逻辑值"真(true)"或"假(false)",而不可能是其他数据。"真"表示比较关系成立,而"假"表示比较关系不成立。

语言常见的关系运算符有 6 种: =、!=、<=、>=、<、>。分别代表:等于、不等于、小于等于、大于等于、小于、大于。要注意比较关系运算和平时使用这些字眼的区别。例如,平常如果有人说"5 小于 3",你会说"不对,错了"。而关系表达式"5<3"则完全是一个正确的关系表达式,表示对 5 和 3 进行<运算,其运算结果为逻辑值"假"。

关系表达式里出现变量时,结果和变量的当前值有关。比如,对于关系表达式"a>=1",显然无法从形式上判断它的运算结果。要看运算一刻变量 a 的值,a 的值大于或等于 1 时,表达式的结果为"真",否则为"假"。

除了常量和变量外,关系运算符的运算对象还可以是函数或者是表达式。例如:

$$INT(X)>0, \quad n<=m-1, \quad a+b>10$$

都是合法的关系表达式。

3) 逻辑表达式

用逻辑表达式来表示对数据的逻辑关系判断,运算结果是逻辑值"真"或者"假"。参加逻辑运算的数据必须是逻辑量,比如是逻辑类型的变量、常量,关系表达式或逻辑表达式。逻辑量的值只能是"真"或者"假"。

逻辑运算符由语言定义,种类和记号形式视不同语言会有差异。最常见的逻辑运算符包括**非**(not)、**与**(and)、**或**(or)。

逻辑运算规则用**真值表**描述,如图 5-19 所示,其中,A、B 代表逻辑量,t、f 分别代表逻辑值"真"和"假"。真值表列出逻辑量 A 和 B 不同取值的所有组合,以及不同取值时执行所列的各种逻辑运算应该得到的逻辑结果值。

下面是逻辑表达式的一些示例:

```
not(A>1)
```

A 值大于 1 时结果为"假"。和上式等价的关系表达式为 A<=1。

```
(X>0 or Y<1)and z=0
```

A	B	not A	A and B	A or B
t	t	f	t	t
t	f	f	f	t
f	t	t	f	t
f	f	t	f	f

图 5-19　逻辑运算的真值表

"与"运算的优先级比"或"高,因此上式和下面的式子是不等价的,请自行验证。

X>0 or Y<1 and z=0

4)其他种类的表达式

除了上面提到的三种表达式外,语言还会定义其他类型的运算符和表达式。C、C++ 语言的表达式类别尤为丰富,包括赋值表达式、条件表达式、逗号表达式、指针表达式、位运算表达式和强制类型转换表达式等。

使用表达式的两个要点如下:

(1)要注意由语言定义的运算符优先级,运算符优先级决定了表达式的运算执行先后次序。上面提及的三种运算符优先级,从高到低的顺序是算术运算符、关系运算符、逻辑运算符。当然,使用括号可以改变运算的优先顺序。程序设计时,要严格按语言的优先级规定才能写出正确的表达式。例如,C++ 语言的所有运算符被定义到 15 个优先级中,使用时要熟记。

(2)要注意运算符所要求的操作对象的数据类型和运算结果的数据类型。例如 C++ 语言中,算术表达式 3/5 的结果为 0。因为 C++ 规定,除法运算的对象是整型数据时,结果数据也是整数,当得到的商不是整数时,系统会自动地执行取整操作。而表达式 3.0/5.0 的结果才会是 0.6。这时,除数、被除数是实数,所以商也是实数。

5.5.3　数据类型

1. 数据类型概念的内涵

在高级语言的数据表示机制中,**数据类型**(data type)是个核心概念。不要简单地把它理解为"数据的类别",要从下列几个方面去认识数据类型的含义:

(1)一种数据类型决定了一类数据值的一个有限集合。因此,某种类型的数据都有它的取值范围。例如,整型是语言都会有的一种数据类型,整型数据确实是整数,但是"整型"的概念并不等同于数学上的"整数"。因为语言通常会用 16 位的补码来表示一个整型数据,所以整型数据的取值范围是 $-32\,768\sim+32\,767$。超过这个范围的整数是不能用整型数据来表示的。当然,这不意味着不可以用其他数据类型来表示这些绝对值很大的整数。

(2)一种数据类型决定对该类数据的一个合法操作的集合。程序里面对某种类型数据的操作必须符合语言的类型定义。对整型数据进行加、减、乘、除自然很正常,而把两个字符类型的数据加起来,大部分语言会认为是不合法的。但 C++ 的观点是,既然字符在计算机内以二进制数编码形式出现,为什么不能把它们加起来呢? 至于字符的加法有没有意义,由程序员来把握好了。因为大小写英文字母的 ASCII 码值差 32,C++ 语言定义'A'+32 是合法的操作,其结果为'a'.

（3）程序里,每个数据对象属于且只属于一种数据类型。这里说的数据对象包括常量、变量、函数和表达式的值。它们所属的数据类型由显式定义说明,也有个别语言通过数据的书写形式来表示数据所属的类型。

（4）每种运算符,包括函数,都要求规定类型的操作对象,产生规定类型的运算结果。例如,加法运算的一个加数是整型数据,而另一个加数是实型数据是合法的,所得到的"和"规定是个实型数据。

（5）类型确定了该类数据的机内存储方式。语言会规定每一种类型数据的存储方案。例如,用16位补码来表示整型数据,用32位的规格化浮点数格式来表示实型数据,用一个字节来存放一个字符类型的数据,字符串类型的数据存储时要用全0字节来表示字符串的结束等。

在各种高级语言中,数据类型概念的含义是一致的,但是提供的类型种类、每种类型的定义会有差异。在高级语言的发展过程中,像 Pascal、C 这些的语言全面地规范了数据类型的概念,会把它们叫做**强类型程序设计语言**。

下面对数据类型的介绍是比较概括性的,并没有针对某一种语言。提到的数据类型都是最基本、最常用的,可以分为简单类型、结构类型和指针类型三大类。

2. 简单类型

简单类型的数据没有内部结构。程序里,要以整体的、不可分割的方式来使用简单类型的数据。下面是几种典型的简单数据类型:

1）整型

整型(integer)数据的值集是有符号整数集的一个有限子集,比如由 $-32\,768\sim+32\,767$ 这6万多个整数组成。合法的操作集合通常由语言所定义的各种算术运算和关系比较运算组成。有的语言会派生出一些其他种类的整型,比如长整型、短整型和无符号整型等,它们反映了存储整型数据时所分配的字节数和操作时使用的编码规则的变化。

2）实型

实型(real)数据的值集是实数集的一个有限子集,主要的合法操作也是些算术运算。因为实数的机内表示有近似性,对实型数据进行关系运算时要小心。比如,逻辑上看似相等的比较,实际执行的比较结果却可能并不相等。在机器层次上,实型数据都是采用浮点数的规格化格式来存储的。按照所分配的存储空间大小、尾数和阶码的位数比例,语言里会出现诸如单精度浮点数、双精度浮点数这样一些派生的实数类型定义。

超过整型表示范围的整数可以通过实型定义来表示。在强类型语言里,3是整型常量,3.0是实型常量。如前所述,它们的机内表示方式是完全不同的。

3）布尔型

所谓的**布尔型**(Boolean)就是**逻辑类型**。类型的值域最为简单,就由两个逻辑数据值"真"和"假"组成。布尔类型数据能够参加逻辑运算,比如"与""或""非"等。

Pascal、Java 和 VB 等语言都定义了布尔类型。C 和 C++ 比较特别,程序必须使用逻辑数据,但不显式定义逻辑类型。在应该出现逻辑数据的地方,规定用非0的数据值代表逻辑值"真"用0值代表逻辑值"假"。因此整型、实型甚至字符型数据都可以用来表示逻辑值,都可以参加逻辑运算。这样的处理给程序设计带来了灵活性,却有损逻辑类型的规范概念。

4）字符型和字符串型

字符型（character）数据的值域是由语言所定义的字符集合。字符型常量和变量的值是单个字符，而**字符串**（string）型数据的值是若干个字符组成的顺序串。通常对字符类型的操作是些连接、求长度和求子串等专门操作。上面提到，个别语言甚致可以对字符数据进行算术运算。

一些语言的常量表示中，用单引号表示单个字符的边界，用双引号表示字符串的边界，目的是指示系统用不同的方法存放它们。单个字符总是只占一个字节。字符串长短不一，要用一个串结束符来表示存储边界。

【例 5-21】 给出字符常量'A'和字符串常量"A"的机内存储形式。

字母 A 的 ASCII 码是 65，用"空白"字符充当串结束符。

字符'A'需要一个字节的存储空间 01000001；

字符串"A"需要两个字节的存储空间 01000001 00000000（如图 5-20 所示）。

图 5-20　字符串"A"的机内存储形式

3. 结构类型

结构类型的数据由更加基本的成分组成。结构成分一般可以称为数据元素，但是不同的结构类型中，数据元素会有特定的名称。

在语言定义的各种结构类型当中，数组和记录是最重要的两种。它们的数据表达能力很强，在程序设计中有极其广泛的应用。

1）数组

一个**数组**（array）是由数组元素构成的数据序列。一个典型的例子如图 5-21 所示。

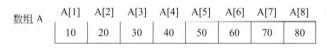

图 5-21　数组结构示意

数组有两个基本的结构特征。

（1）顺序性。数组是由顺序存放的元素组成的，每个数组元素由顺序的下标来标识。

（2）均匀性。一个数组里的所有元素必须具有同一种数据类型。

所以，程序设计的时候会以数组为手段来表示一批同类型而互相顺序关联的数据对象。上面举例的数组 A 由 8 个数组元素顺序组成，由下标 1～8 标识它们在数组里的存储顺序；每个数组元素都是整型数据，数组元素的值从 10 到 80。

使用数组时要分清楚以下几个概念：

（1）数组类型。

不管语言采用怎样的形式，定义一种数组类型的时候，要说明数组结构的两个关键点：由多少个元素组成？元素的数据类型是什么？有的语言定义的是数组元素下标范围，其实等同于定义数组元素的个数。例如数组类型定义：

```
array [1..8] of integer;
```

定义了一种数组结构,数组元素下标范围是整数 1 到 8,就是说数组由 8 个数组元素组成,每一个数组元素的类型都是整型。

（2）数组。

数组是一种结构类型的变量,使用之前要定义数组名和数组的类型。例如:

```
A,B: array [1..8] of integer;
  C: array [0..9] of char;
```

程序里一共定义了三个数组（变量）,数组 A 和 B 的类型相同,都由 8 个整型元素组成。数组 C 具有另外一种类型,由 10 个字符类型的元素组成。实质上,C 是个字符串类型变量,每个数组元素可以存放一个字符,整个 C 数组最多可以存放 10 个字符,包括可能使用的串结束符。

（3）数组元素。

上面定义的数组 A、B 各有 8 个数组元素,记为 A[1] 到 A[8] 和 B[1] 到 B[8]。而数组 C 有 10 个元素,记为 C[0] 到 C[9]。利用对变量赋值的语言手段,就可以给定各数组元素的当前值。

特别重要的是,标识数组元素的下标除了可以用常量表示之外,还可以使用变量表示。例如,A[i]、B[j]、C[k]。当然,表示下标的变量必须在各自数组类型的下标范围里取值。随着变量 i 的值从 1 改变到 8,程序里单一的数据表示记号 A[i] 将依次表示数组元素 A[1] 到 A[8]。这种表示机制十分有利于程序循环结构的设计。

（4）数组元素类型。

一个数组里的所有元素都只能具有同一种数据类型。上例中,数组 A 和 B 的所有元素都是整型变量,而数组 C 的 10 个元素都是字符型变量。在数组类型定义时就同时确定了数组元素应有的数据类型。

（5）（数组元素）下标。

数组元素是由数组名和下标值来指定的。数组元素的下标可以是常量,也可以是变量。下标必须在定义的下标范围内取值,不得越界。大部分语言会对此进行检查,个别语言会把保证下标正确取值的责任留给程序设计者。

注意:"下标变量"这个术语的使用不够统一,有时指用做数组元素下标的变量,有时又指数组元素本身,即带下标的变量。

（6）下标类型。

下标类型定义决定了下标取值范围。上面例子的 1..8、0..9 是 Pascal 语言的定义形式,表示数组元素下标是整数的子界类型,即整数的一个指定子集。这是常见的下标类型定义。原则上,任何一种值有序的数据类型都可用做数组元素下标类型定义。定义形式和语言相关。

C++ 语言的处理更加简单化,数组类型定义时,说明的是数组元素的个数 n,数组元素的下标取值范围固定为 $0 \sim n-1$ 的 n 个整数,不再定义下标类型。例如:

```
int a[10];
```

在 C++ 语言里表示定义一个名字叫 a 的数组,数组有 10 个整型的元素,记为 a[0]～a[9]。

2）记录

记录(record)类型的结构特点是记录由数据项(data item)组成,记录内的数据项并无次序,只能用数据项名字来标识;记录数据项可以具有任意的数据类型。例如:

```
record
    a: integer;
    b: real;
end;
```

上面这个记录类型由 a 和 b 两个数据项组成,a 的数据类型是整型,b 的类型是实型。可以定义变量 R 是具有上述记录类型的一个记录,再用变量赋值手段给定 R 的两个数据项的值,如图 5-22 所示。

图 5-22　记录变量结构示意

记录类型是表示各类客观事物的有力手段。第 1 章里已经说过,计算机科学用事物的一组特征来表示事物,从特征集合中抽取数据属性,构成的数据实体刻画出处理对象本质。在高级语言的范畴里,记录类型是表示数据实体的直接手段。每一种数据属性用具有适当数据类型的一个数据项来表示,数据项集合而成的记录类型就是相应数据实体的刻画,从而代表了程序要处理的事物对象。看看下面一些例子。

【例 5-22】　复数的表示。

复数的两个本质特征就是实部系数和虚部系数,这两个系数都是实数。因此,可以定义一个记录类型 complex 来表示复数这一种数据对象。

```
complex=record
        r: real;
        i: real;
    end;
```

再定义具有 complex 类型的记录(变量)C,表示一个复数需要的存储空间。

```
var c: complex;
```

用赋值语句给定两个数据项的值,即实部系数和虚部系数,从而在程序里表示出复数。

```
c.r:=+3; c.i:=-4;
```

最终结果如图 5-23 所示。

通过例 5-22,请读者仔细区分几个关联的概念:记录类型、记录(变量)、记录数据项、记录数据项的类型。

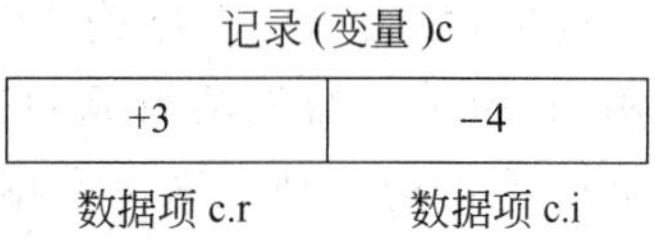

记录(变量)c	
+3	−4
数据项 c.r	数据项 c.i

图 5-23　用记录 c 表示复数 3−4i

【例 5-23】　日期类型的定义。

大多数语言不直接提供日期类型。用整型、字符串型来表示日期数据显然不理想,定义一个记录类型刻画出日期的年、月、日属性是较好的一种选择。

```
date=record
```

```
    year: 2000..2010;
   month: 1..12;
     day: 1..31;
  end;
```

这里，名字叫 date 的记录类型有三个数据项：year、month 和 day，它们的数据类型都是整数的一个子集，表示年、月、日的取值范围。现在程序可以定义类型为 date 的记录变量，用来存放一个具体的日子。

【例 5-24】 设计一个可以存放 50 个学生的数据结构。

假设要处理的学生数据属性为学号、姓名、系。可以用一个记录类型表示学生数据的构造：

```
student=record
      no: integer;
    name: string[20];
    dept: string[10];
  end;
```

一个 student 类型的记录只能用来存放一个学生数据。考虑到数据和处理的相关性，定义一个数组来存放 50 个学生的资料是恰当的。显然，这个数组应该具有 50 个数组元素，每一个数组元素都是一个 student 类型的记录（如图 5-24 所示）。

```
var stu: array [1..50] of student;
```

图 5-24　存放 50 个学生数据的记录数组

记录数组 stu 定义后，程序就可以使用变量赋值的各种手段存入学生数据。整型变量 i 的取值范围 1~50，数组元素 stu[i] 表示第 i 个学生的数据，其学号、姓名、所属系在程序里分别由变量 stu[i].no、stu[i].name 和 stu[i].dept 表示。这个学生姓名的第一个字母由变量 stu[i].name[1] 表示。stu[i] 这个数组元素本身是个记录，stu[i].name 是记录的一个数据项，这个数据项又是个数组，stu[i].name[1] 是这个数组的第一个数组元素。

这里，数组是一个结构类型的变量，包含 50 个数组元素。每一个数组元素又有内部结构，是由三个数据项组成的记录。每个数据项又有自己的数据类型，可以是简单类型，也可以是结构类型。结构类型这种相互嵌套的数据构造，极大地增强了高级语言的数据表达能力。

4. 指针类型

高级语言的变量机制里，变量名的本质是数据存储地址，大多数时候是内存单元地址；而变量值则是由地址指定的存储空间上所存放的数据内容。程序里用变量名来引用数据，就是通过指定地址来直接访问数据。

有时需要使用一种间接地访问数据的方式，把变量 i 的地址存放到另一个变量 p 当中，为了使用存放在 i 的数据要先访问 p，取得存储在 p 内的变量 i 的地址后，再据此转而访问存放在变量 i 中的数据。

把存放变量 i 地址的变量 p 称作**指针变量**。就是说，指针变量存放内容是数据的地址，而不是数据本身。可以形象地形容"指针 p 指向变量 i"，被指针变量"指向"的变量常被称为**指针引用变量**。因为指针引用变量可以有各种不同的数据类型，因此指向它的指针变量也要有不同的指针类型定义。例如有变量定义：

```
p: pointer of integer;
```

变量 p 是指针变量，其类型是"指向整型变量"的指针类型。指针 p 的引用变量的记号形式因语言而异，C++ 和 C 中记为 ＊p，Pascal 中记为 p↑。显然，它是一个整型变量。

【例 5-25】 C++ 语言指针变量使用示例。

```
int i, ＊p;
```

这里定义了两个变量，i 是整型变量，p 是指针变量，类型为指向整型的指针类型；

```
p=&i;
```

求出变量 i 的地址，送入指针变量 p 中；

```
＊p=12;
```

把整型常量 12 送入指针引用变量 ＊p 当中，注意 ＊p 就是整型变量 i，等价操作是：

```
i=12;
```

情况如图 5-25 所示。

请注意区分指针类型、指针变量、指针的引用变量、指针引用变量的数据类型这几个关联概念。

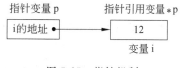

图 5-25　指针机制

一个疑问是，既然定义了变量 i，为何不直接访问它，而要通过指针 p 间接访问它呢？是的，像例 5-25 那样使用指针是完全没有必要的。但是在提供动态变量的语言中，指针机制就绝对是不可或缺的了。所谓的**动态变量**，是指不经过预先定义，而是需要使用时再提出申请动态地建立的变量。既然动态变量没有经过定义，它根本没有变量名字。相对于动态变量，以前所讲的变量就是静态变量了。它需要"先定义，再使用"，而且一旦定义就无法取消。

语言的动态变量机制是程序需要时提出申请，系统分配空间，把分配地址送入一个已经定义的指针变量当中。这样，动态变量就成为指针变量的引用变量，就可以通过指针变量的名字间接地访问动态变量了。后面 5.6 节例 5-28 中有这种用法的示例。

指针的其他用法不过是动态变量机制的"副产品"而已。例如在 C 语言中，除常规方法之外，还可以利用指针来访问数组元素和字符串。

【例 5-26】 C++ 提供的动态变量机制示例。

```
Int ＊p;          //定义指针变量 p,类型是指向整型的指针类型
p=new int ;       //申请建立一个 int 类型的动态变量,系统分配的存储地址送入指针 p
＊p=12;           //把常量 12 送入 p 指针指向的引用变量(动态变量 ＊p)
```

习　题

1. 列举高级语言表示数据的 5 种基本手段。

2. 指出变量名和变量值在计算机内部的对应概念。

3. 习惯给常量命名有什么好处？

4. 分析变量和常量在计算机内存空间存储时的异同。

5. 给一个整型变量赋一个很大的正数值时,可能值会变成负数。分析一下原因。

6. 过程和函数的主要区别在哪里？

7. 函数的调用是否可以作为独立的操作在程序里出现？过程呢？

8. 有人喜欢用动词作为过程的名字,用名词作为函数的名字。你认为有道理吗？

9. 解释形式参数和实在参数的区别与联系。

10. 为什么可以说函数的调用相当于抽象操作？

11. 简述函数机制的三个要点。

12. 查一查函数定义和函数说明的概念区别。

13. 说明下列运算符的运算功能：关系运算符、逻辑运算符、赋值运算符。

14. 写出下列算式的算术表达式：
$$A+B\times C; \quad 2\pi R; \quad -B-C\div 4D; \quad X\div 4\times D$$

15. 写出下列关系表达式的结果：
$$5<3; \quad X=1; \quad I=I+1; \quad j\geqslant 50$$

16. 写出下列逻辑表达式的结果：
$$当 I=10,j=5 时,\quad (I>1)and(j<5)or(I=10)$$

17. 为什么可以认为函数和表达式都是数据的一种表示形式？比较它们的异同。

18. 叙述数据类型概念的内涵。

19. 列举理由说明整型数据和整数是否等价。

20. 能不能说单个字母 A 是长度为 1 的字符串型的数据？为什么？

21. 书的数据属性包括书号、出版社、书名。设计可以表示一本书的数据类型。

22. 在 21 题基础上,定义可以存储 100 本书数据的变量。

23. 举例说明以下概念：数组、数组类型、数组元素、数组元素类型、下标、下标类型。

24. 举例说明以下概念：指针、指针类型、指针引用变量、指针引用变量类型。

5.6　动态数据结构

5.6.1　数据结构的含义

数据结构(data structure)描述了数据元素之间概念性、抽象化的关联构造,是对要处理的现实世界事物对象的本质刻画。研究表明,大千世界客观事物林林总总,可以归纳成有限的几种数据结构。研究清楚它们的性质、表示方法、关联算法,软件开发时就可以用来表示面对的数据对象。这种表示既摆脱了客观数据具体的形式,又不必关心程序设计语言能够提供的数据表达手段,更不必考虑数据在机器内部的存储细节。这就是说,把数据结构作为一种数据表示的抽象工具使用,有利于用户对数据对象的分析,有利于其后在程序设计中对数据表示手段的考虑。

可以把数据结构分成以下两大类。

1. 静态数据结构

这类数据结构的构造模式和规模,一经定义之后就不能改变。结构规模是指数据构造要占据的存储空间大小。静态结构较容易实现,设想结构元素的构造模式,访问结构元素的指称方式,给定结构元素数据赋值的方法就可以了。

高级语言里的数据类型概念就是静态数据结构的直接实现手段。数组类型、记录类型都表示了固定的不同数据构造模式,据此定义的数组和记录所需要的存储空间也是确定的,不能再加以改变的。对数组元素和记录数据项的指称方式,给定了访问它们数据值的方法,都是由语言定义的。

2. 动态数据结构

这类数据结构只保持构造模式的稳定,数据规模可以动态变化。下面讲述的数据结构都是动态数据结构。数据表示方式更抽象,但也更本质。程序设计时要用高级语言提供的数据表示手段重新构造和使用数据结构。

数据结构的数据表示作用如图 5-26 所示。

图 5-26　数据结构在数据表示的层次地位

5.6.2　数据结构的基本概念

1. 数据结构的表示方法

结点(node)是数据结构定义的基本单位。可以说,数据结构是数据结点的集合。结点是数据个体的抽象,内部可以划分出更基本的数据项,用以表示各种数据属性。不妨把结点理解为数据结构里的“数据分子”。

图 5-27 表示一份成绩表,每行是一个学生的数据。显然,每一行是成绩表的一个构成单位,可以抽象为一个数据结点。成绩表就是一个由若干结点所组成的数据结构。每一个数据结点都有内部的数据构造,包含学号、姓名和考分三个数据项。假设报考学生的人数是不确定的,只可以事先确定成绩表的结构,但不能事先确定结点的个数。在生成成绩表时,结点的数目可以不断增加,结构规模不断变大;也可以删除结点,使得结构规模变小。这就是动态数据结构的含义。

为了表示数据结构,除了数据结点的定义之外,另外一个关键问题是结点的**关联模式**(mode),即结点之间保持着一种什么样的联系方式。不难发现,成绩表数据的关联特点是一行学生数据跟着一行学生数据,所以结点之间具有一种线性关联的模式。

显然,现实世界里具有和成绩表类似特征的数据对象不胜枚举,如图书目录、货物清单和职工花名册等。撇开它们的具体数据内涵,可以从中归纳出一类有共同特征的数据结构,称之为线性表,即数据结点的线性序列,如图 5-28 所示。

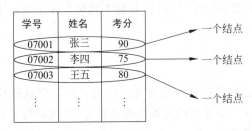

图 5-27　成绩表里的数据结点

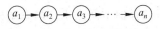

图 5-28　线性表结构示意

所以,只要把线性表的性质、实现方法、相关的操作算法研究清楚,一旦判定现实世界里各种数据对象的线性关联特征之后,就可以用线性表来表示它们。

现在,我们知道动态数据结构的含义和作用了。它们具有固定的构造模式,在一种数据结构里,结点之间的关联模式固定不变;但具有动态变化的结构规模,可以随时在一个结构里插入或删除结点。研究表明,只需要定义三种不同的数据结构就足以刻画现实世界里所有的数据对象。

2. 数据结构的研究角度

可以从以下三个不同的角度来研究数据结构。

1) 逻辑结构

所谓数据的逻辑结构,是指从概念的角度或形式的角度描述的数据结构。描述的核心是结点的内部构造和结点之间的关联形式。一个重要的研究结果是,只要定义三种不同的逻辑结构,就可以表示现实世界中各种各样的数据对象了。

这三种数据结构分别被称为**线性表**(list)、**树**(tree)和**图**(graph)。线性表是结点的线性序列,树是结点的层次结构,图是具有任意关联关系的结点集合。它们的示意表示分别如图 5-28～图 5-30 所示。

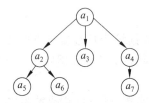

图 5-29　树结构示意

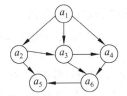

图 5-30　图结构示意

2) 存储结构

概念性的逻辑结构最终要在计算机内映像为存储结构,或者叫物理结构。关注点包括在存储空间上如何安放数据结点,如何体现出结点之间应有的关联方式?

假设线性表数据存储在内存空间上,那么数据结点就分布在地址连续的一批内存单元中。结点之间的顺序关联关系可以由相邻存储表示,也可以使用指针来表示。前一种存储结构称为**邻接表**(contiguous list),结点相邻地分布在地址连续的存储区域上;后一种结构称为**链表**(linked list),结点在空间上任意分布,用指针表示结点之间的顺序关联,组成链式存储结构。

假设图 5-28 所示的线性表有三个数据结点，对应的两种存储结构如图 5-31 所示。

从图 5-31 可见，采用顺序分配的存储结构（邻接表）实现线性表，结点间的顺序逻辑关系是由结点占据相邻的存储位置来表达的；而用链式分配的存储结构（链表）实现线性表，结点的逻辑顺序则由指针来表示。在链表里，数据结点可以随机存放，每个结点除存放数据外，要增加一个指针单元用来存放后继结点的存储地址。此外，还必须指定一个存储单元存放线性表首结点 a_1 的地址，这个单元叫做链表的**头指针**。

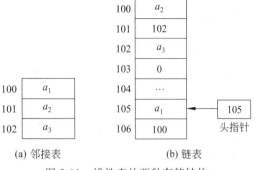

图 5-31　线性表的两种存储结构

3）结构实现

用高级语言进行程序设计时，要用语言能够提供的数据表示手段来实现某种数据结构。因为数据结构的动态性，没有一种程序设计语言能够直接定义线性表、树和图。

【**例 5-27**】　假设线性表三个结点的数据值为 10、20、30，用一个数组来实现线性表。

```
int a[3];
a[0]=10;
a[1]=20;
a[2]=30;
```

利用数组来实现线性表最简单。在任何一种高级语言里，数组都是用一个内存邻接表构造实现的，因此，用数组实现线性表就是选择顺序分配的存储结构。但要强调的是，数组是一种静态数据结构，用来实现线性表时，操作虽然方便，但强行改变了线性表的动态特性。程序要预先定义数组元素个数，这就确定了数据结点数目的上限。

【**例 5-28**】　用链表实现例 5-27 中的线性表。

用记录类型定义结点的内部构造，有一个数据项、一个指针项。

```
struct node
    {int data;
     struct node * next;
    };
```

定义三个记录指针，准备指向链表结点。head 是头指针，p、q 是工作指针。

```
struct node * head, * p, * q;
```

q 指针指向动态建立的第一个结点的存储空间，数据进入结点：

```
q=new struct node;
q->data=10;
```

让头指针指向第一个结点：

```
head=q;
```

建立第二个结点，把它的地址送入第一个结点的指针项当中：

```
p=q;
q=new struct node;
q->data=20;
p->next=q;
```

建立第三个结点,把它的地址送入第二个结点的指针项当中:

```
p=q;
q=new struct node;
q->data=30;
q->next=NULL;
p->next=q;
```

现在建立的链表如图 5-32 所示。

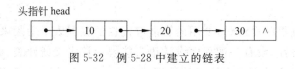

图 5-32　例 5-28 中建立的链表

用链表来实现线性表,存储空间分配灵活,结点插入、删除均方便,但是操作比较麻烦,而且需要存放结点指针的额外空间。

3. 语言实现要点

从例 5-28 可见,利用高级语言提供的语言机制实现一个数据结构的时候,要关注以下三个要点:

1)结点类型定义

因为结点是个"数据分子",有内部数据构造,所以结点类型定义的一种典型方案是采用记录类型来表示数据结点的内部构造。记录里包含的数据项可以分为两大类:存储数据的数据项和存储关联结点地址的指针项。

2)结点空间的获得

因为动态数据结构的规模随着结点的增加、删除在变化,所以获得结点空间的典型方案是使用语言提供的手段,动态申请和归还结点占据的内存空间,如 C 语言的 alloc 函数、C++语言的 new 操作等。

3)数据结构的构造和访问

动态数据结构不可以通过语言定义手段生成,必须通过程序的算法逻辑和操作过程来生成一个数据结构,然后访问结构里的各个数据结点。

数据结构的实现方法是受语言机制制约的。结点类型定义、结点的建立、结构的构造和访问,都必须利用程序设计语言能够提供的手段表示。

【**例 5-29**】 假设一种程序设计语言里没有记录类型,没有指针机构,不支持动态变量。设计一个实现学生数据链表的方案。

用数组作为链表结点的存储空间;因为语言没有记录类型,每个数据项只能分布到不同定义的数组中;结点在数组内随机存放,数组元素的下标充当指针值,标识结点的存储位置。实现情况如图 5-33 所示。

定义了 4 个数组,三个用来存放学号、姓名和考分等数据;一个用来存放指针,指针值是

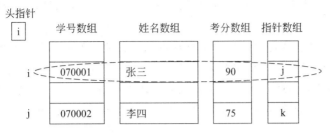

图 5-33　利用数组实现链表

数组元素的下标。从逻辑角度看,下标值相同的 4 个数组元素组成了一个链表结点。当然,结点总数不能超过数组元素个数,还要设计一套分配、管理数组元素的算法。

5.6.3　线性表

1.逻辑结构

从形式上看,线性表(list)是 n 个具有相同内部构造结点组成的有限序列,形如:

$$a_1,a_2,a_3,\cdots,a_n$$

线性表的结构特点是除第一个和最后一个结点之外,每个结点有且仅有一个直接**后继**结点、一个直接**前驱**结点。表头结点只有后继结点,表尾结点只有前驱结点。

线性表是现实世界里一大类事物的本质构造,比如字母表、学生成绩表、货物清单、图书目录和职工花名册等。线性表刻画了相同类型的一批数据对象顺序排列的关联特征。有的时候,会按照某种语义准则来排列数据结点,可以把这样的线性表叫做**逻辑有序的线性表**。例如职工花名册里的数据是按照姓氏笔画顺序来排列的,学生成绩表里的数据是按照考分从高到低的次序来排列的。

2.存储结构

可以使用两种不同的存储结构来实现线性表。

1) 邻接表

把线性表的数据结点存储在地址连续的一组邻接存储单元当中,这样的一种存储结构称为**邻接表**(contiguous list),也可以叫**向量**。方法的本质是用物理上的邻接来实现逻辑上的线性有序。图 5-34 所示是邻接表结构存储的线性表。

07001	张三	90	07002	李四	75	07003	王五	80

图 5-34　用邻接表结构存储的线性表

使用邻接表来实现线性表的好处是方便,操作简单,有利于对结点的随机访问,就是说很容易根据结点的顺序编号找到结点的存储位置。

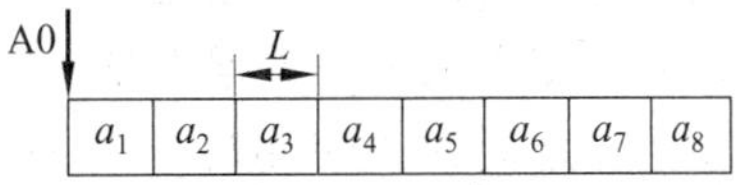

假设有 n 个结点存储在连续的存储空间上(如图 5-35 所示),存储区的首地址是 A0,每个结点要占据空间上的 L 个单元,那么第 i 个结点的开始地址可以用下面的寻址公式计算:

图 5-35　有 8 个结点的邻接表

$$LOC(a_i)=A0+(i-1)*L \quad (1\leqslant i\leqslant n)$$

注意,结点序号从 1 开始编起。如果改为从 0 开始,寻址公式的形式要发生什么样的变化呢?

用邻接表实现动态变化的线性表是有缺点的。首先,结点的插入和删除必然导致不断搬迁已存储的结点,以维持结点顺序关系,这就增加了操作开销。其次,连续存储区要预先分配,结点不断增加导致的最后结果是要把整个线性表重新搬到一个更大的邻接区域上去。即使计算机内有足够的数据存储空间,但不连续,调整起来也非常麻烦。

2)线性链表

在**线性链表**(linked list)结构里,线性表结点的存储位置在空间上任意分布,为了表现结点间的顺序关联关系,用头指针指向第一个结点的存储位置;在 a_i 结点的内部设置指针,存放后继结点 a_{i+1} 的地址;在最后一个结点的指针域存放特别的"空"标志,以示链表结束。这样,链表里一个结点指向另一个结点,好像锁链一环扣着一环,组成整个数据结构。

链表结构的优缺点和邻接表是相反的。在链表插入或删除一个结点只需要修改指针,不必搬动结点,所以存储空间的分配比较灵活。除非计算机存储空间全部用完,否则新插入结点的存储位置可以任意安排。这样,链表就可以完全保证线性表应有的动态性。但是,在链表里无法支持对指定结点的随机访问,只能支持顺序的访问。依靠头指针,从表头结点开始,一个结点一个结点顺序地访问下去,直到到达表尾结点为止。

把一个新结点插入链表当中的操作过程如图 5-36 所示。

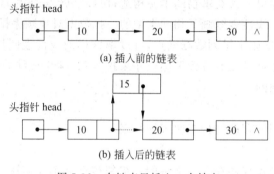

图 5-36   在链表里插入一个结点

3. 几种常用的特殊线性表

为了满足特定应用的数据表示需要,在线性表一般定义之外,会添加额外的约束条件,产生几种特殊的线性表。它们都有极其广泛的应用。

1)数组

给线性表添加额外约束:预先确定数据结点的最大数目,定义之后不能再加以改变。满足条件的线性表称为**数组**(array)。显然,数组已经退化为静态数据结构。每种高级语言都把数组定义为一种数据类型。在数组里,结点改称为数组元素,用有序的数组元素下标来体现结点之间的顺序关系。

因为应用有必要通过指定下标来实现对数组元素的随机访问,数组的存储结构一定是邻接表。需要时,也可以对数组元素进行顺序访问。前面讲过,用 a[i] 形式标记数组元素,逐步改变变量 i 的值,就可以实现对数组元素的依次访问。

假定现在要保存一个学生 5 门课程的成绩,定义一个有 5 个元素的 m 数组就可以了。

5 个分数分别存入 m[1]~m[5]当中。因为每个数组元素只需要一个下标来标识,这样的数组叫做**一维数组**。

如果要保存 50 个学生的 5 门课成绩,最直接的做法是定义一个**二维数组**。可以想象这个二维数组里有 50"行"数据,每行有 5"列"。每一行是一个学生的 5 个成绩,而每一列则是某一门课 50 个学生得到的分数。这个二维数组的定义是:

Sm: array [1..50,1..5] of 0..100;

注意,现在要使用两个下标指称每个分数。数组元素 Sm[i, j]里存放的是第 i 个学生的第 j 门课的成绩。二维数组的存储结构还是邻接表。情况如图 5-37 所示。

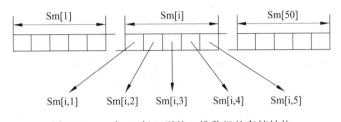

图 5-37 一个 50 行 5 列的二维数组的存储结构

和一维数组相仿,不难得到上面这个二维数组元素的寻址公式:

$$LOC(Sm[i, j]) = A0 + (i-1) * 5 * L + (j-1) * L$$

式中,"行"下标 i 的值为 1~50,"列"下标 j 的值为 1~5;A0 仍然表示邻接表存储区的首地址;L 是每个数组元素占据的存储单元数。

一共有 250 个考试分数分成 50 行 5 列存放在二维数组 Sm 中,容易使我们想起矩阵。注意,矩阵是个数学概念,而二维数组是数据结构的概念,两者根本不能等同。只是在程序设计的时候,使用二维数组来实现矩阵最为直接。一个矩阵元素对应着一个二维数组元素,矩阵元素的行号和列号可以不加变换地直接用做数组元素的行下标和列下标。

愿意的话,也可以用一维数组存放矩阵。假定使用一个有 250 个元素的一维数组存放上述 50 个学生成绩,先按行序存放,同一行元素按列序存放。设一维数组元素的下标为 k,k 与矩阵元素的行号 i 和列号 j 的转换关系为:

$$k = (i-1) * 5 + j \quad (1 \leqslant i \leqslant 50, 1 \leqslant j \leqslant 5)$$

因为第 i 行、第 j 位的元素前面有 i-1 行,共(i-1) * 5 个元素,在本行上是第 j 个元素,所以在一维序列中从头算起,就是第(i-1) * 5+j 个元素。不难验证,元素(1,1)在序列的第一个位置上,元素(2,1)在第 6 位,元素(50,5)在最末的第 250 位。

2)栈

对线性表施加一种操作约束,固定地在线性表的同一端执行插入和删除结点的操作。满足这种操作约束的线性表称为**栈**(stack),也可以译成**堆栈**。想想放在桌子上的一叠书,规定只能从最上面拿走一本书,或者把一本书放在这叠书的最上面,这就构成存放书的一个"栈"。执行插入和删除结点操作的一端叫做**栈顶**,另一端叫**栈底**。从栈顶删除一个结点的操作叫**出栈**(pop),把一个结点加入栈顶,使它成为新的栈顶结点的操作叫**进栈**(push)。

由于只能在栈顶执行进栈、出栈操作,因此数据结点在栈内的操作顺序是"后进先出(last-in first-out,LIFO)"的。

再看"书栈"的例子,第一本书只能放在桌子上面,然后一本一本地放上去,不允许从中间插入,也不允许从中间抽出。所以首先被拿走的一定是最后放在书叠最上面的那本,最后被拿走的一定是最早放在桌面上的那本。

利用这种后进先出、先进后出的操作特点,采用栈来存放那些"先产生、后使用;后产生、先使用"的数据是最合适不过的了。

【例 5-30】 设等待入栈的数据是 a、b、c、d,依次执行以下操作:push、push、pop、push、pop、push、pop、pop,列出数据输出序列。

从图 5-38 可见,数据输出序列为 b、c、d、a。注意,执行出栈操作并不需要把栈顶结点从栈空间"搬走",只涉及栈顶指针的改变,因为入栈、出栈的操作都只和栈顶指针的当前位置关联。

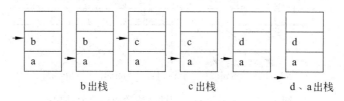

图 5-38　入栈、出栈操作

【例 5-31】 算术表达式运算栈的使用。

高级语言程序被编译时,首先会生成中间语言,再生成目标程序。例如,算术表达式会先转变为逆波兰式,然后再据此生成计算过程。这样有利于处理算术运算的正确先后次序。计算逆波兰式要借助一个运算栈。算法过程是:反复扫描逆波兰式;遇到运算数把它入栈;遇到操作符,执行两次出栈操作;对出栈的两个运算数进行操作符指定运算动作,然后再把运算结果重新入栈;直到逆波兰式的所有符号处理完毕为止。

例如,一个算术表达式是:

$$a+b*c/d;$$

对应的逆波兰式是:

$$abc*d/+;$$

图 5-39 表示了这个逆波兰式的计算过程,注意栈顶的变化。

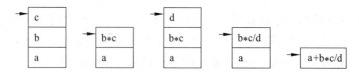

图 5-39　利用运算栈计算逆波兰式的结果值

可以用邻接表或链表来实现一个栈。在高级语言里,用数组直接表示栈是个可以优先考虑的选择,出入栈的操作会显得很简单。但是要小心定义数组规模,数组元素数目太少,入栈时会发生溢出;太多,又会浪费存储空间。在应用中,栈的规模一直在动态变化,也许要准确估计栈的最大容量可能是个困难的任务。因此,往往会采用链表来实现栈。

不管是用数组还是链表实现栈,结点入栈、出栈都在栈顶一端进行,栈顶位置是浮动的,所以,一定需要用一个**栈顶指针**(stack pointer)指示栈顶位置。链表的头指针就可以充当链式栈的栈顶指针。而用数组表示栈空间时,要单设一个变量充当栈顶指针,存放栈顶结点在数组里的下标值。

入栈的基本动作是调整栈顶指针指向栈顶结点以外的新空间,按这个地址插入结点。出栈的基本动作是访问栈顶指针指向的结点,移动栈顶指针指向栈内的下一个结点,使它成为新的栈顶结点。

【例 5-32】 结点进栈和结点出栈的操作。

假设用数组 S 来作为栈空间,S 有 100 个数组元素,下标从 1 到 100;每个数组元素可以存放一个结点;栈顶指针 top 的初值为 0。

一个结点进栈的动作可以用伪代码描述为:

```
如果 top==100(栈满了);
    否则
        top=top+1;
        S[top]=入栈结点;
```

一个结点出栈的动作可以描述为:

```
如果 top==0(栈空了);
    否则
        访问 S[top];
        top=top-1;
```

3) 队

对线性表施加一种操作约束:在线性表固定的一端执行插入结点操作,在另一端执行删除结点的操作。满足这种操作约束的特殊线性表称之为队(queue),也可以翻译为队列。在食堂窗口外等候买饭的学生,理想状态下就构成一个队。执行插入结点操作的一端叫**队尾**,执行删除结点操作的一端叫**队首**。从队首删除一个结点的操作叫**出队**,把一个结点插入队尾的操作叫**进队**。

显然,在这种操作约束之下,先进入队列的结点会先从队中被删除掉,因此数据结点在队内是"先进先出(first-in first-out,FIFO)"的。利用这种操作特点,用队来存储"先产生、先使用;后产生、后使用"的数据是最合适的。

和栈的实现相仿,可以用数组也可以用链表来实现队的存储结构。因为要在队首删除结点、在队尾插入结点,所以需要分别设置**队首指针**和**队尾指针**记录首尾位置。基本的队列操作是结点入队和结点出队。当队内一个结点都没有时,首指针、尾指针指向同一个存储位置。结点入队时,存入尾指针指向的位置,再把尾指针移向下一个空位置。结点出队时,首先访问首指针指向的结点,再把首指针指向下一个结点。如果两个指针再次重叠,则队列出空。

图 5-40 表示了上述的入队、出队操作。先是 a、b、c 三个结点依次入队,然后 a 出队、d 入队,最后 b 出队、e 入队。这种处理方式带来一个所谓"假溢出"的问题。随着结点出队和入队,队列在存储区上移动。当队尾到达存储区末端,再次执行入队操作时,尾指针就会移出存储区。但是,存储区首端可能还有空位置呢。解决问题的一个方法是循环队算法。把存储区看成是首尾相接的"环形"空间,当首、尾指针要移出存储区时,就把它们重新指向

存储区的起点位置。

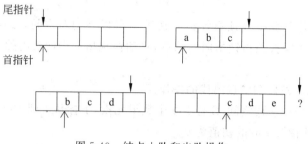

图 5-40　结点入队和出队操作

4）串

我们知道,字符是文字数据的基本单位。如果把汉字也看成是一种特别字符的话,那么一篇文章、一个程序、一张课程表等文字数据都是一个字符串(string)。

数据结点是字符序列的线性表称为**串**。可见,由 n 个字符组成的有限序列就是一个串,一般称为**字符串**。字符数目 n 叫串的长度。一个字符也没有的串叫**空串**,空串的长度为 0。一个串里面的若干个连续字符称为**子串**。和其他线性表一样,可以用数组或者链表来实现一个串。

【例 5-33】　用字符数组来实现一个串。

```
Char s[10];
    s[0]='a';
    s[1]='b';
    s[2]='c';
    s[3]='\0';
```

这里定义了一个有 10 个元素的数组 s,数组元素的数据类型是字符类型。因此,每个数组元素可以存放一个字符。注意,用三个数组元素存放完字符串"abc"之后,必须安排一个"全零字符"作为字符串的结束标记。实际上,s 数组只提供了最多可以存放 9 个字符的一个存储空间。对一个串进行各种操作的时候,必须依靠串结束符来判断字符串的边界。串结束符本身也需要占据一个数组元素位置。"abc"这个串的长度为 3,存储时一共要占据 4 个数组元素的空间。

如果用链表来实现串的存储结构,要考虑存储密度的选择,即一个链表结点里打算存放多少个字符？极端的话,每个结点里只放一个字符,还要额外安排指针空间,这样存储密度就很小了。因此有必要在串的存储密度和操作方便之间寻找一个平衡点。

对串的操作也可以将串的整体作为对象。除了生成一个串之外,对串的其他操作包括测定串的长度、复制一个串、比较两个串、连接两个串以及对子串的操作等。应用会在一个串中进行对子串的各种操作,如查找、截取、插入、删除和替换一个子串等。

5）广义表

广义表(lists)是表结点又是一个表的线性表,可以表达更复杂的嵌套数据结构。

图 5-41 总结了上述 5 种特殊的线性表逻辑结构和物理结构的对应。

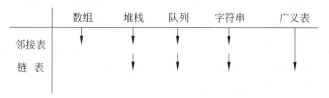

图 5-41　线性表的结构对应

5.6.4　树和二叉树

1. 树的逻辑结构

现实世界里,不是所有的数据对象都能够用线性表来刻画的。非常多的数据集合不是顺序的构造关系,它们内部是按一种分等级层次的方式来组织的。

比如家族数据组织。家谱上总会记载一位老祖宗,下面是他的若干个子女,每个子女又有若干个子女,千秋万代开枝散叶,繁衍成一棵"家族树"。

比如大公司的组织结构。老总下面管着几个副总经理,每个副总经理按业务领域各自领导一批地区经理,每一个地区经理管理着手下的部门经理,每个部门经理指挥他的员工,构成公司人事机构的"树状"组织结构。

又比如,磁盘上成千上万个文件存放在"目录树"里。先设立一个"根"目录,里面有文件和若干个下一级的文件子目录,每个子目录里除了存放文件之外,又可以建立再下一级的子目录。

从上面的例子可以看到,这类数据除了分等级、分层次地组织之外,还要满足一个条件:每个上层结点可以关联着若干个下一层的结点,但是每个下层结点只能和一个上一层结点相关联。

撇开数据的具体含义,可以把树定义为:一种由 n 个结点组成的非线性数据结构,其中有且只有一个指定结点称为**根**(root),余下的结点分为 m 个不相交的集合,每个结点集合又是一棵树,称为根的**子树**(subtree)。

图 5-42 表示一棵有 8 个结点的树。结点 A 是根,余下的 7 个结点分成三个互不相交的子集;每个子集本身又是一棵树,是根结点 A 的子树;B、C、D 分别是三棵子树的根结点。当然,每棵子树里又可以有它的子树,直到某一层子树只有根结点和空子树为止。像树这种类型的结构叫做**递归结构**。简单地说,就是"树里有树",利用树来定义树。

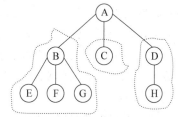

图 5-42　树结构示例

不妨更直观地认识树结构:只存在一个根结点,根结点可以有若干个**小孩**结点(child);每个小孩又可以有它的小孩;没有小孩的结点叫做**叶子**结点;一个结点是它所有小孩结点的**双亲**(parent),一个结点的所有小孩都是**兄弟**(sibling),但兄弟之间不存在直接联系。因此除了根之外,每个树结点有且只有一个双亲结点。根结点可以有小孩,但不会有双亲。

2. 二叉树

在树结构里,每个结点的小孩结点数目是不确定的,为 0～n 个,这就给树的存储实现和应用带来一些麻烦。因此,叫做二叉树的另外一种树型数据结构得到更广泛的应用。

1) 二叉树的逻辑结构

在一棵二叉树里,每个结点可以有 0 棵、1 棵、最多 2 棵子树。但这些子树是有次序的,习惯很形象地称之为**左子树**和**右子树**。二叉树和树一样,属于树型的数据结构,但是二叉树绝对不是树的特例,因为树的子树是不分次序的。

图 5-43 表示两个树型结构。如果它们代表树,是完全相同的两棵树,根结点 A 有两个小孩 B 和 C。如果它们代表的是二叉树,那么是完全不相同的两棵二叉树。在左边那棵树里,B 是 A 的左小孩;在另一棵树里,B 是 A 的右小孩。

2) 二叉树的存储结构

对于某些特殊的二叉树,可以使用邻接表来存放树结点,因为由结点之间的序号关系就可以反映双亲与小孩的关联关系。**一棵满二叉树**(如图 5-44 所示)可以存放在一个数组里,情况如图 5-45 所示。

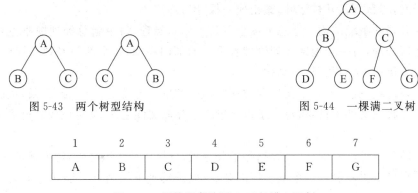

图 5-43　两个树型结构　　　　　　图 5-44　一棵满二叉树

1	2	3	4	5	6	7
A	B	C	D	E	F	G

图 5-45　用数组存放图 5-44 的满二叉树

把二叉树存放在数组里,如何能够表示结点之间双亲与子女的关联呢?注意这个规律:按自左到右、自上而下的顺序给二叉树结点编号;结点 i 的左小孩编号必然是 2i,而右小孩编号必然是 2i+1;结点 i 的双亲编号是 i/2 的整数值。可以把结点编号直接设为数组元素的下标,这样对二叉树结点的操作就容易转为对数组元素的操作了。

设上面数组名为 T,访问根结点就是访问 T[1],访问根的右小孩 C 就是对 T[3]操作,要访问 C 的左、右小孩,就是使用 T[6]和 T[7]。E 结点存放在 T[5]当中,它的双亲结点是 T[2]里的 B 结点。

但是用数组来存储一般的二叉树并不合适,通常会用**非线性链表**作为二叉树存储结构。每个链表结点包含三个组成部分:数据、左小孩指针和右小孩指针。这样,就可以表示结点在二叉树中的位置了。然后要设立一个根指针,指向根结点存储位置。对二叉树任何一个结点的操作,都要依靠根指针的指引,从访问根结点开始。图 5-44 所示的二叉树,其链表存储结构如图 5-46 所示。

3. 二叉树的应用示例

1) 二叉树的遍历

遍历一棵二叉树,就是按照规定的三种顺序依次访问二叉树的所有结点。三种规定的顺序是:

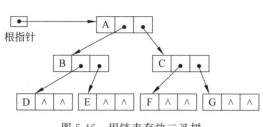

图 5-46 用链表存放二叉树

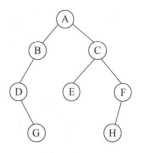

图 5-47 一棵二叉树

（1）前序。先访问根，再访问根的左子树，最后访问根的右子树。

（2）中序。先访问根的左子树，再访问根，最后访问根的右子树。

（3）后序。先访问根的左子树，再访问根的右子树，最后访问根。

注意：对遍历的描述是个递归过程。问题的复杂性在于对左子树的访问过程中，又要涉及子树的根结点，它的左子树和右子树；对右子树的访问也是如此。一层一层都要遵照规定的顺序。

【例 5-34】 写出遍历图 5-47 给出的二叉树的结点访问顺序。

前序遍历顺序：A-B-D-G-C-E-F-H

中序遍历顺序：D-G-B-A-E-C-H-F

后序遍历顺序：G-D-B-E-H-F-C-A

2）二叉排序树

一棵**二叉排序树**要有下列特征：左子树所有结点的值都小于根的值；右子树所有结点的值都大于根的值；左、右子树也是二叉排序树。有意思的是，构造一棵二叉排序树的过程，就是把一批杂乱无章的数据整理成升序序列的过程。

【例 5-35】 对 45、12、53、3、35、99、48、55、46 进行排序，得到升序序列。

图 5-48 是对数列构造一棵二叉排序树的过程。

用中序遍历构造好的二叉排序树，即可得到这些数的升序序列：

$$3—12—35—45—46—48—53—55—99$$

5.6.5 图

1. 图的逻辑结构

从形式的角度，可以把图（graph）描述为由顶点集合和边集合组成的数据结构。顶点是图结点的习惯名称，边表示某两个顶点之间存在的一种关联关系。最容易使我们联想到图概念的事例是地图。地图上的城镇就是顶点，两个城镇之间的道路就是顶点之间的一条边。

有时，边代表顶点之间一种双向对称关系，这样的图叫**无向图**；相反，边也可以用来代表不对称的关联，这样的图叫**有向图**。不妨把图 5-49 里左边的一个无向图理解为 4 个城镇之间的道路网；右边的有向图理解为教学计划里 4 门课程之间的先修关系。

2. 图的存储结构

可以用矩阵的形式来表示图的存储结构，然后采用二维数组或者其他手段来实现矩阵。这种矩阵称为**邻接矩阵**，如顶点 i 和顶点 j 之间有条边，则矩阵元素 A_{ij} 置为 1，否则置为 0。

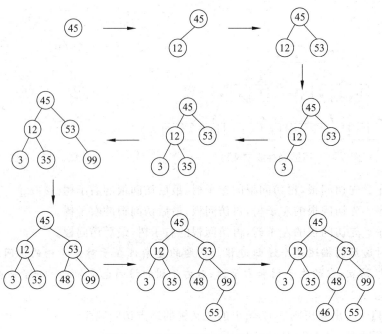

图 5-48　构造二叉排序树的过程

在无向图里,顶点 i 到顶点 j 的一条边同时必然是顶点 j 到顶点 i 的一条边。因此无向图的邻接矩阵会是一个对称矩阵,实现的时候应该关注这个特点。图 5-50 给出图 5-49 里两个图的邻接矩阵形式。

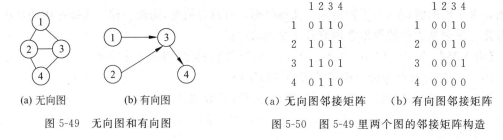

图 5-49　无向图和有向图　　　　图 5-50　图 5-49 里两个图的邻接矩阵构造

还可以使用**邻接链表**来实现图。把一个顶点通过边能够直接到达的所有顶点记录在一个链表中,然后把每一个链表的头指针存放在一个邻接表的构造当中。情况如图 5-51 所示。

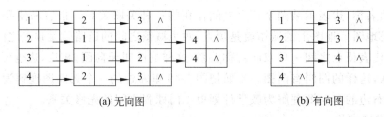

(a) 无向图　　　　　　　　　　(b) 有向图

图 5-51　图 5-49 里两个图的邻接链表构造

3. 图的应用示例

下面以**拓扑排序**问题作为图应用的一个例子。图 5-49 里右边的有向图表示课程之间的先修关系。必须修了课程 1 和 2 后才能修读课程 3，最后才能修读课程 4。假设需要安排一个课程表，课程开设的先后次序必须符合先修条件。在上例的简单情况里，不难看出课程开设顺序应该是 1、2、3、4 或者 2、1、3、4。可见，满足预定条件的序列并不唯一，这就是所谓的拓扑有序序列。

通常可以用这样的一种有向图来表示一个流程图，可以是课程开设的流程、施工过程的流程、产品生产的流程和数据加工的流程等。有向图里面的每个顶点表示活动，每一条边表示两个活动的先后次序关系。从有向图导出的拓扑有序序列，表示所有的活动应该遵循的安排顺序。

执行拓扑排序的算法并不复杂，主要的两个操作是：

（1）在有向图中选择一个没有到达边的顶点；

（2）从图中删除这个顶点，以及所有从这个顶点出发的边。

反复进行这两个操作，直到全部结点被删掉为止。顶点的删除序列就是顶点的拓扑有序序列。按照上述算法的思路，试试怎样由图 5-49(b)所示的有向图得到一个顶点的拓扑有序序列。

习　题

1. 讨论定义数据结构这种数据抽象组织的意义。

2. 两类数据结构的构造和规模有何不同？数组是静态结构还是动态结构？为什么？

3. 解释数据结构的以下概念：逻辑结构、存储结构、结构的语言实现。

4. 动态数据结构的三种逻辑结构叫什么名字？

5. 举出现实世界数据对象例子，分别具有下列数据结构：线性表、栈、队、树、图。

6. 说明线性表和链表的概念差别。

7. 比较邻接表和链表的优缺点。

8. 假设字母 A、C、D、E 顺序地存储在一个数组当中，要插入 B 而且保持字母顺序，要做些什么操作？

9. 图 5-52 表示在连续的存储空间上构造的一个链表。0 单元是首指针。每两个单元是一个结点，分别存放字母数据和指针。填入指针项的地址值，以完成按字母顺序存放的一个链表。

图 5-52　链表

10. 怎样表示一个链表是个空表？

11. 给出邻接表结点 a_i 的寻址公式。假设表的存储首地址是 A0，表结点的序号范围分别是：(1) $1 \sim n$；(2) $0 \sim n-1$。

12. 设计一个 2 行 3 列矩阵的存储结构,给出矩阵元素 a_{ij} 的寻址公式。

13. 对数据序列 A、B、C 依次进行操作:进栈、进栈、出栈、进栈、出栈、出栈。写出数据输出顺序。

14. 用数组实现栈和队会带来什么局限?如何判定它们是空的栈和空的队?

15. 假设一棵树有 A、B、C、D 这 4 个结点。A 和 B 是兄弟、D 的双亲是 B,画出这棵树。

16. 前序遍历一棵二叉树的顺序是 A—B—C,中序遍历的顺序是 A—C—B,画出这棵二叉树。

17. 构造一棵二叉排序树,存储 A、B、C、D、E、F、G、H、I,要求有最好的字母查找效率。

18. 设计一个树结构,每个结点是英文字母。说明可以用这样的一棵“字母树”对英语单词进行拼写检查。

5.7　外存数据组织

到目前为止,本章讨论的不同层次的数据表示方法既适合于驻留在内存的数据,也适合于驻留在外存上的数据。

我们知道,内存、外存数据具有完全相同的机器层编码基本形式。有些高级语言会特别定义文件数据类型和文件变量,专门用来表示外存的数据集合及其结构。而动态数据结构,不管是线性表、树、图都是对数据本质关联的描述,并不涉及它们是内存数据还是外存数据。

但是,像磁盘、磁带和光盘等外存设备毕竟具有和内存储器不尽相同的设备属性,因此,外存数据和内存数据的组织方法会存在区别。实际应用的外存数据组织只有两种:**文件**(file)和**数据库**(database)。

5.7.1　文件

在现代的计算机系统里,操作系统对外存数据进行组织和管理是以文件为基本单位的。文件内部有数据构造,但是文件之间不存在任何结构上的联系。就是说,对操作系统而言,文件是外存数据组织的最大单位。

文件应该保存在外存设备上。有时为了统一管理动作,会把使用键盘输入的数据或者在显示器、打印机上输出的数据也纳入文件操作和管理的范围。极个别情况下,甚至会出现“内存文件”的说法。

1. 文件的逻辑构造

文件的逻辑结构是指文件在用户界面上呈现的形式。它决定用户用什么方式表示文件数据和操作文件数据。总体上说,文件有两种不同的组织形式。

1) 流式文件

顾名思义,**流式文件**(stream file)是外存上的数据流,是一个以字节为单位的、连续的外存数据序列。至于文件内部数据的逻辑格式、数据的字节边界都由处理程序自行解释。可见,流式文件是一种结构极为简单的文件。除了直接用来存储数据外,还可以以流式文件为基础,构造组织更复杂、使用更方便的文件机构。C、C++ 语言都提供了流式文件。

字符流文件是流式文件的一个特例,是应用广泛的一种存储文字数据手段。在字符流文件里,每个字节存放一个字符的编码,整个文件就是一个字符串。这种文件称为**文本文件**

(text file)。一本书、一个高级语言的源程序都以文本文件的形式存放在外存上。

2) 记录式文件

记录式文件(record file)的内部构造是：一个文件由若干个**记录**(record)组成,记录是文件访问的基本单位;记录又由若干个**数据项**(data item)组成,数据项是不可以再加分割的最小结构单位。

准确地说,记录有**记录型**(data type)和**记录值**(data occurrence)两个不同的关联概念。

例如,要把一批学生的数据保存在一个文件里。先定义学生记录的记录型,如由学号、姓名、系和班级 4 个数据项组成。每一个学生的数据构成一个学生记录值,例如:

(0001、张三、软件系、07 级)、(0002、李四、软件系、07 级)、…

存放在外存上的所有学生记录值的集合,构成一个名为"学生"的文件。

记录的**关键字**是取值唯一的数据项或数据项集合。显然,关键字是每个记录值的标识。在上面例子里,学号明显是一个关键字。因为在一个学校里,每个学生的学号不可能相同。因此,每个学生记录值都可以由学号来区分。

因为通过记录型的定义很容易表达数据的逻辑构造和含义,文件的操作以每个记录值为基本单位,数据项是具有应用意义的最小访问对象。由于上述原因,记录式文件的应用要比流式文件方便得多。大多数高级语言都会提供记录式文件机构。

2. 文件的物理构造

文件的物理结构是指数据在外存设备上的存储组织方式。基本结构单位是物理记录,也叫物理**块**(block)。文件操作要涉及数据在外、内存之间的传送,操作系统是以物理块为单位完成对文件的一次读、写操作的。一个块的规模相对固定,包含若干个字节的数据,例如1～4KB。若干个逻辑记录可以存放在一个块里面,当然也会出现要用多个块来存放一个逻辑记录的情况。

文件会有各种不同的物理构造,共同关注点是如何适应不同的访问要求,如何提高存储空间的利用效率和操作的时间效率。主要的文件物理结构方式包括以下一些方式。

1) 邻接

这种结构里,物理块在外设上的存储位置是相邻的,因此文件占据一片连续存储空间。对磁带一类的顺序存取设备,邻接结构是磁带文件唯一选择,是线性表的邻接表存储结构在文件上的体现。

2) 链接

在磁盘一类的随机存取设备上,物理块的存储位置可以在空间上任意分布,相互之间的关联关系由块指针来表示。显然这是链表存储结构在文件上的体现。从空间管理角度看,链接构造比邻接构造要来得灵活,但访问的时间效率会差一些,因为关联的两个块有可能分布在距离非常远的不同磁盘圆柱上。

3) 索引

文件的索引构造是在文件里额外增加一个索引表,登记文件记录所在的物理块地址。索引就像书的目录,是章节和它所在的书页页码的一张对照表。看书时先查目录,得到章节的页码之后,再据此访问章节所在的书页。

索引文件非常适合按数据内容对记录的随机访问。只要指定记录的关键字,通过索引就可以找到记录在文件存储空间里面的位置。就像指定章节的名称,就可以在目录上找到它的页码一样。

索引文件也支持按关键字的次序对记录的顺序访问。就像在书的目录里,从头到尾来确定每章每节所在的页码一样。

4) 散列

文件的散列(hash)构造有两个要点:首先,选择一种函数,能够把记录的关键字映射到文件的物理块地址上。其次,因为不管选择什么样的散列函数都可能发生冲突,这就是说,不相同的关键字却映射到同一个块地址上面去,所以要有对策,叫做溢出算法。

散列构造不需要利用索引,也能由记录关键字决定记录的存储位置。这样就比较节省空间,但是不能支持对记录逻辑意义上的顺序访问。

3. 高级语言的(记录式)文件机构

尽管文件概念是一致的,但是操作系统和高级语言提供的文件机构,形式上还是有差别的。下面列举的概念和高级语言里通常会碰到的记录式文件组织有关。其实,不同的高级语言提供的文件机构,彼此差异也很大。COBOL 语言的文件机构是最完善的,因为COBOL 的目标就是专门支持管理、商业等行业事务的程序设计。在这类应用中,通常会有大量的数据要存储在外存设备上。

1) 组织模式

文件的组织模式是指记录值在文件存储空间上的安排、分布方式。下列 4 种都是常见的文件组织,可以按照应用的要求选用。

(1) 顺序文件(serial file 或 sequential file)。在顺序文件中,按照写入文件的先后顺序把记录值依次存放在文件空间上。至于文件采用的物理结构,用户不必操心,可以是邻接的,也可以是链接的,还可以是混合的。

最好的理解事例是录音磁带。一首歌接一首歌,按录音的先后次序,从头到尾地存放在磁带上面。听音乐时,必须按照录音时的顺序,一首歌接一首歌地播放。不可能在一卷磁带上确定一首歌的准确存储位置,随心所欲地播放它。

用顺序文件存储上面提到的学生数据,情况如图 5-53 所示。学生记录依次写入文件;每个物理块上存放了若干个学生记录;块内和块与块之间都必须维系记录进入的先后顺序;这种记录顺序实质上体现了记录存入文件的时间先后,读出记录时要完全遵循这个顺序。准确地说,这是一种时(间顺)序。

图 5-53　顺序文件示意

可见,如果对记录的访问是成批进行的话,顺序文件会是一个经济的选择。

有一种特别的顺序文件应用很广泛。在记录里认定一个关键字,生成文件时保持记录的写入次序和关键字的取值顺序相一致。可以把这种顺序文件称为**逻辑有序的顺序文件**。注意,这里的"关键字"完全不是顺序文件组织所要求的。得到逻辑有序的顺序文件的方法有两个:一是按照关键字值的大小,人为控制记录的写入次序;二是利用排序算法,把一个顺序文件变成逻辑有序的顺序文件。

因为顺序文件不支持对指定记录的随机访问，每次搜索一个记录都要从头开始，所以对顺序文件进行更新，如插入、删除和修改记录等操作费时太多，往往无法忍受。但是对逻辑有序文件的更新效率就高得多。等待更新的逻辑有序文件称为**主文件**，把包括记录关键字在内的各种更新数据建立成另外一个逻辑有序文件通常称为**事务文件**。两个文件在同一个关键字上具有相同的逻辑顺序。更新时从主文件和事务文件中顺序地读取记录；对关键字相同的一对匹配记录，用事务记录里的数据对主记录进行更新。这种成批更新记录的算法会有令人满意的执行效率。

记录更新次序通常是不可预料的，事务文件会是一个一般的顺序文件。批处理更新时，首先对事务文件进行排序，得到和主文件有相同逻辑顺序的事务文件，然后执行成批记录的更新算法。反映了更新结果的新主文件自然也会具有相同的逻辑顺序，成为下一次批处理更新的对象，如图 5-54 所示。

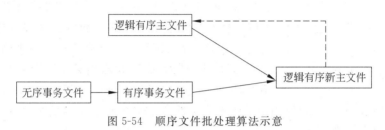

图 5-54　顺序文件批处理算法示意

顺序文件批处理可以解决更新的效率问题，但是解决不了实时更新文件数据问题，因此需要有其他种类的文件组织。

（2）索引文件（indexed file）。非常多的应用事务会要求访问文件内指定的一个记录，顺序文件是不能满足这种需求的。索引文件在数据记录存储空间之外，用索引表登记记录关键字和记录存储地址的对应，这样通过对索引的搜索，知道记录的存放位置，就能迅速地直接访问指定的记录了。就像听 CD 音乐一样，在曲目目录选中一首歌，就可以直接播放它。又像查阅图书目录一样，查出章节页码，就可以跳过无关书页，直接阅读指定的内容。这样的记录访问方式和效率才能满足大多数应用的要求。

图 5-55 示意性地表示了索引文件的结构。记录在数据存储区内的分布可以是任意的。在索引区里，索引项是按照记录关键字的升序顺序地排列的。实际的索引机构要复杂得多，为加快对记录的访问速度，要把索引项分级。最常用的索引结构是一种叫做 B-树的二叉树结构。

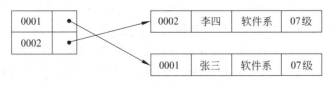

图 5-55　索引文件结构示意

在索引里面，索引项总是按照关键字的升序排列。因此除了访问指定的一个记录外，还可以顺序地访问一批记录。注意，和顺序文件里按记录进入的先后次序顺序访问记录不同，对索引文件记录的顺序访问是按照记录关键字升序的顺序访问。

索引文件既支持对一个记录的随机访问，又支持按关键字顺序访问一批记录，这是很多应用所需要的。正因为如此，索引文件的使用极为广泛。

（3）相对文件（relative file）。在相对文件组织里，文件空间被分成一个个等长的记录存储位置，编上号码来标识它们。这些位置编号被称为**相对记录号**（RRN）。这样，记录就可以"对号入座"了。这种组织方法十分类似电影院。空间被一个一个座位分割，把座位编上号码，观众对号入座。在电影院里找人，不靠姓名等观众本身的信息，而是要指定座位号，找"坐在某某号上的那位"。使用预定的计算公式，很容易把相对记录号转换成存储地址，这样就可以直接访问指定的那一个记录。需要时，也可以在相对文件里顺序访问一批记录，不过访问的顺序是按照相对记录号的升序进行的。相对文件结构示意如图 5-56 所示。

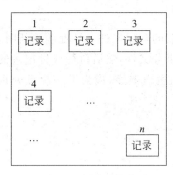

图 5-56　相对文件结构示意

（4）散列文件（hash file）。散列文件使用了上面叙述的散列技术组织记录的存储。和索引文件一样，散列文件的记录必须定义关键字。但不是利用索引来确定记录存储地址，而是使用**散列函数**和**溢出算法**。因此空间开销大大减少，找到指定记录的时间效率也很高。但是，散列文件不支持对记录的顺序访问；而且，当记录的数量接近预定的文件空间容量时，存储冲突会不断发生，访问效率会急剧地变差。

2）存取模式

文件的存取模式是指对文件记录的访问方式，主要分为两种：**顺序方式**（sequential）和**随机方式**（random）。顺序方式是指按照某种次序依次访问一批记录。随机方式是指依据某种标识访问一个被指定记录。之所以含糊地说"某种"，是因为对于不同组织模式的文件，顺序存取和随机存取有不同的具体含义。

对于顺序文件的顺序存取而言，要按照记录进入文件的先后次序依次地访问记录，因此是一种时间顺序。对于索引文件的顺序存取而言，是按照记录关键字取值的升序依次访问记录，因此是一种逻辑顺序。对于相对文件的顺序存取而言，是按照相对记录号的升序依次访问记录，因此是一种存储位置的顺序。散列文件不支持对记录的顺序存取。

顺序文件不支持对记录的随机存取。对索引文件记录的随机存取，是以记录关键字作为访问标识的。对相对文件的随机存取，以记录存储位置的相对记录号作为访问标识。对散列文件的随机存取和索引文件一样，也是以记录的关键字作为访问标识的。

3）使用方式

文件操作要涉及外存和内存之间的数据传送。使用方式是对数据流向的说明。对文件只进行写入操作的时候，要用输出（output）方式打开文件；对文件只进行读出操作的时候，要用输入（input）方式打开文件；修改文件的时候，先要读出记录，修改之后又要重写记录，这时要用输入输出（I/O）方式打开文件。

4）存储设备

使用文件时，还要指定文件的存储介质设备是磁盘文件还是磁带文件。有时还把文件概念扩展为键盘文件、显示器文件和打印机文件等。

文件的驻留介质和文件的组织模式是有制约关系的。磁盘文件可以采用任何一种文件组织模式，这种适应性是磁盘能够成为最重要的外存设备的主要原因。磁带文件只能是顺序文件，这是由顺序存储设备的特性所制约的。不能在磁带上建立索引文件、相对文件和散列文件。当然，这并不影响用磁带来存储备份数据。

存储设备和文件的使用方式也存在制约关系。只读光盘(CD-ROM)文件和键盘文件只能用做输入文件；显示器文件和打印机文件只能用做输出文件；而磁盘文件则既可以用做输入文件、输出文件，也可以用做输入输出文件。

4. 文件组织的特点

文件和数据库是两种截然不同的外存数据组织。可以从下列三个角度来认识文件组织的特点以及两种外存数据组织的差异。

1）文件的结构特点

文件是一种"孤立式"的外存数据结构。这就是说，文件只有内部的数据构造，流式或者是记录式。文件之间不存在任何结构层次上的联系。对操作系统或者程序设计语言而言，每个文件都是独立的、平等的存储数据对象。至于在一个程序的处理过程中，涉及的数据会分布到不同结构的几个文件中去，有关的文件之间会存在语义上的联系。这种文件之间的应用关联只能由程序的动作逻辑来体现，不存在结构定义的手段。

例如，程序从"读者"文件中读出数据记录，从"图书"文件中读出数据记录，把加工后的结果数据再写入另外一个"借书"文件。三个文件的"关联"是通过应用程序对各文件的操作过程体现出来的。

2）文件的操作特点

在操作系统一级，通常以整个文件为单位来进行操作。操作系统完成用户使用文件的委托，诸如打开、关闭、新建、删除、复制和粘贴一个文件等。

而程序设计语言所提供的记录式文件操作主要以一个记录为操作的逻辑单位，最基本的操作包括了读(read)、写(write)、重写(rewrite)和删除(delete)。程序设计语言采用不同形式表示这些操作，如文件操作语句、标准函数和对象的访问等。但是从程序逻辑的角度来看，对文件发布的每次操作只涉及一个记录。执行一次读文件的操作，只能把一个记录从外存传送到内存的缓冲区域。其他的操作也是如此。唯有少数辅助性操作的对象是文件整体，如使用文件之前要打开文件、用完之后要关闭文件。

C、C++语言等少数高级语言只提供流式文件机构。流式文件的基本操作以文件内部的字节位置为基准。进行读写时，通常要指定两个操作参数：偏移量(offset)，即从文件头到准备进行读写的位置的字节计数；读写字节数，从指定位置开始本次读出或者写入的字节数量。可见流式文件的操作是比较"低级"的。读写数据的逻辑意义、存储位置和空间大小完全靠处理程序自行把握。

3）文件的应用特点

可以说，文件是"面向程序"的。程序把处理的数据存放到文件里的时候，对文件结构、文件各种属性的定义都必须在应用程序内部给出。对文件数据的访问过程出现在应用程序的算法过程当中。

也可以说，文件是"面向应用事务"的。数据处理业务由应用程序完成，针对应用程序的算法过程以及存储数据的要求来设计涉及的有关文件结构。

4）文件系统

在现代的计算机系统里，当然不再需要由应用程序各自管理涉及的数据文件，各自完成对文件的操作。对文件的定义、操作、管理和控制都集中由一个系统软件完成，称为**文件系统**。文件系统的基本部分纳入到操作系统的内核当中，所以，操作系统的资源管理功能之一是对外存文件的操作和管理。如图 5-57 所示，无论在操作系统的用户界面上，或者在应用程序当中，用户发出的文件操作请求都由文件系统完成。

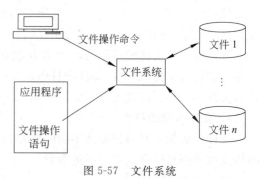

图 5-57　文件系统

文件系统用**文件名**来标识每一个文件。每个文件都要出现在一个文件目录当中，同一个目录中的文件要有不同的标识名字，有时会用**扩展名**来表示文件的类别。例如，文件名 C：\DIR\me.txt 表示一个名为 me.txt 的文件存放在 C 盘根目录下面一个名字叫做 DIR 的子目录里；文件的主名叫 me，扩展名叫 txt，表示 me 是一个文本文件。

虽然说文件是面向程序、面向应用事务的，但在文件系统的统一管理下，一个文件还是可以被多个程序共享的。不过共享的程度较为低级，因为前提是严格按照创建文件的程序对这个文件的定义，其他的程序才有可能共享该文件。这是一个颇为"刚性"的组织机构。只能说，文件是一种"协议式"的外存共享数据组织。

5.7.2　数据库

虽然数据库(database)技术是在文件技术的基础上发展起来的，但是它们是两种截然不同的外存数据组织。可以从下列角度来认识两者的差异。

1. 数据库组织的特点

1）面向企业

数据库是面向企业的一个数据集合，所谓的"企业"是指数据的应用单位。数据库里的数据会持续地存储一段时间，供企业全体用户共享，而不是像文件那样只面向某个应用程序或者某项应用事务。

早期的数据处理应用中，每个部门的业务都使用自己的文件数据。学生处管理学生的基本数据文件，教务处使用选课记录来管理学生的学习数据，财务处存有学生的缴费记录，总务处的宿舍管理文件存储学生的住宿数据。因此，同一个企业不同业务部门会使用相同的数据，大量的数据重复地存储在不同的文件当中。这不仅仅是数据冗余存储、浪费空间的问题，糟糕的是，当无法保证所有重复数据同步更新的时候，数据的不一致就产生了。

在数据库里，数据以尽量少冗余的方式来组织，集中存储和管理，各个部门、各项业务、各个程序共享这些数据。这种数据组织的新方法带来的好处是显然的。

图 5-58 表示对文件组织和数据库组织的简单比较。

那么一个企业是不是只能够有一个数据库呢？那倒未必。联系并不密切的企业数据分布在不同的数据库中，也不见得会引起什么问题。例如在酒店管理系统中，典型做法是把涉及的数据分别存储在前台数据库和后台数据库里。"前台"是和住店客人有关的

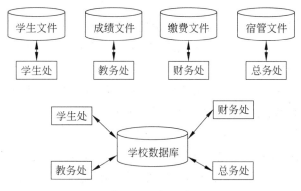

图 5-58　文件组织和数据库组织的比较

数据,如客人资料、住房分配和店内消费等;"后台"是酒店本身的各种数据,如财务数据、员工人事资料和库存物资等。两个数据库存在联系,比如客人账目也是酒店财务数据的一部分,但是不需要保持实时的关联。因此对酒店来说,把数据分别存储在两个数据库中也是个恰当的做法。

2) 整体的数据结构体系

把企业数据集成在数据库里,好处很多,但也会产生问题。首先,不同业务使用的数据要求并不相同,行话叫"不同用户有不同的数据视图"。其次,企业数据不应该不分对象地对所有用户都开放,数据访问的权限控制对企业运作很重要。

因此要在三个不同的层次上分别描述数据库的构造。也就是说,描写一个数据库构造要分三种不同的角度或者说三个不同的层次。情况如图 5-59 所示。

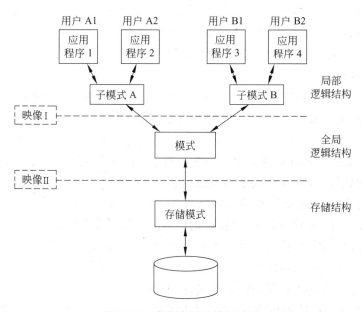

图 5-59　数据库三级体系结构

首先要从企业的角度定义整个数据库的逻辑结构,称为数据库的**模式**(schema)或概念模式(conceptual schema)。模式是数据库的全局逻辑结构,就是从形式上看,数据库的整体构造是什么样的。

其次,要从各个用户的角度定义数据库逻辑结构,称为数据库的**子模式**(subschema)或者外模式(external schema)。子模式是数据库的局部逻辑结构,就是某个用户需要访问的数据库相关部分的数据构造。

最后,要从数据库底层的角度定义数据库的存储结构,称为数据库**存储模式**或者内模式(internal schema)。内模式是对数据存储方式的描述。

3)数据高度共享

企业用户共享数据库里的数据,但共享方式不是像"切蛋糕"那样,各自分割数据库里面的部分数据。就是说,子模式不是把模式"切成"若干小块的结果。数据不但可以在不同子模式之间交叉出现,而且可以按用户需要重新定义涉及数据的构造。

例如,数据库模式里学生数据和老师数据互相关联,老师的数据包括家庭地址等信息。教务员使用的子模式里,可以找得到某位学生的导师是谁,但是不能得到教师的家庭地址。而人事部门使用的另一个子模式,可以查找教师的家庭地址,但不包含这位老师负责指导的学生名单。其实,老师和学生的数据是统一地在数据库里存储的。

4)数据独立性高

由于对数据库结构的描述分成三个层次,子模式和模式、模式和内模式之间就存在映像转换。这样数据库就具有了**数据独立性**。就是说,数据库的逻辑结构或存储结构发生变化,应用程序有可能不必随之改变。文件组织是没有这样的数据独立性的。

例如,数据库模式里老师的数据多增加了一个工作经历数据项,但是教务处理程序并不需要随之变动。因为程序面向的是子模式,本来就是模式的一个子集。

又假设数据库的存储结构发生了变化,增加了一个数据索引,应用程序仍然不必改变。因为程序面对数据库的逻辑结构操作并不直接面对存储结构。存储结构的变化只会引起从模式到存储模式之间的映像改变,而不是要求程序做出改变。

2. 数据库系统

在数据库系统平台支持下运行的各种应用程序组成了**数据库应用系统**。而数据库系统平台包括**数据库管理系统**(DBMS)、**数据库管理员**(DBA)和**数据库**(database)本身。

这样,一个数据库应用就涉及处在三个不同层次的软件:应用软件、数据库管理系统和操作系统。应用软件按照子模式的逻辑结构访问数据库,不但设计可以变得更简单、方便,而且对数据库的访问受到了限制;数据库管理系统执行对数据库的定义、操作、管理、控制,完成子模式到模式、模式到存储模式的映像转换,磁盘读写动作委托操作系统进行;最终的数据访问动作再由操作系统完成,在这个层次上已经不再存在数据库概念了。图 5-60 描述了数据库应用系统的结构。

应用软件和 DBMS 可能分别驻留在不同机器

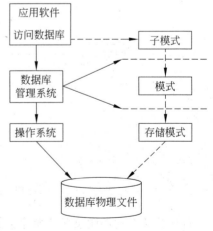

图 5-60　数据库应用系统结构

182

上。应用层充当客户端角色,而数据库管理层充当服务器角色,呈现 C/S 应用模式。

3. 数据库的数据模型

认识数据库组织的核心概念是**数据模型**(data model)。数据库数据模型由三部分组成,分别描述了数据库的结构、操作特征和数据保护机制。

几十年来有三种数据库模型得到广泛应用:层次模型、网状模型和关系模型。前两者合称为格式化模型,今天已经过时,不必再予以关注。而 20 世纪 70 年代提出理论、80 年代技术成熟、广泛使用超过 30 年之久的**关系数据库模型**,至今仍然是数据库应用的主流数据模型。

1)数据库结构体系

首先,一种数据模式要定义数据结构单位的构造,然后要定义结构单位之间的数据关联方式。例如,格式化模型的数据结构单位是记录,不同格式记录之间依靠连接路径来关联。在关系模型中,数据和数据之间的关联都用单一的"关系"概念来表达。

典型的数据库结构描述是分层次的,分别从逻辑结构和存储结构的角度来描写数据库的数据构造。逻辑层次上还可以再从特定用户的局部角度和企业的全局角度来描述数据库的构造。

2)数据库操作

对数据库的操作主要包括数据检索(查询)和数据更新(插入、删除、修改)。格式化模型里,对数据的操作仍然以记录为对象,未能彻底摆脱文件组织"逐个记录访问"的操作方式。在关系模型里,数据操作方式基于集合论和数理逻辑的概念定义,对数据库访问方式的表达发生了革命性的变化。

3)数据库保护机制

数据库集中了企业的运行数据,同人力资源和物质资源一样,是企业重要的信息资源。如何保证数据的正确性和免受入侵、破坏是数据库应用极其关键的课题。现代数据库系统主要从安全性、完整性、并发控制和故障恢复等方面保护数据库。

4. 关系数据模型

1)关系数据库的数据结构

在关系数据库的逻辑层上,数据的基本结构单位叫做**关系**(relation)。形式上,关系是一个有行有列的二维数据表格,因此也往往称之为**表**(table)。图 5-61 表示了一个存储学生数据的关系。

学　号	姓名	系	年级
0700001	张三	软件工程	07 级
0700002	李四	软件工程	07 级
0700003	王五	软件工程	07 级
⋮	⋮	⋮	⋮

图 5-61　存储学生数据的一个关系

在关系数据库模式(全局逻辑结构)里,关系是唯一的逻辑结构表示单位。形式上,关系数

据库就是若干个关系的集合。关系既表示数据对象，又表示数据对象之间的关联。如图 5-62
所示，学校数据库里除了学生关系之外，另外还有两张表，分别表示课程和学生选课数据。

学　号	课程代码	分数
0700001	C1001	90
0700001	C1002	80
0700002	C1001	65
⋮	⋮	⋮

课程代码	课程名称
C1001	程序设计
C1002	数据库原理
⋮	⋮

图 5-62　"课程"和"选课"关系

关系之间的数据关联是由关键字机制表示的。能够区分每一个表行的若干个数据项叫
做关系的**主关键字**（primary key）；对应着某张表主关键字的数据项叫**外来关键字**（foreign
key）。学生关系的主关键字是"学号"，课程关系的主关键字是"课程代码"。选课关系中，
"学号"和"课程代码"合起来才是关系的主关键字；单独的"学号"是一个外来关键字，和学生
关系的主关键字"学号"对应；单独的"课程代码"也是个外来关键字，和课程关系主关键字
"课程代码"对应。

通过主关键字和外来关键字的对应，分布在不同关系里的数据就关联起来。容易知道，
张三这个学生选了两门课，"程序设计"考了 90 分、"数据库原理"考了 80 分；而李四只选了
一门"程序设计"，考了 65 分。

请读者思考一下，为什么不把学生、课程、选课的所有数据全部放到一个关系里去呢？
这是数据库逻辑结构设计要回答的问题。关系规范化理论给设计者指出数据库设计时应该
遵循的基本准则。就上面例子而言，把全部数据都放到一个表的话，不难发现表里的数据会
呈现严重的冗余存储状况。

在关系数据库的子模式层次上，结构单位的形式仍然是关系，准确地说是一种"虚"关
系，叫**视图**（view）。虚关系的含义是构造形式和操作方式与关系大致相同，但包含的数据来
自数据库的原有关系，并非重复单独存储。想想房间的"窗户"。透过窗户可以看到树木、草
地、小径和房子。其实，窗户上呈现的一切，实际上都在校园中存在。不同窗户里呈现的景
象，都是校园事物不同角度的观察映像而已。

假设用户需要使用一个包括学生姓名、所选课程名称、考试成绩的表。可以定义一个
图 5-63 所示的视图。注意这是一个如同"窗户"一般的虚关系，包含的数据其实仍然存储在
学生、课程和选课这三个原来定义的关系当中。所以，有时会把它们叫做**基本表**。

学生姓名	选修课程名称	考试成绩
张三	程序设计	90
张三	数据库原理	80
李四	程序设计	65
⋮	⋮	⋮

图 5-63　学生成绩视图

至于数据库的存储结构并无统一的表示手段。可以确定的是,关系数据库的存储结构中不再存在"关系"概念。关系只是数据库逻辑结构层次里表示数据构造单位的概念。

2) 关系数据库的操作

数据库操作主要包括查找数据和更新数据两类。关系模型提出两种等价、创新的操作表示方式。一种把关系看成是数据集合,以对关系施行集合运算的过程来表示数据库操作,这种操作方式叫**关系代数**(relation algebra)。另一种基于数理逻辑概念,以一阶谓词公式为手段表示对数据库的操作要求,这种操作方式叫**关系演算**(relation calculus)。

以关系演算为基础,结合关系代数概念产生了关系数据库操作的主流语言 SQL。由于更新操作的对象只是一个关系,表示相对简单些,SQL 的重点放在查找操作的表示上面。从名称就可以反映这一点,Structured Query Language,即结构化查询语言。

SQL 的查询语句提出一个逻辑公式,使这个公式取"真"值、位于涉及关系里的数据组成了一个结果关系。它就是查询操作的数据结果。可见,非过程化是 SQL 的基本特征,查询时表达的是查找要求,而不是查找的执行过程。此外,SQL 还引入集合操作概念,查询语句表达的结果关系可以和另一个查询语句得到的结果关系再进行集合运算,得到最终查询结果。

在图 5-61 和图 5-62 所表示的数据库里,三个关系的结构是:

学生关系 S(<u>no</u>, name, department, grade)
课程关系 C(<u>course_no</u>, course_name)
选课关系 SC(<u>no</u>, <u>course_no</u>, mark)

【**例 5-36**】 列出软件系全体学生的姓名。

SQL 查询语句:

```
Select S.name
From   S
Where  S.department="软件系"
```

这个查询语句的语义是:在学生表里面找出"系"数据项的值等于"软件系"的那些行(用集合运算的术语叫做选取);然后再在满足条件的所有数据行里选"名字"数据项(用集合运算的术语叫做投影);由一个个名字组成的结果关系里,存放了全体软件系学生的姓名。

【**例 5-37**】 列出选了 C1001 课程的学生名字和所属系。

学生的名字位于学生关系 S 中,谁选了什么课要查选课关系 SC。但 SC 里只出现学生的学号,因此必须通过主关键字和外来关键字的对应,在 S 中找出对应学生的姓名。

SQL 查询语句:

```
Select S.name, S.department
From   S, SC
Where  S.no=SC.no and SC.course_no="C1001"
```

语句的查询条件表示,先在 SC 表找出所有"课程代码"等于 C1001 的行;按"学号"相等的关联关系,再在学生表里找到对应的行;取出姓名和系名。显然,满足这个逻辑条件的所有数据所组成的结果关系就是要查找的数据。

【**例 5-38**】 列出选了"程序设计"课程的学生名字。

"姓名"在 S 关系中,"课程名称"在 C 关系中,选课信息在 SC 关系中,所以查询要涉及三个关系的关联数据行。

SQL 查询语句:

```
Select S.name
From    S,SC,C
Where   S.no=SC.no and
        SC.course_no=C.course_no and
        C.course_name="程序设计"
```

【例 5-39】 列出没有选修"程序设计"课程的学生名字。

SQL 查询语句:

```
    Select S.name
    From    S
Subtract
    Select S.name
    From    S, SC, C
    Where   S.no=SC.no and
            SC.course_no=C.course_no and
            C.course_name="程序设计"
```

这个查询语句由两个部分组成。第一个 Select 语句找出全部学生的姓名,第二个语句和例 5-38 一样,找出选了"程序设计"课程的学生姓名。连接两个语句的操作符号 Subtract,表示对两个结果关系再进行集合的差运算。全部学生的集合"减去"选了"程序设计"的学生集合,得到的自然就是没有选修"程序设计"的学生集合了。

【例 5-40】 利用图 5-63 中的视图,列出选了"程序设计"课程的学生姓名和考试分数。

设已经定义的视图逻辑结构是:

```
VSC(sname,cname,mark)
```

SQL 查询语句:

```
Select sname,mark
From VSC
Where cname="程序设计"
```

和例 5-38 相比,查询操作的表达要简单得多,因为关系之间的关联已经体现在视图的定义过程中。

通过这些例子,请读者体会用 SQL 语言表示数据库操作的非过程性和集合性特征。可以认为,SQL 是第 4 代程序设计语言的先驱。只是作用领域限制在关系数据库访问当中。

3) 数据保护机制

由 DBMS 提供的数据保护机制,包括**安全性**(security)控制和**完整性**(integrity)控制。前者要控制用户对数据库的访问权限,防止非法的入侵和破坏。后者目的在于保证数据库里的数据语义是正确的。越是重要的应用,对数据库的保护要求就越高。你在银行账户里的钱有一天突然不知所终,是完全不能够接受的。数据保护功能的强弱是区分 DBMS 产品档次的重要标准。

用户身份的识别是数据库外围的安全保护措施。对有权进入数据库的用户要进一步进行存取控制。事先规定好允许用户访问数据的范围和有权执行的操作，然后在用户发出数据库操作要求时进行合法权限检查。对数据进行**加密**(data encryption)是安全性控制的最后手段，也是最有效的手段。即使你能够非法入侵数据库，也无法知道数据的真正意义。

注意使用子模式层提供的视图机制。视图定义除了满足用户特定的数据结构要求外，还是安全性控制的一种"免费"手段。数据在视图不出现，就意味着把它们对没有访问权限的用户"藏"起来。绝大多数的 DBMS 都允许用户直接访问模式层上定义的基本表，不要因此忽略了视图的使用。也许，强迫用户只能通过视图访问数据库有点"矫枉过正"，但是仍然值得考虑。

完整性约束是完整性控制的核心。简单约束的一个例子是要规定"性别"数据的取值"非男则女"，如果允许出现第三种值，数据的语义就错了，就不完整了。

另外一个例子是数据库有学生关系和选课关系，两个关系之间的关联依靠学生关系的主关键字"学号"和选课关系的外来关键字"学号"的对应体现。如果在选课关系插入一行数据，表示"学号为 999999 的学生选了门什么课"，但是在学生关系里并不存在一行学号为999999 的学生数据。一个不存在的学生，怎能有选课记录？允许这样的事情发生的话，数据库里两个表的数据语义就错了，不完整了。

再看第三个例子。在数据库里要执行一个转账事务，从第一个账户减去一笔钱，第二个账户里加上同一笔数。事务隐含着一个约束条件，转账前后两个账户余额之和要保持不变。如果不进行控制，允许这两个对账户数据的更新操作只完成其中之一，数据库的数据状态就出错了，不完整了。

因此，DBMS 要提供各种完整性约束的实现机构，以保证对数据库的任何更新操作都不会破坏数据语义的正确性和准确性。

并发(concurrency)控制是第二种完整性控制。典型的数据库应用系统都是以多用户、多事务的方式运行的。在单处理机的前提下，多个事务"宏观同时、微观轮流"地断断续续在执行。如果对并发事务不进行控制，那么每个都是正确的事务，在特殊的执行调度序列下，会破坏数据库的数据正确状态。

一个例子是"售票问题"。假设售票事务的核心动作是首先查询余票数，然后再更新它，减去要买的票数。设一个事务查询的结果是"剩下一张票"，还没来得及更新就被挂起了。并发的另一个事务也买同一班次的票，查询的结果当然也是有一张票。这样，一张票会同时卖给两个事务，显然出错了。如果两个事务是一个接一个地执行的，就不会出现这种情况。可见问题的根源在于事务的并发执行上面。

并发控制的一种办法是"加锁"。事务更新数据之前先把数据"锁上"，更新完成再允许其他事务访问数据。方法有点像操作系统对并发进程的管理，但两者的目的不同。操作系统从资源分配的角度控制并发进程，DBMS 从不破坏数据库正确的数据状态的角度控制并发事务。

故障恢复(recovery)是第三种完整性控制。任何系统都免不了发生故障，可能是硬件失效，可能是软件系统崩溃，也可能是外部的问题(如掉电)。运行突然中断会使数据库处在错误状态，而且故障排除之后并没有办法让系统精确地从断点继续执行下去。这就要求DBMS 要有一套故障后的数据恢复机构，保证数据库能够恢复到一致的、正确的状态。

显然，任何数据修复的方法都要基于数据备份。对所谓"个人数据库"这类简单的DBMS 来说，也许隔一段时间做个数据库备份就可以了。出问题时再重装备份，甚至人手直接改正出错的数据。对于极繁忙的大型数据库应用系统而言,只有备份是远远不够的。如何重新执行最近一次备份之后做过的成千上万的更新操作呢?

恢复机制的核心是保持一个**运行日志**(log),记录每个事务的关键操作信息,比如更新操作的数据改前值和改后值。事务顺利执行完毕,这种成功的结局称之为**提交**(commit)。发生故障时事务未执行完,恢复时就要**回退**(rollback)事务。回退就是把做过的更新取消。取消更新的方法就是从日志拿出数据的改前值,写回数据库里。提交表示数据库成功进入新的完整状态,回退意味着把数据库恢复到故障发生前的完整状态。

上面提过的银行转账例子。从转出账户扣了钱,没来得及写入转入账户就发生故障了。数据库显然处在数据不一致状态。恢复时就要从日志上把转出账户余额的改前值找出来,写回到数据库里面去,转账事务就回退了。账没转成不要紧,待会再转一次就是了。重要的是数据库能够恢复到故障之前的正确状态。这样,数据的完整性才得以保持。

那么,如果在写日志的一刻发生故障又怎么办呢?日志的记录都不完整,谈不上依靠它去保持数据库的完整。所以,DBMS的控制策略是"写日志优先"。执行更新操作时,先把更新信息写入日志,然后再更新数据库。即使恰好在写日志的时候系统发生故障,对数据库的相关数据的更新还没有开始做,这些数据并不需要参加恢复过程。

事实上,事务的提交-回退机制不是只为故障恢复服务的。对事务(transaction)的管理和控制是DBMS进行完整性控制的基础。前面提到的并发执行事务的封锁(locking)机构,可能导致"死锁"。涉及的若干个事务互相等待,谁也无法重新进入执行状态。这时就需要DBMS利用日志回退其中的一些事务,以打破僵局。

采取上述种种技术措施的目的在于保证数据库在任何时刻都是安全的、完整的。这是数据库管理系统这个软件的重要任务之一。

5. 数据库技术的发展

可以从数据库的数据模型和其他计算机技术的结合、特定领域的应用这几个方面认识数据库技术的发展。

1) 数据模型

20世纪70年代前后,继承了文件组织的一些概念,数据库技术先从**格式化模型**起步。典型代表是IBM公司的IMS系统(层次模型)和学术团体的DBTG方法(网状模型)。

1970年,Codd提出影响深远的**关系模型**。经过业界十多年的努力,以IBM为首的一批公司推出关系型DBMS产品RDBMS,并且迅速得到广泛应用。后起的Oracle(甲骨文)公司逐渐成为数据库领域的主流企业。

随着面向对象(object oriented,OO)方法对计算机技术各个领域所产生的影响,出现了**面向对象数据模型**及其DBMS产品。但至今未能动摇RDBMS的主流地位。

2) 数据库技术和其他计算机技术的结合

技术的互相结合产生了一批新型的数据库系统。例如,和网络技术、分布处理技术结合产生了**分布式数据库系统**;和并行技术结合产生了**并行数据库系统**;和多媒体技术结合产生了**多媒体数据库系统**;和人工智能技术结合产生了**知识库系统**等。

3) 针对特定应用领域的数据库技术

传统数据库适合事务处理过程,却不适合数据分析。**数据挖掘**(data mining)技术基于统计分析,试图在大量的历史数据当中发现未知的规律。比如,对电影观众的分析,去发现年龄组分布;通过分析银行客户信用卡签账的反常情况,判断是洗黑钱还是信用卡被盗等。数据挖掘面对的是不经常发生变化的、具有某一个"主题"的数据。这种特别的数据库系统被称为**数据仓库**(data warehouse)。这是现代"大数据"技术的先驱。

其他应用领域使用的特定的数据库还包括工程数据库、统计数据库、时态数据库、地理空间数据库和基于逻辑的数据库等。

如上章所述,像"大数据"这样的数据处理新技术在不断研究发展中,但至今为止仍未触动数据库技术的底层根基。

习　题

1. 两类不同逻辑构造文件的存取单位是什么?
2. 简述几种常用的文件组织模式和两种存取方式的对应含义。
3. 对顺序文件、索引文件、相对文件的顺序存取有什么不同的含义?
4. 应用既需要按照内容又需要按照逻辑顺序访问数据,最合适的文件组织是什么?
5. 设想一种机制,顺序访问顺序文件时能够判断是否到达文件末尾。
6. 举例说明顺序文件和逻辑有序顺序文件的异同。
7. 用批处理算法更新顺序文件的主要理由是什么? 对主文件和事务文件有什么要求? 旧主文件和新主文件的关系是什么?
8. 一般的流式文件和文本文件的主要区别是什么?
9. 若需要在相对文件中记住特定记录存放的相对记录号,设想可采用哪些方法?
10. 散列文件的两个必不可少的机制是什么?
11. 从哪三个方面来理解数据库数据模型的内涵?
12. 目前最流行的数据库模型是什么?
13. 以学校数据为背景,讨论数据库模型分成三个不同描述层次的好处。
14. 说明关系(表)和视图(view)两个概念的联系和区别。
15. 在数据库存储结构层次是否存在"关系"的概念?
16. 和程序设计语言相比,SQL 有什么特点?
17. 解释以下概念:数据库、数据库管理系统、数据库系统(平台)、数据库应用系统。
18. 列举数据库系统关注的 4 种数据保护机制。
19. 学校数据库里的三个表"学生""课程""选课"如图 5-61 和图 5-62 所示。列出以下 SQL 语句的执行结果:

(1)

```
Select 学号,姓名
From   学生
Where  系="软件工程"
```

(2)

```
Select 姓名
From   学生,选课
Where  学生.学号=选课.学号 and 课程代码="C1001"
```

(3)

```
Select 姓名,分数
From    学生,选课,课程
Where   学生.学号=选课.学号 and
        选课.课程代码=课程.课程代码 and
        课程名称="程序设计"
```

20. 从不同的角度对外存数据组织的文件方法和数据库方法进行对比。

21. 体验和分析,中国银行和中国工商银行处理客户账户存取数据的处理模式有何不同。

本 章 小 结

数据表示是计算机科学完成数据处理任务必须解决的一个问题。问题的实质在于如何使用极其简单的 0、1 符号来表示极其复杂的现实世界数据对象。计算机科学采用分层次的表示方法学来解决数据表示问题。

在现实世界层次上,把事物看成是事物特征的集合。由抽取的数据属性组成的集合叫做数据实体,以此表示客观世界的各种事物。

在信息结构层次上,数据结构刻画了事物的关联特征。一切数据对象可以归结为三种数据结构:线性表、树、图。外存数据的本质也常用 E-R 模型来刻画。实体以及实体之间的联系表示了事物的构造结构。

在高级语言层次上,以常量、变量、函数、表达式和数据类型 5 种手段表示程序要处理的数据对象。

使用文件和数据库两种组织方法来表示外存数据。

在机器层次上,以单一的二进制数形式,依靠各种编码规则的定义表示各类基本数据。包括数、字符、汉字、图像和声音。

物理层次是数据表示的最终层次。利用硬件的各种物理状态表示二进制数字"0"和"1"。

展开本章内容的专业课程包括数据结构与算法、数据库系统原理、数据库与信息管理技术、操作系统原理、计算机组成原理、高级语言程序设计、汇编语言程序设计等。

第6章 数据加工表示方法

6.1 数据加工的表达层次

第1章指出,计算机是处理数据的机器,数据对象和处理得到的结果数据都是现实世界客观事物的表示。但是计算机没有智能,不能只告诉它"做什么"数据处理任务,而必须交代它"如何做",执行什么样的数据加工过程,否则计算机是无法完成任务的。

所以,计算机科学的另一个核心任务是解决数据加工的表示方法。要计算机"记住"的数据加工过程复杂多变,但是在计算机内部,能够物理实现的数据加工表示记号只有两个,二进制数字"0"和"1"。因此,和数据表示方法一样,数据加工表示面临的任务是用最简单的记号表示出内容复杂、形式多变的数据加工过程。

解决方法仍是分层次表达方法学:划分不同的数据加工过程抽象表示层次;每个层次上都定义相应的数据加工表示手段;它们既相对独立,又可以从上一个表示层次映射到下一个层次上去;从现实世界数据处理问题开始,把数据加工过程一层一层地转换到计算机内部的物理实现为止。

这样,在完成数据加工表达任务过程中,人可以根据任务的需要选择适当的表达层次。然后由人或者计算机系统本身,按照明确定义的映射规则,完成层次之间不同表示手段的转换。

可以把计算机科学在不同时期提出的各种数据加工表示手段总结为上述分层次表示数据加工过程的方法学。图 6-1 描述了这种表达层次。

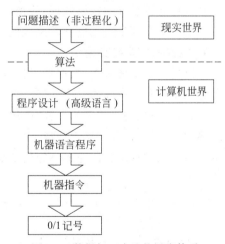

图 6-1 数据加工表达的层次体系

1. 问题描述和解题

首先要弄明白的是,要计算机解决现实世界的什么问题?把要解决的问题描述清楚是提出解决方案的基础。问题描述的本质在于清晰地定义数据处理任务。面临的数据是什么?要把它们加工成为什么样的结果数据?别忘了数据处理是计算机单一的、本质的功能。

例如,需要研制一个"邮件自动分拣系统"。核心问题是如何让计算机识别信封上手写的地址,然后才能控制分拣机构,把邮件送到不同目的地的邮箱中去。用人工方法做这件事,找个识字的员工就可以了,但效率低、工作强度大而且枯燥。要计算机完成这个任务,就要解决手写汉字的识别技术。这就是问题的数据处理本质。把面临的问题描述清楚,才谈得上研究解决问题的可行方案。众所周知,目前的解决方法是使用标准信封,把代表目的地址的邮政编码写在规定位置的红格子内。和辨别手写汉字相比,辨别手写数字技术难度大为降低,出错的机会也大大减少。

通常,首先会在"问题域"内去寻找问题的解法。问题可能涉及不同的应用领域,而每个领域都存在很多解决问题的方法、知识和经验。例如建筑行业的问题需要力学的知识解决,而商业的问题则可能需要经济科学的理论支持等。

2. 算法设计和分析

问题的解决方法必须转变为算法,即完成任务的操作序列和执行时的操作过程。算法研究是计算机科学的核心。要把几千个学生的数据资料按姓氏笔画排好顺序,怎样操作呢?某个问题的解法归结为一个一千几百阶的线性方程组,如何通过在计算机执行的操作过程得到它的解呢?这都是必须解决的算法问题。其实,任何日常活动都可以看成是一个算法过程。举行庆典,要有一个秩序册,规定每个环节的延续时间、次序、涉及人物等。简单的如"进城",也要有一个算法过程:先走到校门口,再过马路,最后上 31 号公共汽车。

解决一个问题可能会找到许多个不同的算法。为了比较和选择,就必须对算法进行分析。通常算法分析的两个基本角度是算法执行的时间效率和需要的存储空间。

算法必须具有规定的表示形式,才方便使用和交流。算法流程图和类程序设计语言都是表示算法的专业手段,自然语言可以用做辅助手段。但是,专业人员可以理解以这些形式来表示的一个算法,计算机却不可以,因此就需要程序设计。

3. 程序设计

在程序设计层次上,用程序设计语言表示算法过程。通过一组有严格规定形式的记号来表示对数据的操作和对这些操作的转移控制。所谓的高级语言,就是指用它们来表示的算法过程既容易被人理解,又能够被计算机系统转换成机器指令序列。我们已经知道,编译程序是完成这种转换的核心软件。

经过计算机系统的转换处理,就得到由机器指令组成的程序,即所谓的机器语言程序。每一条机器指令都是由二进制数组成的,即由"0"和"1"两个符号来表示的。

4. 操作的机器层实现

经过这样的层层转换,数据加工任务就最终落实到每一条机器指令的执行上了。这是由计算机硬件负责完成的。

至此,和数据的机内表示一样,解决问题的算法过程变成由千千万万条机器指令组成的一个序列,就可以在存储器内存放,可以在总线上传送,可以在 CPU 里分析执行。从而,让计算机按照人的预定想法完成特定的数据处理任务。

习　题

1. 分析解一元二次方程的问题,提出解题的一个算法。

2. 分析求 n 的阶乘的问题,提出解题的一个算法。

3. 分析银行存款、取款的问题,提出解题的一个算法。

4. 设计列出只包含素因子 2 或 3、在 100 之内的所有整数的算法。算法应该输出：2、3、4、6、8、9、12、16、18、24、27、…、96。

5. 讨论算法和程序的关系。

6. 有人提出了一个设计计算机病毒的算法,讨论他是否应该拥有这个算法的合法权利?

7. 讨论：算法是被"发现"的还是被"创建"的?一个算法修改到什么程度才能认为是

一个新算法？

8. 计算机如何"辨别"机器指令和数据？

6.2　算法表示手段

6.2.1　算法和算法的表示

在算法层次上有 5 个方面的工作。

1. 设计算法

设计一个算法或者说发现一个算法是极具挑战性的任务。在历史进程中人们已经研究出许许多多算法。首先,应该学习一大批已被实践证明是有效的算法。其次,可以参照人工的数据处理过程提取出一些算法。例如要完成存款、取款的算法设计,一定可以由银行柜员执行的业务流程得到启发。

2. 表示算法

用恰当的约定形式表示一个算法。可以考虑的选择包括类程序设计语言、图形语言和自然语言等。

3. 确认算法

算法确认的目的是使人们确信一个算法能够正确无误地工作,即该算法具有可计算性。

4. 分析算法

算法分析是对一个算法需要的计算时间和存储空间作定量分析。分析的结果称为算法的**时间复杂性**和**空间复杂性**。对算法的分析可以预测算法适合在什么样的环境有效运行,以及在解决同一个应用问题的不同算法之间做出比较和选择。

5. 验证算法

算法转换为程序之后必须进行验证。现在还不能做到像数学证明那样,用完全形式化的方法去证明程序的正确性。**测试**是验证算法的实用方法。简单地说,就是看看程序运行时能不能够得到预定的数据结果。准确地说,测试只能发现算法的错误,而不能证明算法的正确性。没有发现算法里潜在的错误,不等于说算法是正确的。

有必要认识一下算法和算法的表示在概念上的差别。大致上相当于教材和教科书之间的差别。教材是一个抽象概念,教科书是教材的物理表示形式。例如教科书原来是用英文写的,后来又出了一个翻译的中文版,教材并没有发生任何变化,但教材的表示形式有了一个变化的版本。

同样的道理,本质上说算法是个抽象概念,但可以有许多种不同的表现形式。可以使用平时的语言描述算法,可以画一个流程图来表示算法,也可以使用形式不那么严格的伪代码写出一个算法。情况就像图 6-2 里表示的,至少可以用三种不同的形式来表示同一个加法运算一样。

$$3 \text{ 加上 } 5,\text{结果是 } 8 \qquad \begin{array}{r} 3 \\ + \ 5 \\ \hline 8 \end{array} \qquad 3+5=8$$

（a）文字　　　　（b）竖式　　　（c）横式

图 6-2　加法运算的三种不同表示

6.2.2 算法流程图

1. 算法流程图符号

算法流程图(flowchart)是广泛使用的一种算法表示工具。使用规定的图形符号表示要执行的各种操作步骤,用流线表示操作步骤的转移次序,从而描述出算法过程。因为图形符号主要是各种不同形状的图线框,所以业界又习惯把流程图称为"**框图**"。流程图也可以用来描写程序执行的操作过程,所以有时也叫做**程序流程图**。

流程图的使用历史已经有六七十年了,是个很好的算法表示工具。主要原因应该是人的大脑接收图形信息的效率比接收文字信息的效率要高得多,所谓"一张图胜过千言万语"。但是有人对流程图的"滥用"提出批评,因为用流线来连接操作框并无限制规则,流程图上的流线容易"满天飞舞"、相互交叉、乱作一团。不但会影响对算法流程的理解,更重要的是,不能强制专业人员使用规范结构来表示算法。所以一种看法是,流程图是表示算法的好工具,但不是设计算法(程序)的好工具。

长期以来,**程序的结构化理论**对程序构造有重要的影响。在算法的设计和表示上,出现过一些强制使用结构化构造的图形工具。例如,N-S 图(盒图)和 PAD 图就是这样的工具。它们的共同特点是不支持算法当中出现操作控制的任意转移。其实,也可以用流程图表示结构化的算法构造,不过并非一种强制性手段,而是要靠设计人员的"自律"。

GB1526 是算法流程图画法的国家标准,已经颁布多年了。和传统惯用的流程图相比,增加了一些支持结构化构造表示的图形符号。比如,表示循环结构的符号、表示要在下一个表示层次展开的特定操作符号等。遗憾的是,直到现在为止并不是每本出版物都会严格遵守流程图的国家标准。

下面列举的是 GB1526 规定的部分图形符号形式,它们都是最常用的流程图符号。

1)端点

端点通常用来表示算法的起点和终点,即一个算法开始或者结束的地方。端点也可以表示控制转向外部环境,或者从外部环境的转入。例如,一个要在下一个结构层次里展开的特定处理流程的控制返回点。端点的图框形状如图 6-3 所示。

2)数据的输入和输出

数据的输入和输出表示算法中的数据输入或者输出动作。用平行四边形框表示,如图 6-4 所示。表示算法执行时,等待来自输入设备的数据,或者把数据送往输出设备的一种操作。

3)处理

处理也叫动作或者操作,表示各种处理功能。例如,执行一个或一组指定操作,使数据的值、形式或者位置发生变化。用矩形框表示,如图 6-5 所示。

图 6-3　端点　　　　　图 6-4　数据的输入和输出　　　　图 6-5　处理动作

4)判断

判断符号表示逻辑判断或"开关"类型的动作。判断操作只能有一个入口,但可以有若干个供选择的出口。因此只能有一条流入的流线和判断框相连接,但可以有若干条流出的流线通向其他的操作。执行算法时,对判断中定义的条件进行求值之后,有且仅有一个出口会被选择。判断条件求值结果可以在表示出口路径的流线附近写出。判断用菱形框表示,如图 6-6 所示。

5) 流线

用流线连接不同的操作框,才能构成一个流程图。流线表示控制流程,即操作的转移,转移方向用箭头来表示,如图 6-7 所示。当操作之间的执行顺序是从上到下、自左到右的时候,允许流线不画箭头。

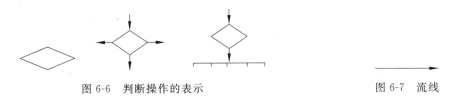

图 6-6　判断操作的表示　　　　　　　　　　　　图 6-7　流线

6) 循环界限

循环是极为重要的一种算法流程基本结构。在传统的流程图里,借助于条件判断和逆行的流线表达应该重复执行的处理动作序列。GB1526 定义了表示算法循环结构的专门符号,意义重大。不再需要使用逆行的流线来表示循环结构,流程图显得简洁清晰。更重要的是,借此可以构建遵从结构化规则的算法流程。

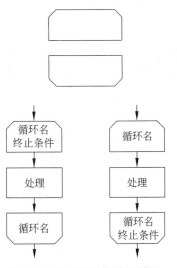

图形符号分为两个部分,分别用上方缺角和下方缺角的矩形框表示循环的始点和终点。为区分不同循环结构,可以在循环始点框和终点框里面使用相同的标识符加以标识。若循坏控制条件在循坏执行之前判断,则将判断条件写在始点框;若循环控制条件在循环操作执行之后才判断,则将判断条件写在终点框。情况如图 6-8 所示。

图 6-8　循环界限符号和循环结构的表示

7) 既定处理

所谓既定处理,是指一个已经命名的、但是操作的含义不够具体和明确的处理动作。因此,对于每一个既定处理,都必须在流程图其他部分对它所对应的操作过程再加详细的定义。算法层次上的既定处理概念对应着程序设计层次上的子程序、程序模块等概念。既定处理用双边线的矩形框表示,如图 6-9 所示。

8) 准备

准备符号表示影响随后其他活动的一个或一组操作。例如设置开关,将一个例行程序初始化等。准备框是一个六边形,如图 6-10 所示。

图 6-9　既定处理图形符号　　　　　　　　　　图 6-10　准备符号

9）连接

有时因为纸张或显示屏幕的限制，需要把一个流程图分成几个部分，布置在图面的不同位置上。这时就要使用一对接续符号来表示一条流线的断开和连接。对应的连接符号应该标上同一个标记。用圆形框表示接续符号，如图 6-11 所示。

10）注解

用注解符号在流程图上标识注解内容。注解符号的连线要连接在被说明的对象上面，或者用虚线框住一组要进一步说明的对象。注解的正文应该靠近边线，如图 6-12 所示。

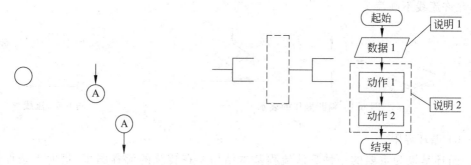

图 6-11　连接符号和流线的连接　　　　　图 6-12　注解符号及注解示例

11）并行

并行符号表示同步进行的两个或者两个以上的操作。如图 6-13 所示，两个并行符中间夹着的"动作 2"和"动作 3"是并行的操作。它们可以在同一段时间之内发生和结束，但并不意味着它们必须"同时发生，同时结束"。

12）省略

在流程图中，如果一些图框或者流线不必明确定义也不会影响理解，可以使用省略符（…）表示对图形符号的省略。省略符号只能用在流线当中或者流线符号之间，尤其适用于表示重复次数不确定的操作，如图 6-14 所示。

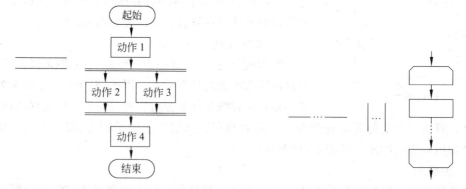

图 6-13　并行符号和并行动作示例　　　　图 6-14　省略符号及使用示例

图 6-15 是一个流程图示例。图的下半部分有一个循环结构，依靠条件"传送成功？"的反复探测，重复执行操作"将结果从存储器送到计算机"。一直到条件为"真"，即传送成功为止。这个流程图的画法比较传统。循环结构用判断操作和逆向的流线来表示并不是一个好的方式，虽然不能说是错误的方式。

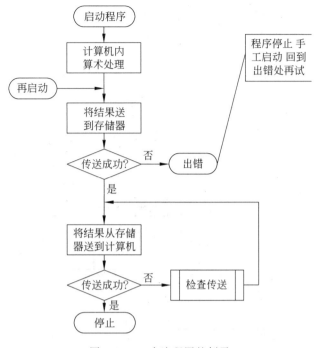

图 6-15　一个流程图的例子

"检查传送"是个既定处理,意味着流程图还要展开表示这个显得太笼统的动作,以给出实现"检查传送"的具体操作流程。

图 6-16 是另外一个流程图的例子。算法流程的主体结构是一个三层嵌套的循环结构,即重复执行的操作里又包含另一个循环结构。通常用"外循环"和"内循环"的叫法区分它们。注意流程图使用了循环上下界符号表示每一个层次上的循环结构。

如果循环结构属于所谓的"当型",那么"先判断,再决定是否执行一遍操作过程",循环条件要列在上界框里面。如果是"直到型"循环,则先执行一遍操作过程之后,再来判断循环条件,看看是否应该再一次重复执行循环动作。这时,循环控制条件应该出现在循环下界框里面。

注意,使用规定符号界定重复执行的操作流程边界之后,所有的逆向流线全部消失了。流程图因此变得简洁清晰。请读者用图 6-15 中的循环结构传统的表示方法重画图 6-16。比较一下两者的不同效果,容易看到图 6-16 画法的好处。虽然循环上下界符号的使用并不是强制性的。

表示算法的随意性和灵活性是流程图的优点,而且人的大脑始终更容易提取图形蕴涵的信息,因此流程图的使用一直受到专业人员的欢迎。选用流程图作为算法表示手段时,要严格遵循 GB1526 国家标准的定义,这样可以使我们"趋利避害"。

2. 操作表示

国家标准里只定义了流程图图形符号的画法,对出现在图线框内的操作,大多没有规定表示方式。一般来讲,可以用自然语言或者借用程序设计语言的操作语句来描述操作含义。总的原则是:可以灵活地选择操作的表示形式,操作的描述或者具体或者笼统,应该和算法的描述目标相一致。"走到学校门口"可以是一个算法目标,算法流程里会出现沿什么路径,

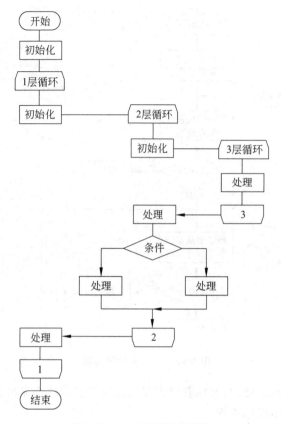

图 6-16　一个流程图的例子

怎么走的具体操作。"走到学校门口"也可以是一个具体操作，是"进城"这个算法目标里的一个操作步骤。

同样道理，"把数组 S 中的元素按升序排列"可以是一个算法目标，这时要给定排序算法的操作流程。而在一个更加复杂的算法中，"排序"可以作为一个操作步骤，出现在一个处理动作框里面。在分层次表示一个算法的时候，"排序"又可以是一个既定处理，然后在下一个表示层次上，再给出实现排序的操作流程。

通常喜欢按照操作表示的具体程度，把一个算法流程图叫做"粗框图"或者"细框图"。在本章的算法例子里，操作的描述大多是很具体的，表示形式和程序设计高级语言操作语句有点类似。这些操作表示形式当然不是不能改变的。具体的描述如下：

1）输入输出操作

算法里经常需要安排输入操作，表示算法执行当中等待操作人员通过输入设备来提供处理数据。这样才能使算法能够处理一类数据对象，而不是特定的一个数据。

输入操作可以表示为

输入：变量(名)

没有必要的时候，不必指出具体的输入设备和数据介质。不妨借用变量形式来表示对输入数据的存储手段。执行操作时，输入的数据值就成为变量的当前取值。

输出操作可以表示为

输出：<表达式>

操作表示把表达式的结果值先计算出来，在显示器、打印机等输出设备上再输出。

2）赋值操作

可以在算法里借用变量形式来表示数据对象。而使用赋值操作来表示指定数据变量的当前值。表示的形式可以是

变量(名)⇐<表达式>

操作的含义是把表达式的结果值计算出来并送到变量中存储，成为变量的当前值。

3）对文件的操作

不妨用自然语言来描写对数据文件的各种操作。例如，文件操作之前要打开文件，文件操作结束之后要关闭文件；在记录式文件中读、写、重写、删除一个数据记录；在流式文件的指定位置读写指定数目字节的数据等。

4）判断操作

判断操作出现在菱形框中。有人喜欢借用逻辑表达式或关系表达式的形式来表示判断操作。操作结果不是"真"就是"假"，出口流线只有两条。

GB1526 规定，可以用冒号来连接两个数据，表示对它们的比较动作。可以有多个比较结果，把每一种判断结果直接写在相应的一条出口流线上，两种画法如图 6-17 所示。

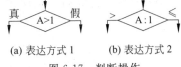

(a) 表达方式 1 　　(b) 表达方式 2

图 6-17　判断操作

可见，表示上述操作涉及的对象借用了高级语言的数据表示形式，比如常量、变量、函数和表达式。当然，数据的描述格式不必十分严格，行内人看得明白就可以了。现在只是表示算法，不是做程序设计。

6.2.3　类程序设计语言的伪代码

依据一种程序设计语言规定的语法把算法表示出来就得到了一个程序。因此，也可以说程序设计语言是算法表达的一种手段。但是，算法和程序毕竟是两个不同层次上的概念，有关联但并非等价。这就启发我们，可以放松程序设计语言的定义形式，得到一种结构类似但又不那么严格，不那么形式化的算法表示手段，这就是所谓的伪代码（pseudo code）。伪代码并没有统一标准，专业人员能够"意会"就可以了。下面是可以使用的几种操作伪代码示例。

1. 数据的赋值、输入、输出

算法中最常见的一种操作是确定数据的当前值，叫赋值。表示数据赋值操作的伪代码形式，可以表示为：

数据的名字:=表示数据运算过程的表达式；

这种表示形式接近高级语言的赋值语句。例如：

circle_area:=3.14 * r * r;

circle_area 是描述数据的名字，不妨用数据变量概念去理解。操作符号":="右边出现的表达式表示一个数据运算过程。伪代码的操作语义应该理解为：把表达式的结果值计算

出来,成为指定数据的当前值。

算法往往需要在执行过程当中,指示操作者使用某种输入设备给算法提供操作数据。数据输入操作的伪代码可以表示为:

```
read (数据名字);
```

输入伪代码的语义是把经由键盘之类输入设备输入的数据值成为指定数据的当前值。这样,一个具体值在执行输入操作时才确定的数据,就可以成为算法中后续操作的对象。

输出操作的语义是计算表达式得到的结果数据以字符形式送到输出设备上供人使用。其伪代码形式可以表示为:

```
write (表达式);
```

执行输出操作时,先算出表达式的值,再把结果数据送往设备输出。

因为不是在设计程序,输入、输出操作的伪代码不必涉及太多细节,比如指定操作设备、定义输入输出数据的严格格式等。

2. 顺序执行

算法中要顺序执行一批操作,可以设计另外一种表示伪代码,例如:

```
begin
    r:=5;
    circle_area:=3.14 * r * r;
    输出("圆的面积是:",circle_area);
end;
```

伪代码的语义是先确定数据 r 的值为 5;然后按指定表达式计算数据 circle_area 的值;最后输出提示信息和数据结果,即半径为 5 的一个圆的面积。

3. 选择执行

另一种伪代码要表示选择操作的语义。判断某个指定的条件成立或者不成立,从两个供选择的处理动作中挑选其中一个执行。可以用以下形式的伪代码表示这类操作选择:

```
if (判断条件成立)
    then 操作 1
    else 操作 2;
```

一个日常事例是:"如果明天是星期六或者是星期天,那么就休息,否则就去上班。"可以形式地把它表示为:

```
if (明天是星期六 or 明天是星期天)
    then 休息
    else 去上班;
```

选择执行操作的伪代码可以有一种"退化"的形式,形如:

```
if (条件) then 操作;
```

其语义是如果条件成立则执行指定操作,否则什么动作都不做。因此,操作:

```
if 生了病 then 吃点药;
```

表示如果生了病就吃点药（没有病当然不吃药），然后不管有病还是没病，继续去干下面已经预先计划好的一件件事情。

4. 重复执行

另外一种常用伪代码的语义是如果一个条件成立，则重复执行指定的操作，一直到条件不再成立为止。表示重复操作的伪代码可以写成：

```
while (判断条件成立) do 操作；
```

其语义是条件成立的话，执行指定操作一次；然后再次判断条件，仍然为"真"的话，再去执行操作一次；如此重复，直到判断条件不再成立为止。

假设有一堆书，每次从中拿走三本，直到书的数目不足三本为止。这个重复的操作过程可以用 while 伪代码表示为：

```
while (剩下的书≥3本) do
    begin
        拿走三本；
        剩下的书:=剩下的书-3；
    end；
```

总之，使用伪代码可以使算法表示比较规范、简洁、清晰，但是又不至于过分严格、过分形式化。和画流程图相比，书写伪代码可能更加方便一些。用伪代码表示算法，转变为程序的时候显然会更直接一些。

请读者重温第 1 章的例 1-2，例中用伪代码的形式给出了求两个数的最大公约数的一个算法。

5. 伪代码的书写版式

虽然伪代码的书写格式是自由的，但不恰当的表示格式往往会影响对算法语义的理解。读读下面的例子，一眼看过去，含义似乎不太清晰：

```
if 下午没有课 then if 不下雨 then 打篮球 else 打乒乓球 else 去上课；
```

只要改变一下书写格式，就可以显著提高算法操作的可读性和可理解性。例如：

```
If 下午没有课
    then
        if 不下雨
            then 打篮球
            else 打乒乓球
    else
        去上课；
```

书写格式改变之后，容易看出算法里选择结构的内部又嵌套了一个选择结构。事实上只要采用下列书写版式：把同一个结构层次的语法成分对齐；下一个结构层次的成分适当退缩。这样算法就显得好读得多。此外，适当使用"括号"来区分表示层次也是使算法语义更清晰的好办法。例如：

```
if 下午没有课
```

```
then
    {
        先打篮球;
        再打排球;
    };
```

习   题

1. 列举算法层次的几项主要工作。
2. 分别用算法流程图和伪代码表示下列算法。
   （1）解一元一次方程；   （2）6.1 节的习题 1～4
3. 下面算法会中止吗？据此编写成程序运行会发生什么问题？

```
x⇐1; y⇐0.5;
while x≠0 do
    { x⇐x-y; y⇐y/2; }
```

4. 判断下面算法是否正确，算法要在两个数中选出大数。

```
d⇐x-y;
if d>0
        then x 是大数 else y 是大数;
```

5. 判断下面算法是否正确，算法用把 y 累加 x 次的方法计算 x×y。

```
p⇐0; c⇐0;
repeat
    p⇐p+y; c⇐c+1;
until c=x
```

6.3   结构化设计

算法实际上是人的思想的反映，是解决数据处理问题的思路过程。当算法越来越复杂、越来越庞大的时候，人们开始关注算法表示的规范化问题。

研究首先从算法的标准结构入手。结果发现，只需要定义有限的几种流程结构，就足以构造出任何一个算法表示。这就是结构化的算法设计方法。这样一来，不管算法多么复杂、庞大，至少算法的构造是清晰的、规范的。就像一座大厦，不管有多少层、占地面积有多少、立面是什么样子的，总是由梁、柱、墙、楼板和门窗等有限种基本构件搭建而成的。结构化不但有利于对算法的理解，而且减少了设计出错的机会。重要的是，方法奠定了以团队合作的方式来设计算法和程序的基础。

结构化方法还提升到思维方法论的层次。首先从全局角度出发提出问题的解决方案，问题的解会由许许多多"子问题"组成；再考虑每一个子问题的解决方法，解决步骤再次分解为更小、更具体的问题；重复这种分解过程，直到涉及的每一个问题都变得规模足够小、解法足够简单为止。可见，结构化方法论解决问题的宗旨是**自顶向下，逐步求精**。也就是平时说的化繁为简、各个击破。

6.3.1　三种流程结构

所谓流程结构，是指算法里操作之间的控制转移模式，也可以叫**控制结构**。结构化方法发现，算法中只要有三类基本的流程结构就足够了，它们是顺序结构、分支结构和循环结构。任何算法一定存在一种表示方式，是通过上述三种控制结构的反复迭代而构造出来的。

1. 顺序结构

顺序结构（sequential structure）表示操作步骤按时间顺序依次执行。如图 6-18 所示，先执行 S1，然后再执行 S2。S1 和 S2 可以是一个不再加以分割的基本操作，也可以是顺序结构的不断迭代。因此，不妨把算法流程的顺序结构看成是由若干个依次执行的操作组成的过程。图 6-19 表示了由 4 个顺序执行的动作构成的烧水喝茶的过程。

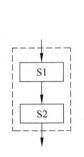

图 6-18　算法流程的顺序结构

图 6-19　烧水喝茶的流程图

容易理解顺序结构是算法的"天然"流程结构。算法操作最终转变成为机器指令序列，存放在存储器的线性空间上。计算机的冯·诺依曼结构体系决定了程序的执行方式只能够顺序地依次执行每条操作指令，遇到转移指令不过改变了依次执行指令的空间顺序，而没有改变一条接一条地执行指令的时间顺序。

设计算法时值得注意的是，顺序执行的两个操作 S1、S2 执行次序有时是可以颠倒的，有时是不可以颠倒的。例如烧水喝茶流程涉及的 4 个操作，执行顺序颠倒的话就会出错。不烧开水，如何泡茶？不泡好茶，又喝什么？至于先洗茶壶还是先烧水则无所谓。

2. 分支结构

分支结构（branch structure）也叫**选择结构**，表示在算法过程的"某一结点"，后续动作存在多种选择。从算法结构形式的角度看，呈现多条分支的操作流程路径。从算法执行的角度看，必须依据一个判断条件的结果取值，选择执行其中的一个操作。算法的一次执行当中只能选择一条操作路径，不可能同时执行不同路径上的操作。

二路分支结构是使用最广泛的分支结构。如图 6-20 所示，判断操作的结果是个逻辑值，逻辑条件的结果为"真"时，选择执行 S1 动作；结果为"假"时，选择执行 S2 动作。情况如同经过一个三叉路口，只能选择

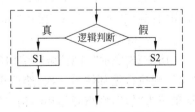

图 6-20　二路分支流程结构

向左走或向右走。当然，这一次选择向左，不排除下一次再经过这个路口的时候有可能选择向右。

在二路分支结构里，往往会以逻辑表达式为手段表示选择的判断条件。"如果天气好，就去郊游，否则就在家里看电视。"是一个容易理解的选择构造。天气不是好就是坏，按照天气好坏，只能在郊游和看电视两种活动中选择其一。

多路分支是另外一种分支结构。多路分支结构里的判断操作的结果是 X1、X2、…、Xn 中的某一个，据此选择执行所列出的 S1、S2、…、Sn 中相应的某一个操作，如图 6-21 所示。就像在常见的"菜单操作"中，算法判断操作者选择了菜单上的第几个项目，然后就转去执行选中项目所对应的操作。

使用二路分支的嵌套结构，可以更灵活地实现任意的多路分支结构。所谓分支的嵌套，就是在一条分支路径上再安排一个分支结构。图 6-22 是一个三路分支结构的例子。按照 A 的不同取值，选择执行动作 S1、S2、S3 当中的一个。不难理解，当 A>1 时，选择执行 S1；当 0<A≤1 时，选择执行 S2；当 A≤0 时，选择执行 S3。

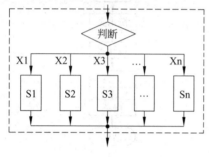

图 6-21　多路分支结构

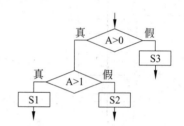

图 6-22　用嵌套的二路分支实现的三路分支结构

3. 循环结构

循环结构(loop structure)又称为**重复结构**。在这种流程结构里，一组操作反复地执行若干次。重复地执行的操作叫**循环体**，通过**循环控制条件**的设定来控制循环体的重复执行次数。如果控制失当，甚至不加以控制，循环操作就不会停止。这种情形被称为"死循环"。绝大多数情况下，出现死循环是算法的一种错误。个别的事例里，操作会不断地重复执行。例如，操作系统就采用这种工作方式。系统等待用户的操作指示；收到指示之后，完成用户委托的操作任务；然后再等待用户下一次指示，不断重复，直到用户关机为止。

按照循环结构的不同控制方式，可以把循环结构细分为几种不同的类型，例如"当型"、"直到型"和"步长型"几种。它们的主要差别在于先判断循环控制条件，还是先执行循环体？控制条件成立的时候，是重复执行操作，还是结束循环操作？

不同类型的循环结构其实都是等价的，其中以"当型"的使用最为基本。在个别情况下，使用"直到型"和"步长型"循环结构来表达算法流程会比用"当型"方便一些。

1）当型循环

图 6-23 表示"当型"循环结构的语义。其特点是首先测试循环控制条件，如果结果值是"真"，则执行循环体 S 一次，然后再重复测试循环控制条件；若某一次循环控制条件的测试结果值为"假"，则离开循环结构，转而执行后续操作 S2。

图 6-23 的左半部是传统形式的流程图画法，右边用 GB1526 规定的循环结构符号重新

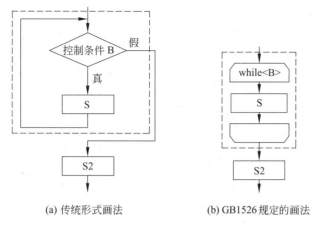

(a) 传统形式画法   (b) GB1526 规定的画法

图 6-23　"当型"循环结构的两种流程图表示

画一遍。两者虽然等价,但后者要简洁清晰得多。因为"当型"循环先判条件,然后决定是否重复操作,所以把循环条件写在循环上界框当中。而且有可能一次也不执行循环动作 S。

如果用伪代码的形式表示"当型"循环,可以写成:

while 循环控制条件成立 do 循环体;

例如,一个售票业务动作可以用循环结构表示为:

```
while 指定航班还有余票 do
    begin
        售票动作;
        余票数:=余票数-售票数;
    end;
```

只要"余票"的数目不少于所要求的售票数目,循环控制条件的判断值就会是"真",算法就反复地执行售票动作,直到"余票"不够为止。"当型"循环通过判断循环条件是否满足来控制是否继续重复执行循环体,并不关注循环的次数。因此循环体里,每次售票后必须安排修改余票数目的动作。这样,在反复探测循环控制条件时,判断结果值才可能出现"翻转"。否则,就会是死循环了。

2) 直到型循环

直到型循环结构的特点是先执行循环体 S 里的操作一次,然后才检查控制条件。探测的结果如果是"假",继续重复执行操作;探测的结果如果是"真",则离开循环结构,执行后续的操作 S2,如图 6-24 所示。

图 6-24 右边的流程图中,对循环控制条件 B 的判断操作出现在循环下界框当中,表示先执行一次循环体 S,然后再探测条件。因此,循环体内的操作至少会被执行一遍。

"直到型"循环结构的伪代码形式可以表示为:

Repeat 循环体 until 循环控制条件成立;

上面提到的售票事务,用直到型循环来表示显然是不合适的。不先判断是否还有余票,就马上执行一次售票操作,在购买票数超过余票数目的时候,售票事务就有可能出错,至少

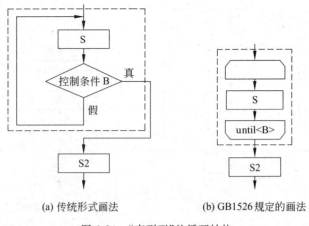

(a) 传统形式画法　　　　　　　(b) GB1526规定的画法

图 6-24　"直到型"的循环结构

业务的处理过程是不自然的。

3）步长型循环

步长型循环结构的特点是把循环控制条件落实到预先设定的循环体重复执行次数上面。为此，要设置一个**循环控制变量**，图 6-25 的变量 i 就是控制循环的主要角色。实现机制是预先设定循环控制变量的**初值**、**终值**和每次修改值时的**步长**；在重复执行循环体之前，先判断循环变量当前值是否"超过"终值，未超过的话重复执行循环体，超过的话就离开循环；更重要的是，每次重复执行指定操作之后，循环控制变量的值要修正一次，变化的幅度是一个步长。

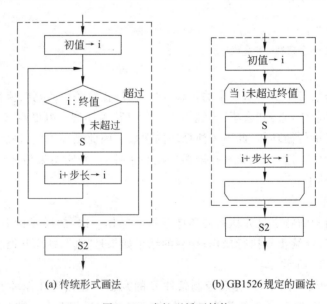

(a) 传统形式画法　　　　　　　(b) GB1526规定的画法

图 6-25　步长型循环结构

循环控制变量的初值通常会小于终值，这时应该指定"正"的步长；如果初值大于终值，应该指定"负"的步长，否则就会出现死循环。在初值等于终值的情况里，循环体里的操作也会被执行一遍。因为循环开始、判断控制条件的时候，循环控制变量的值只是"等于"终值，而并未"超过"终值。

步长型循环结构可以预期重复执行操作的次数。图 6-25 中,如 i 的初值是 11,终值是 1,步长为 −2,则操作 S 的重复执行次数应该是 7 次。S 执行 6 遍后,i 的值变为 1,因为"i 的值未超过终值",要再执行一遍 S。当 i 的值变成 −1,循环结束,算法继续执行后续的操作 S2。

6.3.2　结构化方法

1. 结构化定理

结构化定理从形式上证明了一个结论:采用结构化程序设计方法可以表达任何程序。所谓的"结构化",是指只使用顺序、分支和循环三种基本结构的"复合"来构造程序的流程。换句话说,任何形式的程序或者算法都等价于一个复合的基本流程结构。

复合基本流程结构的构造方法是:在图 6-18、图 6-20、图 6-23 所示的结构中,结构内部的操作 S1、S2 和 S 可以是一个不可分解的简单操作,也可以是三种基本结构的任何一个。这样,写程序也好,表达算法也好,只要坚持用三种流程结构互相嵌套,"你套我、我套你",总可以把任何一个程序或者算法表示出来。

值得注意的是,在表示流程基本结构的上述图例里,虚线框表示一个结构的范围。穿过虚线框边界的只有一条进入流线、一条转出流线。这种结构特征称之为"单入口、单出口"。因此,每个基本结构在算法执行过程中都等同于一个底层的、不再分解的简单操作。从而,结构的嵌套复合模式是单一的、不会出现歧义的。

20 世纪 70 年代以后出现的程序设计语言很注意对结构化设计方法的支持,因此称为**结构化程序设计语言**。像 Pascal、C 这些的语言淡化甚至取消了相当于转移机器指令的goto 语句,以强制禁止在程序流程中出现操作的任意转移。

程序设计语言会定义和三种基本结构对应的流程控制语句,表示顺序结构的复合语句,表示分支结构的 if-then-else 语句,表示循环结构的 while-do、repeat-until、for 语句。这样,就用一种强制的方式让程序员按照结构化方法来编写程序。

2. 结构化思想方法

本节开始已提到,结构化还是一种思想方法论。用"自顶向下、逐步求精"这句话描述的结构化方法学,不追求在单一层次解决问题所有的实现细节,而是在"顶层",也就是从全局的角度提出问题的解决方案。问题的解法会用许多抽象的操作来表达,如何实现这些抽象的操作,带来一个个"子问题"。于是就可以在下一个解题的层次上,以每一个子问题为对象研究解法。这样,整个复杂而庞大的问题被逐步分解,规模越来越小,目标越来越单一,实现的过程越来越简单,直到可以完全依靠底层具体手段很容易解决每个问题为止。

总之,遵循结构化的原则,即"先全局后局部、先整体后细节、先抽象后具体",就容易把一个复杂任务逐步分解为一大批结构清晰、相对简单的任务。所以,结构化方法是解决问题行之有效的一种思想方法学,不是只有在计算机领域才有用。

把结构化思想方法应用到程序设计,产生了**模块**(model)化的程序结构。模块是一个程序段,具有"黑盒"的特征。就是说不必了解模块的内部细节,只要知道模块的处理功能和对外关联的接口说明,就可以把模块作为构造程序的构件。这样,程序由分布在不同层次上的一个个模块构成。程序模块的数量也许极其惊人,但是每个模块的功能单一、过程简单、可能只有几十行程序,整个程序结构清晰而规范,适于分工合作。

程序设计语言里会出现许多实现模块的概念,传统的如**子程序**(sub-program)、**子例程**

(sub-routine)、**函数**(function)和**过程**(procedure)等。**对象**(object)也可以看成是一种概念扩展了的模块。

结构化程序的顶层通常叫做**主程序**。程序流程用顺序、分支和循环等结构构成,涉及的操作可以是基本动作,也可以是抽象的操作。抽象操作的表示形式称为模块的**调用**(call)。程序要安排对模块的**定义**(definition)和**说明**(declaration)。模块的定义过程中,又会出现对其他模块的调用,直到底层的模块流程里只包含基本操作为止。

作为结构化程序的一个简单例子,请重温第 5 章的例 5-20。例中 main()叫做主函数,就是程序顶层的主程序。主程序要计算输出一个圆的面积,用函数 circle_area()的调用操作来表示"计算圆面积"的抽象操作。程序对这个函数要进行定义,给出计算圆面积的具体过程。

还可以把结构化思想方法用到软件分析和软件设计当中,见 6.5.6 节所述。

3. 递归过程

在第 5 章讲过树和二叉树是一种递归数据结构,因为它们的定义中出现了子树的概念,树的子树也是树,二叉树的子树也是二叉树。就是说,"用自己来定义自己"。

所谓递归过程,是指在一个程序模块的算法流程中出现对这个模块本身的调用操作。这种调用叫做递归调用,即"自己调用自己"。

递归过程是一种表示某些算法强有力的手段,尤其是涉及递归数据结构的那些算法。第 5 章讲过生成一棵二叉排序树的算法。二叉排序树里,所有左子树结点的值都比根结点的值小,所有右子树的值都比根结点的值大。使用递归过程的形式,就可以很简洁地表示在一棵二叉排序树里查找一个指定数值结点的算法。描述如下:

```
二叉排序树查找 (形式参数：指向根结点的指针)
    begin
        if 根结点指针为"空"
            then 查找失败
            else if 根结点值=指定值
                then 查找成功
                else if 指定值<根结点值
                    then 二叉排序树查找 (实在参数：指向根结点左小孩的指针)
                    else 二叉排序树查找 (实在参数：指向根结点右小孩的指针)
    end;
```

这个递归过程的语义简单明了。如根结点的值就是要查找的值,查找就成功了;否则,就要在左子树或者右子树当中继续查找。因为子树也是一棵二叉排序树,所以用递归调用过程的形式来表示对子树的查找操作。

使用递归算法,要注意以下几个要点:

(1) 把问题的解分解为若干个子问题,如果这些子问题的性质和原问题是一模一样的,就用解决原问题算法过程的递归调用来表示子问题的解。在二叉排序树查找算法里,涉及对左子树或者右子树的查找动作,问题性质和原来的问题一样,于是就使用递归调用的形式表示对子树的查找过程。

(2) 递归调用一定要出现在一个控制条件的作用范围当中。上例当中的控制条件就是"要查找的二叉树不能是空的二叉树",不仅仅指原来的那棵二叉排序树,还包括查找过程中涉及的每一棵子树。如果递归调用无条件,每次执行到那里就调用自己,再激活一次算法过程;那么递归调用的终点在哪里? 又如何能够从一次又一次的激活过程里返回来呢? 因此,和循环结构的控制类似,小心选择递归调用的终止条件十分关键。

(3) 递归过程要带数据参数。递归调用时使用的数据参数会和原来过程的参数相关。查找二叉排序树的过程形式参数是"根指针",凭此才能找到根结点所在位置。所以,用递归调用查找左、右子树的时候,替代的数据实在参数是存储在根结点里面的左、右小孩的指针,分别指向左、右子树的根结点。

习　题

1. 列举算法流程的三种基本结构。
2. 讨论结构化定理对程序设计的意义。
3. 写出一个分支结构表示:当 I=1、2、3、4 时,分别执行操作 S1、S2、S3、S4。
4. 把下面两段伪代码转换成为使用 while 型循环的等价代码段。

(1)

```
repeat
    c⇐c+1
until c>10;
```

(2)

```
for i=1 to 10 step 1
    c⇐c+1;
```

5. 比较 while-do、do-while、repeat-until 和 for 这 4 种循环结构的差别。
6. 指出动作 S 在下面的一个两重循环结构中的执行总次数。

```
i⇐1;
while i<10 do
    { j⇐i;
      while j<10 do
        { S;
          j⇐j+1;}
      i⇐i+1;}
```

6.4　算　法　示　例

6.4.1　顺序结构的算法设计

算法是个操作序列,依次逐步执行每个动作是最自然的操作顺序。一般来说,处理过程操作步骤的先后次序会是输入数据、对数据进行各种各样变换动作、输出期望的数据结果。算法的操作序列和计算机的操作执行序列是一致的,要注意操作对数据对象的修改次序,以保证结果是正确的。不难分析,下面两个操作序列的结果是不等价的。

T+B→T,T+1→A

和

T+1→A,T+B→T

在顺序执行的操作当中,有些次序是可以颠倒的,哪一个先做、哪一个后做都无关紧要。但也要小心决定,哪一些操作的执行次序是不可以颠倒的,否则就会导致出错。

【例 6-1】 计算圆的周长和面积。

图 6-26 是完成计算任务的一个算法流程图。

这个算法并不理想。算法中圆的半径用常量 2 表示,因此只能计算特定的一个圆周长和面积。我们不希望一个算法只能解决一个问题,而不是一类问题。

图 6-27 表示做出改进的一个算法。算法 2 可以计算任意一个圆的周长和面积。

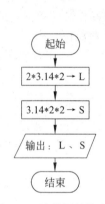

图 6-26　计算圆的算法 1

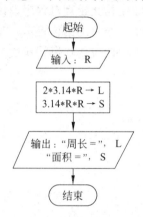

图 6-27　计算圆的算法 2

首先,算法 2 用变量 R 为手段表示圆的半径。因此只要确定 R 的值,就确定了要计算的一个圆。算法使用了输入操作来确定 R 的当前值,这样就可以在执行算法的时候才提供运算数据。和算法 1 相比,算法 2 的最大好处是可以计算所有圆的周长和面积,圆的半径在执行算法的时候,而不是在设计算法的时候来指定。

不管在算法表示时,把计算周长和面积的操作写在一个处理框里还是分列在两个框里,它们都是两个要顺序执行的操作。显然,执行次序是随意的,两个操作没有因果关系。

输出操作的数据对象是变量 L 和 S 的值,是通过之前的表达式计算和赋值操作确定的。L 的值代表圆的周长,S 的值代表圆的面积。为清晰起见,在结果数据值输出之前,先输出一个字符串作为输出数据语义的提示信息。不然,算法执行时显示器上蹦出来两个数,不了解算法的人怎么知道输出数据的含义呢?

算法 2 的顺序流程是典型的,先输入原始数据,再对数据进行运算,最后输出结果。

【例 6-2】 在通讯录里查找电话号码。

假设通讯录已经以文件形式存储在磁盘上。文件的组织形式是索引文件,文件的记录类型由 4 个数据项组成:姓名、地址、电话号码和工作单位,其中姓名是关键字。只要给定一个姓名值,就可以指定相应的一个数据记录,这是由索引文件组织保证的。

图 6-28 是这个查找算法的流程图。查找流程由一系列顺序执行的操作组成。先输入一个名字,以此为关键字在通讯录文件里读出一个记录,把在记录里找到的电话号码输出到显示器上去,从而完成查找任务。

下面讨论算法里的几个细节。

输入、处理、输出是一般的典型顺序。算法里,执行输入名字之前,为什么要先安排一个输出动作呢?这个操作输出的是"提示信息"。输入操作之前先安排一个提示信息的输出是设计算法的好习惯。执行输入操作时,计算机处在"动态停机"状态,操作者的数据输入动作结束之后,才会执行输入的后续操作。因此,初学者往往迷惑,怎么程序执行好一会了还不见动静,是不是"死机"啦? 其实计算机在等待你的数据输入动作。先安排提示信息的输出,执行时在显示屏上见到"请输入姓名",操作者就知道该在键盘上输入"李四"了。使用这种常规处理动作,可以使程序执行的时候呈现一种"一问一答"的人机交互方式。

算法发布的"读文件"操作,由文件系统负责执行。文件系统会把已经输入机内的名字"李四"当作关键字,查找通讯录文件的索引表,确定相应记录的磁盘地址,把数据记录传送到内存的一个指定区域,称之为文件**内存缓冲区**(buffer)。算法后续动作是从存放在缓冲区的记录数据项中选出姓名和电话号码,再执行输出操作,显示器上就可以看到李四的电话号码 456 了。

对文件操作之前,要安排一个打开文件操作,作用是通知文件系统做好执行文件操作的各种准备工夫;完成文件操作后,要安排一个关闭文件操作,通知文件系统善后。

算法的执行情况示意如图 6-29 所示。

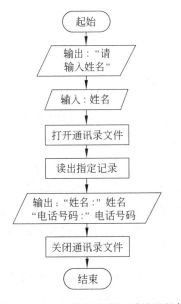

图 6-28 在索引文件里查找电话号码的算法

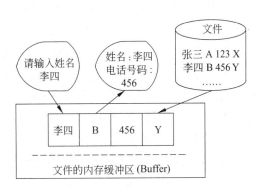

图 6-29 查找通讯录文件算法执行示意图

6.4.2 分支结构的算法设计

二路分支结构是基本的算法分支结构。根据判断条件取值,选择执行列出的两个操作序列中的一个。

【例 6-3】 求一元二次方程 $Ax^2+Bx+C=0$ 的根。

首先要考虑如何在算法里表示一个一元二次方程，$Ax^2+Bx+C=0$ 是方程的数学表示形式。前面讲过，计算机科学总是通过事物特征来表示事物的。一元二次方程的根本特征是二次项系数 A、一次项系数 B、常数项 C。使用三个变量分别表示这三个系数是适宜的，给定了它们的值，就是给定了一个方程。

在数学研究出来的一元二次方程各种各样解法当中，哪一种最适合在计算机上应用呢？显然是求根公式。求根的算术运算过程在算法里很容易用算术表达式实现。

解决上述两个问题之后，解方程的算法就不难设计了。算法流程图如图 6-30 所示。

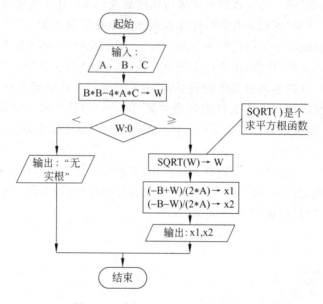

图 6-30　求解一元二次方程的算法

求根公式中出现 B^2-4AC 的平方根。B^2-4AC 的值小于 0 时，方程没有实数根，算法对此作了简单处理，输出提示信息就算了。B^2-4AC 的值大于或者等于 0 时，方程有两个实数根。按照公式进行算术运算，就可以把它们计算出来。

因此，算法的核心部分是一个二路分支结构。判断条件是"B^2-4AC 的值是否小于 0"，据此选择执行"没有实根"和"有两个实根"的不同处理动作。依据求根公式计算实根时，借用函数调用形式 SQRT() 表示求 B^2-4AC 平方根的计算过程。用表达式表示求根公式时，注意式中两个括号的正确使用。

这个算法的表示是结构化的。算法的整体是一个顺序结构，首先输入方程的三个系数，然后使用求根公式。顺序结构里嵌套了一个二路分支结构，表示求根的两种不同处理情况。在分支结构中的一条路径上又嵌套了一个顺序结构，表示求方程两个实根时应该顺序执行的一系列操作。

算法中会出现多路分支结构，表示对可能发生的若干个操作过程进行选择。选择依据仍是判断条件。二路分支的嵌套能够灵活实现多路分支结构。所谓嵌套的二路分支结构，就是在分支的处理路径上再出现分支结构。

【例 6-4】 在输入的任意三个数中挑出最大数。

算法的逻辑是三个数的互相比较。一种直观的算法如图 6-31 所示。先对任意两个数进行比较,大数才有最大数的候选资格。然后再把它和第三个数比较,大者就是三个数里的最大数了。

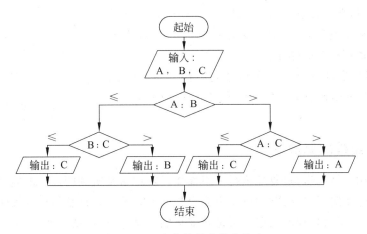

图 6-31　三个数挑最大数的算法 1

算法 1 里有一个 4 路分支结构,其构成方法是在二路分支的两条路径上又各自嵌套了一个二路分支结构。三个数挑最大数为何有 4 种选择可能?原因在于,首先比较 A、B 而 C 才是最大数的时候,根据 A 大还是 B 大,要在两条不同的操作路径上才能把最大数 C 挑出来。

算法 1 能够完成任务,任何情况下只要进行两次比较就能够挑出最大数。但是所用的比较逻辑很不理想。随着数据规模增大,数据互相比较的路径就复杂到难以表示了。请读者尝试一下,给出 5 个数挑大数的算法。要挑出 50 个数、500 个数里的最大数呢?

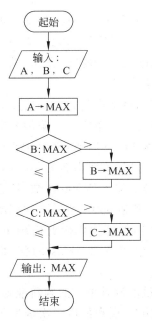

图 6-32　三个数挑最大数的"打擂台"算法

N 个数里要进行 $N-1$ 次比较才能找到最大数,可以改进的是数据的比较方式。不妨设想一种"打擂台"算法。"擂台"上存放的是最大数的候选者,每个数轮流去"打擂台",每一次都把当前的大数留在"擂台"上。$N-1$ 次擂台打完后,留在"擂台"上的那个数自然就是 N 个数里的最大数了。

改进后的算法流程图如图 6-32 所示。

在图 6-32 给出的算法里,变量 MAX 充当"擂台",先随便挑一个数来充当"擂台主"。余下的数依次"打擂台",比 MAX 里的当前数大时,就成为新的最大数候选者。容易理解,所有的比较完成之后,MAX 里的数一定是最大数。

现在,可以不假思索地写出 5 个数挑最大数的算法来了。不怕麻烦的话,500 个数挑最大数的比较逻辑也可以照此描述。我们当然不会这么干。注意到没有?每个数"打擂台"的比较方式是雷同的,比较的对象都是 MAX,如果能够用单一形式表示另一个参加比较的数,就可以用重复执行的算法结构代替顺序执行的结构,这样"打擂台"找大数的算法就完美了。下面例 6-5 给出了这个典型算法。

除了用二路分支结构的嵌套来表示多路分支流程结构外,还可以直接描述存在多条供选择操作路径的分支结构。例如,常见的菜单选择控制方式。"菜单(menu)"上列举了所有供选择的动作或者数据,操作者挑选其中一项,算法按照用户的选择执行对应的操作。

图 6-33 表示了这种直接的多路分支结构。一些语言中的 case 语句、switch 语句就是直接多路分支结构的实现手段。

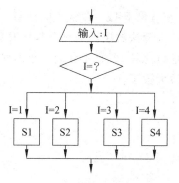

图 6-33　多路分支结构示意

6.4.3　循环结构的算法设计

在算法的循环结构里,重复地执行一组操作。就像常常听到的那些歌曲一样,一个调子反反复复唱了好多遍,每次的歌词倒是不完全相同的。算法里重复执行的操作,表示的形式是不能改变的,但每次处理的数据对象是在变化的。这样,循环结构就特别适合表示用相同的动作反复处理一大批有关联的数据。

【例 6-5】　在 500 个输入数中挑选最大者。

已经分析过,"打擂台"是完成挑选最大、最小数的最佳算法。让第一个数作为最大数候选对象,余下 499 个数依次和最大数候选对象比较,要么被抛弃,要么成为新的候选对象。

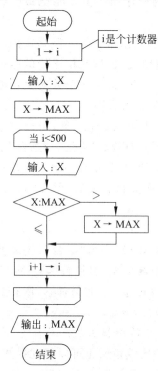

图 6-34　用计数方式控制
循环次数

算法的关键点是如何控制"打擂台"的动作重复进行 499 次呢?图 6-34 所示的算法流程采用计数方式控制需要的重复操作次数。

为此,算法用变量 i 充当一个"计数器"。算法保证,i 的当前值代表已经有多少个数参加了比较操作。因此,第一个数到达时,i 的初值为 1。以后,每输入一个数,计数器 i 的值就增加 1,然后这个输入数再去"打擂台"。

算法里使用"当型"循环来控制重复操作过程。要小心决定每次操作之前都要判断一遍的逻辑条件。正确的判断条件是"i<500"。当 i 的值递增到 499 的时候,表示 499 个数已经输入处理完毕。此时,循环控制条件仍然为"真",要继续执行一遍循环体里规定的操作:输入第 500 个数,让它去"打擂台",计数器 i 的值增加 1,到达 500。然后再次判断循环控制条件时,取值显然为"假",循环操作因此而结束。算法执行循环结构的后续动作,输出变量 MAX 的值,即 500 个数里的最大数。

循环控制条件很容易出错。虽然没有单一的判断准则,但是注意分析控制条件涉及数据第一次和最后一次的取值状况,常常有助于判断对循环次数的控制是否正确。多循环一次或少循环一次都是容易发生的错误。

注意循环体里必须包含对控制条件所涉及数据的修改动作，比如例中对 i 的增 1 操作。对这一类数据的修改不当，也是导致循环控制出错的原因之一。

500 个数轮番进入变量 X，"打擂台"就是 X 和 MAX 的比较。虽然最大数可以挑出，但原始数据不能保留。请读者自行考虑要保留原始输入数据时的算法修改。

"计数器"方式适于重复次数确定的情况。重复次数无法确定时，监视"数据结束标志"的出现是另外一种常规的控制办法，见下例。

【例 6-6】 在若干个非零数当中挑选最大数。

假设数据的数目无法事先确定，只知道数据里不会出现 0。于是，可以做个约定，算法只要发现 0 到达了，就意味着要处理的数据已经全部提交完毕。0 就是算法选择的数据结束标志。选择结束标志的准则显然是它不可以和算法要处理的数据对象相重合。否则算法如何判断它是数据还是数据的结束标志呢？

和例 6-5 一样，使用"打擂台"算法挑出最大数，仍然不保留输入的数，所有数还是依次进入变量 X 当中。循环控制条件里对 X 值进行判断，非 0 的话是处理数据；是 0 的话，表示全部数据已经输入完毕。算法流程图如图 6-35 所示。

有两个问题是值得进一步讨论的：

算法开始的输入操作只会执行一次，输入的是第一个数，随即把它送入"擂台"MAX。在循环结构里，顺序执行两个动作，先让 X 去打一次擂台，再输入下一个数到变量 X 当中。显然，第一次循环时，第一个数自己和自己比了一次，虽然不会引发错误，却纯属多余。

那么，把两个动作颠倒一下，先输入、后比较，可以吗？答案是否定的。表面上，先输入下一个数，再让它"打擂台"，次序还挺合理。但反复输入的除了数据外，还有最后一个结束标志 0。让 0 去"打擂台"不仅仅是多余的问题了，而是会出错。假如以前输入的

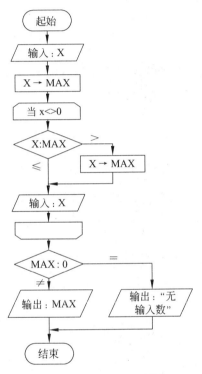

图 6-35 用结束标志控制循环

都是负数的话，0 就错误地成为最大数了。分析一下，给出的算法现在为什么能够防止发生这种出错情况？

算法完成比较输出结果时，为什么不直接输出 MAX 的值，而是安排一个分支结构呢？这是应付算法执行时，操作者第一次就送一个 0 进来。这时循环结构一次也不执行，如直接把 MAX 里的 0 作为最大数输出，至少是不够完美的做法。

设计算法的时候，力求考虑到执行时可能会发生的所有情况，再安排相应的应对动作。如果做到这一点，那么就说这个算法不但正确，而且健壮。

和分支结构的嵌套类似，循环结构内部也可以嵌套循环结构。习惯用**外循环**和**内循环**称呼它们。每执行一次外循环的循环体，都会使内循环初始化并开始执行，直到内循环控制条件出现为止。就是说，每当外循环执行一次，内循环都会执行若干次。有时会把循环嵌套

的结构叫做**多重循环**。在算法里,两重循环、三重循环结构都是常见的。

【例 6-7】 把任意的 500 个数按升序排列输出。

任务涉及一个**排序**(sort)算法。目标是把 500 个数在它们的存放空间里面搬来搬去,最后按照从小到大的次序排列在存储空间上。已经研究出各种各样的排序算法。图 6-36 是其中一种叫做**选择排序算法**的流程图。

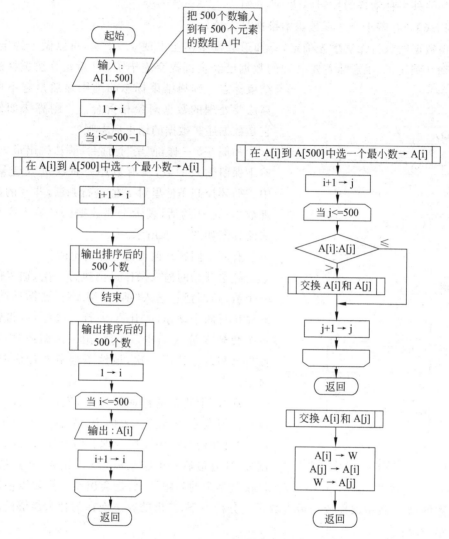

图 6-36　选择排序算法流程图

算法的思路是对 N 个数进行 $N-1$ 次比较可以找出其中的最小数,把这个最小数存放在空间的第一个位置上;把余下的 $N-1$ 个数进行 $N-2$ 次比较,找出其中的最小数,把它存放在第二个位置上;以此类推,最后在两个数中进行一次比较,小数存放在第 $N-1$ 个位置上,最大数自然占据第 N 个位置。至此所有的数都在存储空间上,从小到大地排好次序存放了。在排序过程中,数据的有序部分从空间的开始位置逐步向后延伸,而没有序的部分不断退缩,直至排序完成。

算法主体是个两重循环结构。外循环重复执行 $N-1$ 趟,每趟内部嵌套着一个内循环,用"打擂台"的算法挑出最小数,并把它就位。流程图如图 6-36 所示。

顶层流程图表示了前面所述的选择排序算法全局思路。把 500 个数存入 A 数组当中,经过 499 趟排序动作,从小到大地在 A 数组内重新就位。在算法的核心部分,既定的操作"在 A[i] 到 A[500] 中选一个最小数存放到 A[i] 当中"虽稍嫌笼统抽象,但是足以清楚表示选择排序的算法本质。另外一个既定操作"输出排序后的 500 个数"也是这样。

然后可以在一个更具体的层次上进行描述,每一趟如何在剩下的数里把最小数挑出来,用的还是"打擂台"算法。现在的擂台是 A[i],存放在 A[i+1] 到 A[500] 的数依次和 A[i] 里的数进行比较,把小数留在 A[i],把大数换下来。挑选过程使用一个内循环结构表达。显然,现在注意力已经可以离开全局的排序问题,专注于解决"挑小数"这个局部问题了。

为了实现把"候选最小数"留在 A[i] 的目标,要执行一个"交换 A[i] 和 A[j]"的操作。现在可以把其他问题都撇开,单独考虑如何实现把两个变量里存储的数据当前值互相交换。设一个中间变量 W 作为临时"周转"空间是最直观而简单的方法。

同样,可以单独考虑"把已经排好序的 500 个数依次输出"的实现过程。至此,整个算法过程就从全局到局部、逐步分解地被设计出来了。

【例 6-8】 冒泡排序算法。

冒泡排序算法基本思路和选择排序相同,都是在一趟操作过程中,从还没有次序的数里挑出一个最小数,差别在于挑出最小数的比较方式。冒泡算法从第 N 个数和第 $N-1$ 个数的比较开始,"上大下小"时交互两个数的存储位置;然后再去比较第 $N-1$ 个数和第 $N-2$ 个数,到第 $i+1$ 个数和第 i 个数的比较完成时,第 i 趟排序结束。这样,通过第一趟比较,最小数会被交换到第一个存储位置;第二趟把次小数交互到第二个位置;直到第 $N-1$ 趟,次大数会出现在第 $N-1$ 个位置,最大数就落在最后一个存储位置上了。每一趟比较,当前最小数都像一个气泡一样,逐步"冒起"到达它在序列中应处的位置中,算法因此而得名。

尽管冒泡算法和选择算法的执行效率大体相同,都要进行 $N-1$ 趟比较,在第 i 趟中,要进行 $N-i$ 次比较才能把当前最小数挑出来。但是冒泡算法的好处是能够发现"提前有序",随即结束排序过程。因为算法特有的比较方式,只要在某一趟比较过程当中没有出现过数据的交换动作,即可判定排序提前完成。因此,如果排序对象原来就是有序的,使用冒泡算法比较一趟之后就可以终止,而使用选择算法依然要比够 $N-1$ 趟。"打擂台"式的比较虽然能够挑出当前的最小数,但是不能判定余下的数已经有序还是没有序。冒泡程序算法和选择排序算法的对比如图 6-37 所示。

习 题

1. 设计算法:求任意一元一次方程。
2. 设计算法:在任意输入的 5 个数中选出最小数。
3. 设计算法:先指定一批输入数的个数,再从这批数中选出最小数。
4. 设计算法:输入整数,数目不超过 100 个,然后分别以升序和降序输出这些数。
5. 设计算法:找出 100 之内的所有素数。
6. 设计一个能够发现一批数"提前有序",随即结束排序过程的冒泡排序算法。

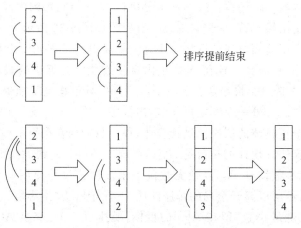

图 6-37　冒泡排序算法和选择排序算法的对比

6.5　软件的工程化开发方法

早期,人们心目中的软件开发就是使用程序设计语言编写程序。程序员凭着个人技巧,用"手工艺"方式工作。受硬件制约,编写程序时要想方设法节省几条指令、几个二进制位。软件的分析设计过程仅仅隐藏在程序员的头脑当中。

随着软件规模的增大,迫使软件开发要采取"作坊式"的合作组织,出现了对数据结构、程序结构的研究。以此作为工具,规范和协调程序员们的合作编程过程。

进入 20 世纪 70 年代,软件规模和复杂程度猛增,大型软件开发遇到前所未有的困难,错误频出,进度延误,费用剧增。有人形象地用"在泥潭中垂死挣扎的巨兽"形容陷于困境的开发人员。正是这个"软件危机"时期的到来,触发了软件工程学的诞生,人们意识到必须有新的理论、新的技术方法、新的工具来指导软件的开发过程。

6.5.1　关于软件工程学

现代工业社会里,工程技术已经十分成熟。人类可以登月,可以完成工期长达一二十年的水电站,可以建立年产几十万台汽车的巨大工厂。一种朴实的想法是为何不能借鉴现代其他工程行业的现成技术、成功经验,采用"工程化"方法来开发软件,解决"软件危机"呢?

软件的工程化开发方法是软件工程学的核心内容之一。其目标是如何用最低的成本、最短的时间开发出适用的、高质量的软件。研究在两个方向上进行:一是致力于提出能够在实际开发过程中应用的技术方法;二是进行理论研究,力图探索描述软件开发过程形式化的基础原理。而工程化开发方法研究的出发点是**软件生命周期**概念。

历经多年研究,**软件工程学**(software engineering)已经成为计算机科学的一个分支。研究领域除了软件开发技术之外,还涉及软件开发的工程管理课题。经过业界多年努力和来自其他工程技术的启发,我们确立了软件工程学的一些基本原则,提出各种实用的技术方法,甚至制定出软件开发应该遵从的标准规范。

但是总的来看,离实现学科目标还很遥远,彻底解决软件开发面临的种种问题遥遥无期。已经提出的技术方法不断被新方法所替代,而学科理论基础研究似乎仍然未出现突破。原因可能在于软件这种"思维产品"和其他工程产品相比,有着颇为不同的特性,把其他行业成熟的工程化思想和技术用于软件开发,的确有助于解决问题,但至今未能彻底地解决问题。

软件工程学的理论基础仍然未明确。不像机电、建筑等工程学科,数学、物理和化学给它们奠定了极为严谨、极为坚实的基础体系。

大部分软件特性仍然无法用定量的方式测量。依据软件的开发和使用实践,人们选择了一组属性来刻画软件的质量,比如功能的正确性、运行的可靠性、效率、完备性、可用性、可维护性、可测试性、可移植性和可重用性等。对软件质量属性的量度大多缺乏定量的标准,因此无法建立十分有效的质量保证体系。

工程产品都会允许出现一定的误差,误差范围之内都是合格产品。而软件是一种逻辑产品,往往"非对则错",这就给开发过程控制带来一些难题。

传统的工程产品会使用大量的标准化零部件,这样就容易在生产过程中采用预制构件建造产品。为了加快开发效率,我们也关注软件构件的可重用性。但软件或多或少和具体的应用相关,很少能够不做任何改动就可以直接重复使用。

尽管如此,软件开发人员仍然必须自觉利用软件工程学已经取得的成果去指导、辅助、管理开发过程,否则将重蹈前人覆辙,踏上那条导向"软件危机"的歧路。

6.5.2 软件生命周期概念

软件生命周期(software lift circle)是软件工程学里的最基本概念。它是指软件从提出开发要求开始,到开发完成投入使用,直至软件被废弃为止的整个时期。

软件和人生相仿,经历着孕育、诞生、成长、成熟、衰亡的生命过程。从时间进程角度看,整个软件生命周期被划分为若干个阶段,每个阶段有明确的目标和任务,要确定完成任务的理论、方法、工具,要有检查和审核的手段,要规定每个阶段结束的标志,即所谓"里程碑"(milestone)。阶段的里程碑由一系列指定的"软件工作产品"构成。作为开发成果的软件工作产品体现为软件现代定义中所说明的几种要素:文档、程序、数据。

所以,"分阶段"是软件生命周期概念的第一个要点,如图 6-38 所示。概念来源于现代工程实践。任何现代工程都由众多的工序交错地执行完成。把工程分解为一个个"过程"是工程化方法的首要特征。

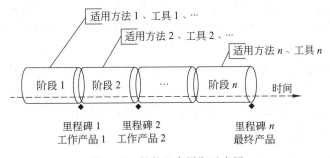

图 6-38　软件生命周期示意图

建造一栋大厦,要提出方案,讨论技术方面、投资和收益方面的可行性;要分析大厦业主的种种要求;要进行土建、水电等不同方面的设计;开工了,要监管、协调工程项目;要有质量标准和监理程序;要控制工程进度等。担负不同职责的各类工程人员执行、管理、协调数目繁多的各种过程,才能够顺利地完成工程任务。

软件生命周期概念的另一个要点是强调**文档**(document)的使用。伴随产品从无到有的整个过程,会产生种种分析、设计、制造、管理和使用说明等方面的资料。文档就是指以某一种可读形式出现的这些技术资料、管理资料。文档是对活动、需求、过程、结果进行描述、定义、规定、报告、认证的书面信息。汽车是汽车厂的产品,伴随着汽车的产出过程,会产生海量的图纸、工艺规范、加工单、检验报告和使用手册等。文档的使用是工程化方法的另外一个特征。只有手工艺的生产方式才不需要使用什么文档,一切的过程都隐藏在手工艺人的脑袋当中。

按照产生和使用的目的,可以把文档分为用户文档和系统文档两大类。

顾名思义,用户文档是提供给用户看的,技术性不必很强,用来描述软件的功能、性能、使用方式和操作步骤等。有时会以书籍和手册的形式出版,有时会包含在程序产品当中,如常见的求助(help)信息。

系统文档是软件开发过程的产物,包括各种技术资料、管理资料,比如系统分析说明书、设计说明书、数据说明书、源程序清单、测试报告和进度计划等。

因此,文档是软件产品的重要组成部分。工程化的软件开发方法非常强调文档的作用,可以从以下 6 个方面来认识它。

(1) 文档是记录手段。人的记忆能力有限,各种过程信息必须以可阅读形式录制下来,提供给开发、管理乃至日后的维护修改使用。

(2) 文档是通信和交流的手段。开发过程中,专业人员和用户之间必须进行交流,保证软件是符合用户需要的;担负不同职责的专业人员之间也要进行交流,保证对软件的目标和任务有一致的理解。光靠交谈、开会来交流是远远不够的,文档才是准确、可靠的交流手段。

(3) 文档是开发过程的控制手段。某种文档的产生是某个开发阶段的工作成果和结束标志,也是下一阶段的工作依据。设计工作必须在分析文档的基础上进行,编程工作必须在设计文档的基础上进行,这样,相应阶段的工作才是受控的,而不是各行其是的。

(4) 文档是管理过程的依据。任何质量保障体系、进度控制体系都必须依靠各种文档记录信息来监督、协调开发过程。

(5) 文档是软件维护的重要依据。你自己写的程序,过了一段时间再读都会觉得陌生,何况是别人开发的软件。要修补一个复杂而庞大的软件,如果没有开发文档参照,维护工作肯定寸步难行。

(6) 文档是软件产品的介绍媒介。编写得好的用户文档对软件的功能、特点、使用方式描写得通俗易懂,有助于增加软件的销量。所以,软件文档还是一种重要的市场营销工具。

文档用自然语言、专业图表等手段写成。计算机辅助软件工程(CASE)工具能够减少开发者们编写、更新文档的工作量。

6.5.3 传统的软件生命周期阶段

对软件生命周期的划分,传统上是雷同的,大体上可分成开发和使用与维护两大时期。

再细分的话,可以把软件开发时期分成分析、设计、实现和测试等几个工作阶段。

1. 分析阶段

核心工作是**需求分析**(requirement analysis)。简单地说,阶段的目标是确定软件究竟要"做什么"。不首先明确功能、性能和其他方面的"需求",就很难保证以后开发出来的软件是用户所期待的产品。

软件开发过程中会涉及几类人。首先是日后使用软件的人,称之为用户(user)。软件的价值最终要由用户评价。用户虽然对业务领域了如指掌,但用户不但不会制作软件,甚至不知道计算机究竟能够帮他们干什么。第二类是制作软件的专业人员,他们是计算机专业知识的高手,能够按要求制作出高质量的软件,但是却不太了解用户业务领域的知识。上述两类人催生了第三类人——软件分析人员。作为前两类人的桥梁,分析人员既要掌握用户业务领域知识,又要掌握软件开发领域知识。软件分析人员的桥梁作用如图 6-39 所示。

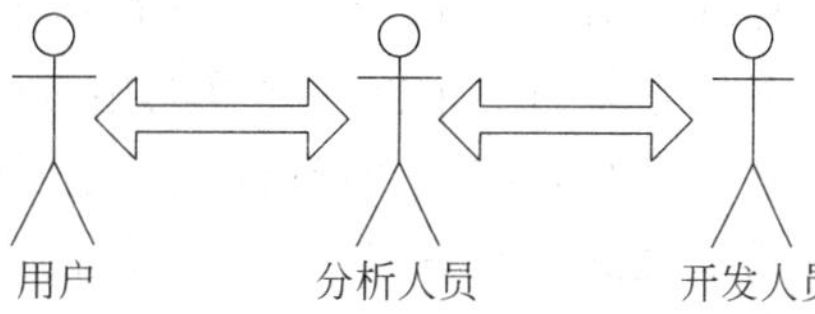

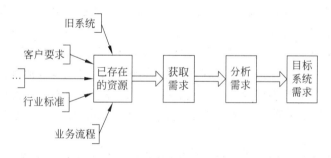

图 6-39　软件分析人员的桥梁作用

需求分析工作一般分两步完成:第一步是获得需求,第二步是分析需求。需求源于用户,通过正式或者非正式的方式来收集,比如举行会议、聊天、整理业务单据和报表等。在这个阶段,需求从用户应用的角度来表述,并且以文档的形式记录下来。第二步是对已经获得的需求进行分析,用比较专业的手段加以表示。例如使用数据流图(dataflow diagram)表示系统的数据处理功能,使用用况图(use case diagram)描述系统在用户界面上呈现的行为等。业界习惯把技术性的系统需求描述文档称为系统规格说明书(system specification)。

需求分析的过程如图 6-40 所示。

图 6-40　需求分析过程示意

要从不同的方面来描写软件需求,包括功能、性能、数据、运行环境、输入输出方式、安全控制和故障恢复等。例如一个银行客户端系统,要求具备在柜员机上完成存款、取款、转账和设置密码等银行业务的功能;用户输入所有必需的信息后,系统要在 5 秒钟内做出响应;系统要支持键盘输入、显示器输出和单据打印;必须能够核实用户的身份和操作权限;操作过程中遇到停电等故障,系统的账户数据要保持完整和正确等。

通过需求分析提出准确而详尽的要求,才能确立软件设计的目标和依据。

2. 设计阶段

如果说分析阶段着眼于确定用户需要什么样的软件,那么设计阶段的主要任务就是确定软件要"怎么做"才能实现目标。就像要建一栋大厦一样,不能在只明确了要建一栋什么样的房子之后,就让工人们开始动手。建筑师们首先要完成各项设计工作,设计大厦立面、结构、水电管道、装饰,把想法变成成千上万张图纸,然后才能按图施工。软件设计就是要"画出要开发的软件的蓝图"。

设计阶段的主要任务之一是设计软件的"结构"。模块化结构被证明是大型软件的最佳结构。一个软件被分解为众多组成部分,称为**模块**(module)。每个模块都有具体的功能,都有明确的**接口**(interface),即对模块使用方法和结果的说明。一个软件由若干个模块通过接口组成。正是有了模块化的分解构造,大型软件才得以实现。试问谁有本事能把程序从第一行一口气写到第一百万行呢?

在结构化的设计方法里,模块体现为程序过程(procedure);在面向对象的设计方法里,模块体现为对象(object)。它们都是搭建软件的基本构件。

我们希望每一个模块尽可能相对独立,这样在开发或者修改软件时,可以避免模块之间的干扰。系统是统一的,软件模块之间会存在某种程度的联系,用模块**耦合度**(coupling)来表示模块之间的联系方式。而模块的**内聚度**(cohesion)则表示依据什么原则把软件成分放到一个模块中去。设计模块时追求"高内聚、低耦合",就可以使模块尽量相对独立。

数据库设计往往是另一个重要的系统设计任务。简单说,就是考虑长期存储在数据库里的数据要分布在多少个表(关系)当中,每个表(关系)应该包含哪些数据元素。

还会有许许多多的设计任务,例如事务处理流程、输入输出和安全性控制等。原则上,确定了什么需求,就要进行系统设计工作考虑究竟如何实现这些要求。系统设计完全不是"程序设计"。到这个阶段很可能一行程序都还没有写呢。

3. 实现阶段

实现阶段的核心任务就是制作出可以运行的软件。首先是**编码**(coding),传统意义的"写程序"。用某种选定的程序设计语言编写可以在计算机系统上运行的程序,完成源程序、目标程序清单和用户手册等文档。

程序设计语言是个大家族,选择哪一种语言来编码要考虑众多因素。比如说,语言本身的特点、软件的应用领域、算法的复杂程度、数据结构的复杂性、软件的运行环境、支持平台、软件开发人员对语言的熟悉程度等。即使是同一类任务也可以有不同的语言选择方案。一个网上购销网站,既可以在 Java 平台上实现,也可以在 .NET 平台上实现。应该综合各种因素做出选择。

编写程序要养成良好的编程风格。随着计算机硬件性能的飞速提高,今天的程序员已经没有必要在编写程序的时候,过分关注程序的运行时间效率和空间效率了。运行效率是硬件效率和软件效率的综合体现。倒是软件越来越大、越来越复杂,人们更关注开发效率。程序编写要更加便当,程序要更容易读懂、容易理解、容易修改、容易扩充。所以编码时,在遵从语言语法定义的前提下,要追求程序形式的简单和清晰。

例如,用符合语义的名字给数据常量、变量、函数和对象等程序要素命名。course_name、weight 和 price 这些名字比 A、B、C 要好得多,尽管后者也是合法的名字。

又如,用前面讲过的结构化方式写程序时,同一个结构层次的语言成分要对齐,下一个层次的成分退缩几个空格。用这样的版面格式写出来的程序既好读又好理解。

这样的做法并不是语言强制规定的语法形式,但是新手必须这样做。一旦养成了这种编程风格,程序的易读性、易理解性都会显著提高。

4. 测试和排错阶段

数学里习惯使用形式推理系统来证明命题是正确的或者错误的。计算机科学也试图使用数学的形式对程序做出**正确性证明**。迄今为止取得的成果仍不足以成为实用技术，能够证明一个实际使用程序的确是正确的。

开发大型软件系统的漫长过程中，面对极其错综复杂的问题，人的主观认识不可能完全符合客观现实，各类开发人员之间的通信和配合也不可能完美无缺。在目前的技术条件下，差错是无法完全避免的。如果在软件投入运行之前，不能发现并纠正软件中的大部分差错，它们迟早会在使用过程中暴露出来，因此而造成恶劣后果的话就太糟糕了。所以软件系统必须经过严格的测试才能投入使用。

测试（test）是力图证明程序存在错误的技术。经验表明，"人工审查"程序只能够发现部分差错。主要的测试技术基于执行程序并做出评价，以验证程序是否能满足规定的需求，或者识别出期望的结果和实际的结果之间的差距。

测试目的在于暴露程序的潜在错误。我们显然无法穷尽程序可能会面临的所有情况，一一运行，进行测试。所以，做了测试而没有发现任何错误，不但不能证明程序是正确的，而且只能说这样的测试是一次失败的测试。

各种测试方法的主要原则和策略是如何选择尽量少的测试用例，最大可能地发现软件的潜在错误。所谓**测试用例**，是指选择输入测试数据、确定预期的输出结果、设计测试步骤。设计测试用例的时候，白盒法和黑盒法是测试人员依据的两大类技术方法。测试工作的完成也越来越依靠各种测试平台和工具。

此外，软件开发商发布所谓软件 beta 版，供部分用户试用，也是一种高明的测试策略。众多用户在实际应用环境中运行软件，更有可能发现那些"深藏不露"的错误。

通过测试一旦证明程序有错的话，就要分析出错的原因和错误的位置，从而改正错误。这个任务称为**排错**（debug）。通常，测试和排错会交错地进行。

测试过程会细分为几个阶段。**单元测试**的对象是每一个编写好的程序模块。经过单元测试的模块构建为软件时，要进行**集成测试**。检查关联的模块之间是否能够正确配合完成整体功能。最后要在接近实际使用环境，从用户业务的角度对软件进行**确认测试**，验证软件是否能够完成"约定好的需求"。有时软件还要在客户的实际运行环境当中进行**系统测试**。测试过程的几个阶段如图 6-41 所示。

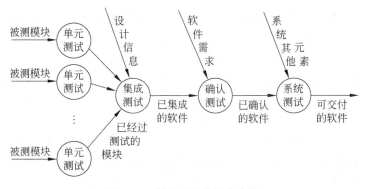

图 6-41　测试过程的几个阶段

5. 运行和维护阶段

软件经过测试,就可以投入运行使用了,进入运行和维护阶段,软件生命周期中最长的也是最后的一个阶段。人们容易理解机器要维修、大厦要保养,却没想到运行时"没有磨损"的软件会面临极为繁重的维护工作。

首先,软件运行过程中会发现错误,而且都是些隐藏较深,在测试阶段未能发现的漏洞。这样就必须进行**改正性维护**。

其次,在软件使用过程中有必要对软件的功能或性能进行完善和升级,以满足用户日益增长的业务需求。这就要进行**完善性维护**。使软件处于不断的改进过程,延长软件使用期。所以,总是在不断发布新的软件版本(release 和 version),直到被全新的软件所替代。

软件运行的软件、硬件环境和支持平台会发生变化,要让软件继续工作就必须做相应的**适应性维护**工作。

有时软件维护人员还要做**预防性维护**工作。从专业角度提出一些修改,以提高软件的可维护性、可靠性等性能,为以后的维护工作打好基础。

图 6-42 表示了不同性质维护的比例以及维护在软件生存期全部工作中的所占比例。

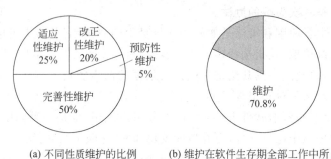

(a) 不同性质维护的比例　　(b) 维护在软件生存期全部工作中所占比例

图 6-42　维护工作的比例

6. 软件开发的人员角色和工作量

软件生命周期概念不但界定了软件开发和使用的各个阶段,而且规定了完成不同阶段任务的人员角色。**软件分析师**要参与软件开发的全过程,主要任务是完成需求分析和系统设计。**软件设计师**(高级程序员)负责完成一些详细的设计细节,例如局部的算法流程设计、数据文件设计、输入输出界面设计,并协调程序设计工作。**程序员**是开发团队里的"蓝领",其基本任务是编写程序。**测试人员**专门负责对软件进行各种测试,自然也需要维护人员在软件的使用阶段负责完成各种维护工作。

也许,在软件开发企业里这些人员角色会交叉重叠。软件分析师也会写程序,程序员也做测试。在国内小型软件公司里,这种情况尤为常见。即使如此,软件开发人员必须坚持在不同的开发阶段的活动里扮演不同的专业角色,工程化的开发方法才能得以落实。

可能出乎人们的意料之外,软件生命周期里维护阶段的工作量要远远超过开发工作量,占到总量 2/3 的样子。而在工程化的开发过程中,需求分析和系统设计阶段的工作量要占40%,编码的工作量占 20%,测试和排错的工作量占到 40%。通过分析和设计,软件分解成为数量庞大但功能单一的模块,每个模块的规模很小。相比之下,写程序的任务反而是最为简单的。"软件开发"的确是不能用"写程序"来理解的。

6.5.4　软件开发规范

工程化软件开发方法着眼于开发过程的规范化。就是说,要制定指导和约束开发人员生产软件产品的标准规程,以此控制和协调软件开发的全过程。使软件开发从个体技巧式、作坊合作式进化成为工程化方式。这是软件开发"优质高产"的必要条件。

开发规范的本质就是要规范开发人员"什么时候、应该做什么、如何去做"。规范一般以国家标准、行业标准、企业标准的不同形式出现。

1. 早期的两个国家标准

1988 年国家标准局颁布了两个软件开发规范国家标准:GB8566—88《计算机软件开发规范》和 GB8567—88《计算机软件产品开发文件编制指南》。两个国家标准可以用一句话来概括:"8 个阶段 16 种文档"。

GB8566 把软件生命周期划分为 8 个阶段,分属三个时期:

(1) 计划时期:可行性研究与计划阶段;

(2) 开发时期:包括需求分析阶段、概要设计阶段、详细设计阶段、实现阶段、组装测试阶段和确认测试阶段;

(3) 使用时期:使用和维护阶段。

不难发现,国家标准对软件生命周期的划分和 6.5.3 节中叙述的概念是完全一致的。只是把分析阶段细分为可行性研究和需求分析,把设计阶段再细分为概要设计和详细设计,把测试阶段细分为组装测试和确认测试罢了。

对大型软件系统来说,**可行性**(feasibility)研究是开发过程极为关键的一个启动阶段。在这个阶段里,要做一次全面、但是简略的系统分析和系统设计工作,以得到几个系统方案;对这些方案进行比较,从技术、经济、运行管理乃至社会的不同角度分析其可能性和必要性;最后得出结论,提请决策者决定系统开发是否继续进行。系统规模越大,可行性研究就越要慎重。例如长江三峡水电站的可行性研究足足持续进行了 50 年,然后才转入后续工程阶段。

GB8567 给出了 16 种软件文档的编写提纲。它们是:

(1) 可行性研究报告;

(2) 项目开发计划;

(3) 软件需求说明书;

(4) 数据要求说明书;

(5) 概要设计说明书;

(6) 详细设计说明书;

(7) 数据库设计说明书;

(8) 用户手册;

(9) 操作手册;

(10) 模块开发卷宗;

(11) 测试计划;

(12) 测试分析报告;

(13) 开发进度月报;

（14）项目开发总结报告；

（15）软件问题报告；

（16）软件修改报告。

这些文档是软件生命周期8个阶段里需要产生的技术资料和管理资料。

2. 软件生存周期的过程模型

GB8566在1995年和2001年先后经历了两次修订，反映了软件生命周期概念的深化。最重要的改变是用**软件过程**（process）的公共框架体系取代"阶段"描述软件生命周期，从而更全面、更深刻地刻画出软件开发的复杂过程。

GB8566—2001把过程定义为"把输入转变为输出的一组彼此相关的活动"。在此基础上，再把软件生命周期概念表达为一个框架模型，"它含有遍历系统从确定需求到终止使用整个生存周期的软件产品开发、运行和维护中，需要实施的过程、活动和任务"。

新的国家标准定义了17个软件过程，包括：

5个**基本过程**：获取、供应、开发、运作、维护；

8个**支持过程**：文档编制、配置管理、质量保证、验证、确认、联合评审、审核、问题解决；

4个**组织过程**：管理、基础设施、改进、培训。

基本过程包含软件开发和维护的各种基本活动；支持过程的活动有助于软件项目成功和提高质量；组织过程的活动有助于软件开发企业建立和改进工程化体系。模型并不涉及具体方法和工具，而是提供一个公共的框架，使业界在开发软件的生产和管理上有章可循。

前面提到的分析、设计、实现、测试不过是"开发"这一个基本过程的主要活动。需要更详细地了解标准，可以阅读参考文献[18]。

6.5.5　软件开发模型

软件生命周期概念是软件工程化开发方法的基石。开发过程可以有不同的实施模式，称之为开发模型。

早期使用的**瀑布模型**强调分析、设计、实现、测试各阶段的严格顺序。先完成需求分析，以此为基础进行系统设计，设计结束才能开始写程序，最后测试程序有没有错漏。开发过程不允许回溯，就像瀑布一样，只有"飞流直下"的唯一前进方向。

问题在于，开发复杂或者创新的软件是个充满探索的过程，要"摸着石头过河"。于是就出现了一种**渐增模型**。通过分析、设计先实现一个功能有限的软件版本，经过测试和用户的评价之后，再增加更多功能。软件以递增的方式反复扩充，直到完成为止。

依据渐增模型开发软件时，往往会采用**原型方法**。原型（prototype）是指一个可以运行的简化版本，是软件产品的一个"模型"。例如，在需求分析阶段不是只满足用文字和图表来描述软件，而是快速构筑一个软件原型，能够演示系统的交互界面、基本功能。原型当然不是最终的产品，只用做开发过程的一种软件演示工具。这样使用的原型可能在开发的后续阶段被抛弃，重新设计、重新选择实现手段。也不排除软件原型可以在渐进开发过程中不断演变，直到进化成为最终的软件产品。这种开发过程称为进化原型方法。

新的开发模型仍在不断出现。近年来，较有影响的是Rational公司提出的**统一过程**（RUP）。RUP统一了一段时间以来各种各样基于面向对象的分析和设计方法，统一了众多方法论研究人员的成果，使用**统一建模语言**（UML）为主要工具，以渐增和迭代的方式进行软件开发周期各种过程活动。

主流的开发模型强调开发过程不同工作阶段的划分,强调开发人员的明确分工。但是也出现了一些较为另类的开发模式,如**极限编程**(extreme programming)。它主张开发小组成员自由地交换想法,通过设计、实现、测试的轮转,渐进地开发软件。人们发现,软件规模不太大时,它不失为一种可以采用的开发模式。

6.5.6 开发方法和工具

1. 两种思想方法

前面讲过,**结构化**是指导软件开发的一种重要思想方法。不要企图一下给出问题的解,而是把问题分解为较小、较易解决的子问题,在给出子问题解的时候,再分解为更小的问题。采用这种自顶向下方式,问题变成一组足够简单问题的集合。每个简单问题的解合起来就构成了整个问题的解。

结构化思想最早应用在程序设计上,产生了结构化程序设计方法和语言,6.3.2 节已作介绍。

把结构化思想应用于软件结构设计(SD 方法),产生了模块化的软件构造。

把结构化思想应用于软件需求分析,产生了以功能分解为特征的结构化分析方法(SA方法)。

软件开发领域另一种重要的思想方法是**面向对象**(OO)方法。OO 方法以数据为核心,用对象(object)的概念表示数据。对象是数据结构和对数据操作的"封装体"。数据的结构表示了对象的静态特性,而数据的操作方法表示了对象的动态特性。

OO 方法首先应用在程序设计。首个面向对象程序设计语言(OOPL)在 1967 年出现,其后在 20 世纪 80 年代又有一大批 OOPL 问世。使用 OOPL 编写程序时,基本结构单位是对象,依靠对象之间的通信机制,由分属于不同类(class)的对象构成一个程序。

其后,OO 方法向软件开发设计阶段延伸,出现一批面向对象设计方法(OOD)。它们的共同点是对象成为软件模块的表示手段。

到了 20 世纪 90 年代,又出现了面向对象分析方法(OOA)。以对象模型为核心手段,对要开发的软件进行描述。至此,面向对象方法学和结构化方法学一样发展成为贯穿软件生命周期所有阶段主要开发活动的思想方法体系。

经过几十年的发展,OO 方法已经成为了分析、设计、编码、测试众多技术方法的策略。不仅如此,OO 方法已经渗透到计算机软件其他领域,如操作系统、数据库管理系统等,使它成为当代软件技术的主流指导思想。

2. 工程方法工具

软件工程学的研究重点之一,是提出可以在开发过程使用的各种技术方法和支持工具,如需求分析的方法、软件结构的设计方法、数据分析方法、数据库结构设计方法、编码方法和测试方法等。绝大多数的工程方法都是以结构化方法或面向对象方法为指导思想的,同时研制支持方法实施的软件工具。下列几种都是广为使用的方法工具。

1) 数据流图

结构化分析方法(SA)以软件功能分析为核心,用**数据流图**作为软件功能的表示工具。

用"数据流"表示系统的动态数据,用"数据存储"表示系统的静态数据,用"加工"表示把输入数据变为输出数据的功能。图 6-43 示意性地表示了一个订单处理业务的功能。

由图 6-43 可见,客户提交的订货信息由相应加工来处理,生成的订单就是软件的目标数据。加工除了把输入数据流转变为输出数据流之外,还会涉及系统内的存储数据。至于这些数据的组织方式,就是设计阶段考虑的事了。数据流图不表示数据加工的先后过程,不是算法流程图。它仅仅描述待开发软件应该具有的数据处理功能,功能体现在要把源数据加工成为什么样的目标数据。

刻画软件功能的数据流图是分层次的。比如,觉得"订单生成"加工的含义有必要再加阐述,就把它看成功能,然后再用数据流图来描述。就是说,可以用一个下层的数据流图来展开说明上层数据流图中的一个加工,直到底层数据流图出现的每个加工都足够简单为止。可见,数据流图的层次结构完全体现结构化方法的思想,这是 SA 方法命名的原因。

2)实体-联系图

第 5 章的 5.1 节提到过的 **E-R 图**(entity-relationship diagram)是数据分析常用工具。E-R 图通过实体和实体之间对应方式的分析,表达了系统数据对象的信息结构,从而为设计阶段数据库设计或者文件设计奠定基础。

图 6-44 中的 E-R 图表示对一个学校管理软件涉及数据的分析。系、系主任、学生、教师都是数据实体。每一个实体都由若干个数据属性组成。如学生实体包含学号、姓名、年龄和入学成绩等属性。实体之间会存在某种模式的对应关联。例如,一个系最多有一个系主任,而一个系主任只能在某个系任职;一个系可以有多个学生,而一个学生只能在某个系注册;一个学生可以修读若干门课程,而某门课程也会有若干个学生选修。

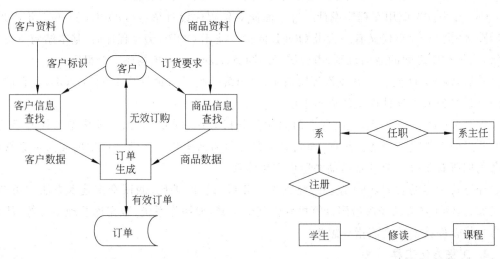

图 6-43　用数据流图描述订单处理业务的功能　　　　图 6-44　用 E-R 图表示学校数据

我们发现,表示客观事物对象的数据实体之间只存在有限的几种关联模式。上面例子里的三种关联模式分别叫一对一联系(1∶1)、一对多联系(1∶n)、多对多联系(m∶n)。

3)类图

结构化分析和设计方法以软件的功能为核心,而面向对象的分析和设计方法是以数据为核心的。数据表示的基本手段是对象和类。对象是数据属性和对数据操作(叫做方法)的封装体。类(class)是对某类对象所具有的数据静态结构(属性)和动态结构(方法)的刻画和定义。简单地理解,可以把对象看成是类的实例,而类是对象的描述。两个概念仍然不妨依据数据"型"和"值"的基本概念来认识。但是和传统做法相比,数据和对数据的操作不再相对分离,而是统一地出现在对象的概念定义中。在面向对象方法里,分析也好、设计也好、编程也好,对象都是表示的基本手段。

在各种 OOA 方法当中都以对象模型作为基本分析表示手段。图 6-45 是表示学校管理系统的一个**类图**。系统由 4 个类构成,每个类都含有相应的数据属性和操作方法。类和类之间会存在联系,"系"的对象和"系主任"的对象是一对一的,系和学生是一对多的,学生和课程是多对多的。

对比图 6-45 和图 6-44,很容易看出 E-R 图和类图的相似性。对象模型体现以数据分析为核心的需求分析观念,E-R 模型则表示信息结构。事实上,对象模型是 E-R 模型的一种扩展。实体是数据属性的集合,只表示数据的静态特性。而对象封装了数据属性和对这些数据属性的操作行为,分别表示了数据的静态特性和动态特性。但在分析初期,比较容易从数据属性的集合出发,区分不同对象类,而难以一下子确定每个类应该具有的行为(方法)。这时,类图和 E-R 图至少在形式上比较近似。基于 E-R 模型概念去认识分析的对象模型是学习、理解的可行方法。

4)模块结构图

结构化设计方法(SD 方法)用**模块结构图**表示软件结构。这种传统工具既简单又清晰。每个软件模块表示一个处理过程,用一个矩形框表示。模块间的联系用连接矩形框的连线来表示。联系的实质是上层模块对下层模块的调用关系。

图 6-43 的数据流图(不是数据流程图)描写的是订单处理软件应该有的功能,对应软件模块结构设计可以用图 6-46 中的模块结构图来表示。

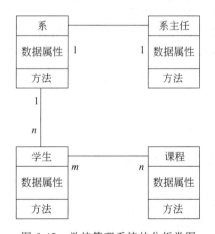

图 6-45　学校管理系统的分析类图

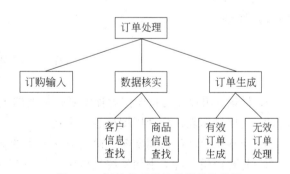

图 6-46　订单处理软件的模块结构图

5)UML

统一建模语言(Unified Modeling Language,UML)是一种通用化、图形化建模语言,用来描写软件系统的静态结构、动态行为、实现构造、模型组织。适于表达分析阶段和设计阶段的开发结果、建立文档。从 1967 年开始的 30 年间,出现了形形色色的面向对象开发方法和语言。1997 年,试图统一各种 OOA 和 OOD 方法概念的努力有了结果,这就是 UML。

UML 合并众多面向对象开发方法中被普遍接受的概念,可以在开发过程的不同阶段应用,适用于各种应用领域的系统建模,适用于不同的编程语言和开发平台,适用于不同的开发过程,尤其是迭代式增量开发过程。因此 UML 迅速被采纳为标准,并广受欢迎。

UML 定义了 9 种图形工具来构筑一个系统的模型。从三个不同方面刻画系统的特征:

(1) 系统的静态结构。用**类图**(class diagram)和**用例图**(use case diagram)来表示概念结构和用户界面上的功能;用**构件图**(component diagram)和**部署图**(deployment)表示物理实现结构。

(2) 系统的动态行为。用**顺序图**(sequence diagram)和**协作图**(collaboration diagram)表示对象之间的交互;用**状态图**(statechart diagram)表示一个类对象可能经历的状态变化;用**活动图**(activity diagram)表示这些算法流程中涉及的活动。

(3) 系统的模型管理。用**包**(package)表示模型的组织单位。包的结构层次表示图形也叫类图。

6) 软件工程环境

软件开发方法和支持的软件工具不断发展导致它们的结合。按照确定的软件开发方法组织起来的一整套软件开发工具称为软件工程环境。**计算机辅助软件工程**(CASE)系统能够对开发的全过程提供支持。

Rational 公司拥有几位研究面向对象分析和设计方法的著名专家,他们是 UML 的主要设计者,建立了称为 Rational 统一过程(RUP)的软件开发过程,规定了把用户需求转化为软件系统所需要的活动。RUP 使用 UML 作为表示手段,描述开发阶段和工作流中执行活动的各种软件制品。

软件开发过程要靠工具支持,工具和过程配套,两者不可或缺。Rose 是 Rational 公司的工具产品,和 RUP 配套成为在业界有一定影响力的软件工程环境。

目前软件开发的状况是:一些"古典"的程序设计语言还在使用;使用一些语言"新秀"来开发特定的程序,如网络应用软件;可以采用众多软件开发支持平台,以减轻软件开发所涉及的工作量。

习　　题

1. 讨论:用程序的长度作为程序复杂程度的定量量度是否恰当?
2. 简要说明软件生命周期概念的宗旨。
3. 列举在软件生命周期各个阶段应该使用的文档。
4. 简要说明系统需求和系统规格说明的联系与区别。
5. 何谓模块的内聚度和耦合性?对比小说和辞典结构的内聚度和耦合性。
6. 如何量度模块的独立程度?
7. 成功的测试是发现错误的测试还是没有发现错误的测试?为什么?
8. 对重要模块应采用黑盒法测试还是白盒法测试?
9. 建造大厦和进行科研两种过程适合采用瀑布模型还是演化式原型模型?
10. 分析软件工程有别于传统的机电工程的原因。

11. 画出航空公司、航班、乘客的 E-R 图。

12. 什么是 UML？

13. 区分下列图形工具：数据流图、类图、模块结构图、程序流程图。

本 章 小 结

数据加工的表示方法是计算机科学的另一个核心任务。和数据表示方法学一样，数据加工表示面临的是用最简单的记号表示出内容复杂而形式多变的数据加工过程。

解决方法仍然是分层次表达方法学：划分出不同的数据加工过程抽象表示层次；每个层次上都定义出相应的数据加工表示手段；它们既相对独立，又可以相互映射；从现实世界的数据处理问题描述开始，把数据加工过程一层一层地转换到计算机内部的物理实现手段为止。

算法是数据加工表示的核心层次。流程图和伪代码是表示算法的专业手段。

结构化方法是表示算法和程序的有效方法。任何一个算法或程序都可以由顺序、分支和循环三种基本结构的复合来构成。

工程化是软件开发方法的发展趋势。基于软件生命周期概念，以工程的观念来生产和管理软件产品的基本理论、技术方法、支持工具的研究成果是软件工程学的核心内容。

结构化方法和面向对象方法是软件开发领域的两种重要思想方法。

展开本章内容的专业课程包括：程序设计、数据结构、算法设计与分析、软件工程和面向对象方法学等。

第 7 章 计算学科的知识领域

近年来,国内外学术团体都在关注计算学科的认知和教育问题,其中 ACM、IEEE-CS 和教育部高等学校计算机科学与技术教学指导委员会都先后发表了有影响的研究报告。这些成果给出了计算学科及其下属专业的定义(见 1.4 节)、学科应该有的知识结构和建议的专业核心课程。这样就给出了高等院校学科建设和教学体系建立的参照目标和基础。

对大学一年级学生来说,简略了解学科知识领域的内容有利于尽早开始个人职业生涯的规划。不同高等院校不同专业会设置侧重点不同的专业方向,而且越来越多的高等院校通过学分制、选修课等手段让学生能够自主地选择感兴趣的、适合自己的专业学习内容。

上述研究报告采用三个层次来定义学科的知识结构。首先是"**知识领域**"(area),就是某个专业方向应该关注的主要专业知识的分类范围;每一个领域由下属的"**知识单元**"(unit)组成,每个单元代表所属领域中的一个专业知识主题;单元内包含了若干个"**知识点**"(topic),每个知识点都是知识单元里被进一步细分的、具体的专业知识内容。

计算学科的下属专业:计算机科学、计算机工程、软件工程、信息技术和信息系统都由上述知识结构定义。每个专业会包含十来个知识领域,再按照专业的定位目标来定义下属的知识单元和知识点。不同专业有可能包含相同的知识领域,但同一个领域会由不同层次或者不同侧重点的知识单元组成,以体现专业设置的差别。例如,计算机科学和计算机工程专业的知识结构中都包含"算法"这个知识领域,但前者围绕算法的复杂性分析来设置知识单元和知识点,而后者则着眼于不同类别算法的应用策略。

依据知识结构定义,就可以设置专业核心课程。一门课程自然可以覆盖不同知识单元,而一个知识单元也可能以不同的层次或重点出现在不同的专业课程当中。所以,专业课程必须构成一个知识体系,不同课程的内容应该是前后呼应和相互铺垫的。

7.1 节分类列出计算学科的主要知识领域,其中也有一个知识领域自成一类,如算法。

7.1　计算学科知识分类

7.1.1　数学

计算学科和数学学科的渊源是无可置疑的。计算学科的根本问题在于可计算和不可计算问题,也就是说,任何一个数据处理任务要从"是否存在算法"的研究起步。而算法的研究是数学家自古以来就关心的课题。经常被提起的求两个无符号整数最大公因子的算法就是由古希腊数学家欧几里得提出的。但经过多年发展,计算和数学的学科界线毕竟已经清晰。从教育角度来看,有必要细心挑选直接支撑计算学科的那些数学基础作为学生的学习内容。以数学专业不变的"高等数学"甚至"数学分析"作为计算学科的起步基础课程虽已成惯例,但完全有必要站在计算学科的立场上来重新审视这种设置。

1. 离散结构

尽管信息技术会直接依托像级数、频谱分析和傅里叶变换这样一些传统的数学知识,但离散结构才是计算学科更全面、更直接的数学基础。基本原因在于最终在计算机内部实现的数据对象和处理手段都要采用离散的而不是连续的形式。高等院校开设的离散数学课程通常会包括几方面的内容:集合论、数理逻辑、图论、抽象代数。

集合论涉及函数、关系、集合和集合运算等方面的知识;数理逻辑用数学的形式来描述命题逻辑、谓词逻辑和逻辑范式等逻辑学研究的对象,用逻辑运算来表达推理的过程;图论的主要研究对象是图和树,它们是两种重要的抽象数据结构,对抽象数据结构的性质和涉及数据的算法研究奠定了在计算机最终实现数据和数据处理表示的理论基础;抽象代数形式方法是众多信息技术的研究基础和理论支持。

在专业的课程体系中,离散数学对后续的一些专业基础课和专业课提供了必要的支撑。例如数据结构课程会具体研究线性表、树、图的算法实现;数据库主流语言 SQL 的定义源自关系代数和关系演算,而前者基于集合运算,后者则基于一阶谓词公式;在网络计算和通信技术中涉及群论等许多抽象代数的理论应用。

2. 数值计算方法

科学计算是计算机应用领域之一,指复杂的数学计算问题。为此就要研究新的适用的计算方法。例如传统数学用公式来计算函数积分,而在计算机上只能用数值积分方法解决。也就是要通过计算函数曲线围出的面积来得到结果值,为此可以累计为数巨大的小梯形或者小矩形的面积之和。除了数值计算方法本身的研究之外,还有一系列引起的新问题必须研究,比如计算方法的误差分析、稳定性和收敛性等。

计算学科面临的许多问题必须依靠各种数学模型来解决,例如运筹学、排队理论、预测和评估方法等。它们都是数值计算方法研究的对象。

3. 概率论和统计学

像算法的时间效率分析和计算机系统的可靠性量度等诸多计算学科问题都要用概率和统计的方法来解决,所以概率论和统计学是计算学科的一个基础知识领域,涉及的知识单元包括连续概率、离散概率、期望、随机过程、样本分布、估计、相关性和回归等。

7.1.2 电子学

计算机是一种电子设备,电子学是支撑计算学科的另一块基石。任何计算概念最终都要在计算机系统上得到实现。人们习惯用电子管、晶体管、集成电路、大规模集成电路这几个电子技术发展的标志物来划分计算机的发展历史阶段,尽管不是特别全面和准确,但也能表现出计算机和电子学的密切关联。

电子学是计算机工程类专业的重要知识领域。

1. 电子学基础

电子学的入门知识包括电路材料的电子特性、晶体管及其电路、MOS 管及其电路、集成电路、放大器、转换器、存储器、接口与总线、电压源和电流源、电路建模和仿真等。

2. 电路和信号

计算机处理的对象是数据。数据是世间万物的描述手段,在电子线路上表现为不同形式的信号。在计算机里,所有形式的数据最终表示符号是二进制数字"0"和"1",所以存储器、运算器、输入输出设备、控制器等组成计算机的数据处理设备都要由数字电路组成。这就是说,电路上处理的是离散二进制数字信号。更传统的电路是模拟电路,信号形式是连续物理量,如电压、电流等。想想用水银柱长度表示温度数据的体温表和用数字来显示的电子温度计,就不难理解两种电路的区别了。

掌握电路和信号的知识是进一步学习信号处理、数字逻辑电路、以致计算机体系结构等知识领域的基础。知识单元包括发展历史和概念、电阻性电路、电抗性电路、频率响应、正弦分析、傅里叶分析、拉普拉斯变换、滤波器等。

3. 数字信号处理

数、文字、声音、图像都是计算机内数据的基本表示形式。与数和文字的表示处理相比,音频处理和视频处理要复杂得多。除了涉及数字频谱分析、离散傅里叶变换等数学知识外,还要学习采样、变换、数字滤波器等信号处理技术。

4. 数字逻辑

计算机数据处理最终归结到对 0、1 数字信号的处理,是由所谓的电子开关电路实现的,如门电路、触发器这样的一些基本开关电路的工作原理可以用逻辑代数来描述。逻辑代数又可以叫开关代数,其实是更抽象的布尔代数的一种特例,即二元的布尔代数。逻辑代数处理的数据对象只能有两个值(不妨理解为"真"和"假"),只定义了"与""或""非"三种基本运算。据此构造的最简单的门电路可以组合成具有各种复杂功能的逻辑网络。

计算机的基本器件诸如寄存器、计数器、全加器、存储器处理的都是二进制数字信号,习惯上称为逻辑部件。涉及的数字电路分成两大类:组合逻辑电路和时序逻辑电路。前者由门电路构成,输出信号由输入信号决定。完成加法运算的全加器就是一种组合逻辑电路。而寄存器则是一种时序逻辑电路,输出信号不但取决于输入信号,还取决于电路原来状态,所以时序逻辑电路除了门电路外,还要包含触发器这样的存储器件。

数字逻辑领域知识构成包括了开关理论、门电路、组合逻辑和时序逻辑电路、基本逻辑部件、电路和数字系统的设计、建模和仿真、验证技术、故障测试等。

5. VLSI 设计与制造

最早的电路由分立元件连接而成。随后出现了把数量众多的元件及之间的连线直接集结到一块面积很小的半导体材料芯片上,称之为集成电路(IC)。集成电路的规模(集成度)可以用芯片包含的元件数量来量度。所谓超大规模集成电路(VLIC),是指一块芯片上包含的器件超过几十万个。

相关知识单元有半导体电路材料、组合逻辑结构和时序逻辑结构、存储器及阵列结构、芯片输入输出电路、VLIC 电路特性、VLIC 设计方法及工艺过程等。

7.1.3 算法

算法是计算学科的核心知识领域。依据目标选择或者设计恰当的算法是在计算机系统上实现任何一种数据处理任务的出发点,可以说计算机是围绕算法的执行过程来研制的。计算学科所属不同专业会关注不同层次的算法问题。大体上说,计算机科学专业比较关注可计算性、计算复杂性等算法理论问题,工程技术类专业更关心算法分析、选用算法的策略等算法应用问题。

下面列举的算法知识领域的知识单元内容涉及几个不同的方面:算法设计、算法表示、算法分析和算法确认(证明或者测试)等。

1．基本算法

经过人们长年累月的研究,已积累了解决各类问题的许多算法。学生对算法的学习应该从了解现有的基本算法开始。例如,数值计算的算法;查找数据的算法;数据的排序算法;对图和树这样特定的数据结构执行的算法,例如遍历算法、最短路径算法和最小生成树算法等。

2．特定领域的算法

在计算机的一些重要应用领域中产生了一批核心算法。诸如,文法和自动机理论奠定研制计算机语言编译程序的基础,由此产生了词法分析、语法分析、代码生成和优化一系列编译算法;至今日益重要的计算机安全和防范技术中,以加密算法为核心的密码学研究起了重大作用;在计算机网络环境的应用中,还要研究解决像一致性、稳定性和容错等新问题的分布式计算算法;在图像处理中要涉及的数据压缩、解压缩以及几何算法等。

3．算法策略

积累了数目巨大、形形色色的算法之后,人们开始关注一些规律性的问题,如算法策略的分类问题。从算法构造思想方法出发,总结出不同类别的设计策略,包括分治方法、贪心方法、试探方法、回溯方法、分支限界方法、动态规划方法、匹配方法和逼近方法等。这就给后来者学习和理解现有算法提供了清晰的指引。

4．算法分析

通过分析算法才能对算法做出评估,为选用算法提供依据。

首先要证明算法是正确的,这并非易事。在无法应用形式的方法证明算法的正确性时,唯有通过测试的方法力图找到算法的错误并改正。当然,找不到错误不等于说就是正确的。往往在使用过程中才能发现算法错误,未能彻底解决算法正确性证明问题是根本的原因。

其次要关注算法的计算复杂性。通常使用时间复杂性和空间复杂性来量度算法性能。时间复杂性关注算法面临的数据规模和完成算法目标要执行的操作次数之间的函数关系,在难于得到准确的函数表达式时,转而关心两者间的数量级关系,称之为渐近时间复杂性。空间复杂性则关心算法执行时所需数据存储空间的大小。

最后还应该关注算法的易读性和易维护性。

5．可计算理论

可以把计算学科面临的问题分为两类:存在解题算法的可计算问题和找不到解题算法的不可计算问题。在可计算问题当中,可以在多项式函数表示的时间内完成的称为 P 类问题。有些问题的时间复杂性是指数级的,数据规模稍大就无法在可以接受的时间内完成,因此它们虽然可计算但却是难解的。研究又发现存在一类问题,不能在多项式时间里求解,但是可以在多项式时间里验证或者说判定,把它们叫 NP 类问题。可计算理论对上述问题进行了深入的研究。

可计算理论是算法知识领域里的高层次知识单元,理论涉及的知识点包括可计算性和不可计算性含义、易解和难解问题、P 和 NP 类定义、NP 完备性和库克定理、NP 完全问题等。

7.1.4　计算机体系结构和组织

计算机是计算学科实现学科目标的最终载体。器件、技术、理论的进步可谓日新月异,但是由冯·诺依曼提出的计算机体系结构一直未发生根本变化。体系结构和组织知识领域包括的知识单元大致如下：

1. 数字逻辑电路

计算机最基本的电子构件是逻辑门、触发器这样一些数字电路。它们可以进一步构成各种逻辑器件，如寄存器、计数器、存储器和运算器等。

之所以称为"逻辑电路"，是因为电路处理的数据信号都是二值的缘故。了解计算机的工作原理要从数字逻辑和数字电路开始。

2. 机器层的数据表示

计算机处理的数据最终以几种基本形式表示：数、字符、图像、声音。机器层次上，它们统统表现为二进制数字串，然后才能在各种数字逻辑电路上存储、传送、运算。处理的时候，要依据事先定义的数据编码规则才能够区分形式单一的数据的不同信息含义。

为此，不但要掌握几种基本形式的数据常用的各种编码规则，也要了解特殊应用中用到的一些数据编码方法。例如传输数据时为了提高传送可靠性而使用的数据纠错码等。

3. 计算机的基本组成

从数据处理的角度出发，可以把计算机看成由 CPU、存储器、I/O 设备、总线和接口等几个基本的功能部件组成。

CPU 由控制器、运算器和寄存器等器件组成。核心功能是获取、解释、执行机器指令。每种 CPU 都有预设的机器指令系统。指令数量不等，能够让 CPU 完成不同类别的功能，包括数据传送、算术运算和逻辑运算、控制、输入输出数据等。

存储器主要由内存（主存）和外存（辅存）两部分组成。基本的任务是存放程序和数据。除了实现基本组织和操作外，还会采用许多提高性能的技术，如高速缓存、虚拟存储等。

种类繁多的输入输出设备完成数据的输入输出，是计算机和外界之间的系统界面。

功能部件内部和部件之间是由总线和接口这样的电路器件连接的，涉及技术机制包括中断机构、直接存储存取和总线协议等。

4. 计算机体系组织结构

虽然冯·诺依曼体系结构至今仍是计算机体系结构的基础，但体系组织的新技术一直不断涌现，例如指令流水线结构、指令级并行结构、精简指令集计算机（RISC）结构和大规模并行处理机（MPP）结构等。没有这些新的计算机体系组织，就不可能有运算速度可达每秒亿亿次的超级计算机。

5. 计算机网络体系结构

从单机到网络是计算机应用方式极为重要的发展。当代的局域网、广域网、因特网不但支持新的应用业务模式，而且产生了和传统集中式处理不同的分布式处理的体系结构。

7.1.5　计算机软件系统

可以把计算机划分为两大部分：硬件和软件。硬件是软件驻留和执行的基础，而软件则体现完成数据处理任务的时候，对硬件动作必需的控制和协调。可以把计算机软件分为系统软件和应用软件两大类。程序只是软件内涵的一部分。

1. 操作系统

操作系统是计算机最底层的系统软件，是计算机软件系统的支撑基础。

操作系统的基本功能是管理计算机的资源,包括 CPU、存储器、I/O 设备和外存数据。在计算机网络环境下,操作系统要提供网络接入和各种应用模式的支持,如客户端/服务器模式、浏览器/服务器模式、分布式等。

操作系统知识领域包含的主要内容是:

(1) 基本原理。包括操作系统的目标、功能和软件结构,进程和线程,中断机构和并发执行,用户界面和应用程序接口(API)等。

(2) 管理计算机资源典型算法。包括作业调度和 CPU 调度、内存空间管理、并行设备和串行设备管理、文件和文件系统、可靠性和容错技术、系统性能评价等。

(3) 对编程新技术的支持。例如脚本和脚本语言、脚本的建立、参数传递、脚本的执行、基本的系统命令等。

2. 数据库系统

计算机外存数据的组织方法有文件和数据库两种。前者由操作系统负责管理,后者由另外一种系统软件数据库管理系统负责管理。关系数据库是主流的数据库技术,问世多年至今仍是计算机信息管理应用的技术基础。领域的主要知识单元包括:

(1) 数据库的体系结构。从三个不同层次来描述数据库的数据构造:面向用户的局部逻辑层次、面向企业的全局逻辑层次和面向存储的物理层次。这种数据定义方法使数据库具有特有的数据共享性和对应用的独立性。

(2) 关系数据库操作方式。建立在集合操作和数理逻辑谓词公式概念上的关系数据库语言具有前所未有的非过程性。可以用交互方式或程序嵌入方式对数据库进行查询和更新操作。

(3) 数据库的保护机制。包括完整性控制、故障恢复、并发控制和安全性控制等技术。

(4) 数据库的设计方法。包括数据建模、逻辑结构设计和物理结构设计的方法。

(5) 支持特定应用的数据库技术。如分布式数据库、知识库、工程数据库和地理数据库等。

7.1.6 人机交互

用户使用计算机的时候,操作交互方式对应用效果影响极大。比较操作系统早期使用的字符串命令界面和现在广泛使用的图形用户界面,就可以理解研究人机交互技术的重要性。

1. 人机交互技术

人机交互知识领域关注以下内容:以人为中心的软件开发和评估、图形用户界面设计和创建、图形用户界面的程序设计、多媒体系统的人机交互、协作和通信的人机交互、智能化的人机交互技术、输入输出技术等。

2. 图形学和可视化计算

人类有天生的能力,特别容易捕获图形或图像形式数据蕴涵的信息内容。数据可视化技术指的是运用计算机图形学理论和图像处理技术将数据转换为图形或者图像加以显示,再进行后续交互处理的方法和技术。可视化计算知识可应用到信息处理、计算机辅助设计、人机交互技术、计算机视觉和虚拟现实等多个领域。

图形学关注的知识内容包括:

（1）图形学的基本技术。例如图形软件和图形应用程序接口的使用，色彩模型，图形缩放、旋转、平移等仿射转换，取景变换，图形裁剪等。

（2）图形信息传递。如色彩心理动力学，色彩修正和文化内涵，调色板使用，视图构造、修正和复制，图标符号，文字在图像中的使用，可视化用户图像操作的信息反馈等。

（3）图形几何学。如三维物体的多边形表示、曲线和曲面的表示、立体几何表示法等。

（4）图形绘制方法和技术。如直线的产生、字型生成、各种光线和光线跟踪、着色处理、色彩的量化、材料纹理、整体照明模型、全景透视、复杂自然现象的描绘、几何建模技术等。

（5）可视化技术。如可视化的基本功能，矢量、标量、流数据的可视化，数据的各种绘制方法等。

（6）虚拟现实技术。如立体显示、视觉跟踪、冲突检测、虚拟现实系统、系统用户界面、系统的应用等。

（7）计算机视觉。如图像的获取、图像预处理、图像的分段处理技术、目标识别和跟踪、运动分析等。

7.1.7 程序设计

算法最终要转换为程序才能在计算机中接受处理和执行。程序设计是计算学科的学生必须具备的知识技能。不同专业关注的重点会有所差别，可以用以下知识领域来分别描述，当然它们之间的知识内容是互相关联的。所有的学习都应有具体的语言背景，所有的学生都必须熟练掌握两三种有代表性的程序设计语言去完成程序设计任务。

1. 程序设计语言

程序设计语言是算法和数据对象的记号表示。每种语言都有严格定义的语法和语义，这样程序才能被计算机系统接受、分析、处理和执行。

（1）语言的层次和类别。从计算机 CPU 指令系统开始，可以把程序设计语言分为机器语言、汇编语言、高级语言和第 4 代语言等类别。加上相应的语言处理软件，可以用分层次虚拟机概念描述计算机。可以从另外的角度把语言分为面向过程语言、面向对象语言、函数语言和非过程语言几类。因为计算机冯·诺依曼体系结构和算法的操作序列性，面向过程是语言的根本性质。其他类型的语言不妨视为各种"包装"，目的是方便程序设计。

（2）语言翻译机制。机器语言之外的其他语言都必须面临"翻译"问题。处理高级语言的编译程序体现了语言处理的典型理论和技术。

（3）高级语言的抽象机制。如定义常量、变量、数据类型的概念来表示数据对象；定义过程和函数机制来表示抽象操作及其展开实现；定义语义确定的语句表示具体的数据操作等。

（4）语言理论。例如程序设计语言的形式语义学研究；设计新的程序设计语言的原则、目标、体系、模型和机制的研究等。

2. 程序设计基础

所有计算学科的学生都应该掌握程序设计的基本技术。典型知识单元包括设计范例、程序结构、问题求解算法、数据结构、递归结构、面向过程程序设计、面向对象程序设计、事件驱动程序设计、并发程序设计及使用应用程序接口（API）的程序设计等。

3. 综合编程与技术

信息技术专业的学生学习程序设计应该有特别的侧重点。除了编程的基础技术之外，还应该涉及综合性的一些编程技术，如系统间通信、数据映射和交换、集成代码、脚本技术、软件安全问题等。

4. 系统集成和体系结构

可以采用系统集成等现代的技术手段来开发信息系统。涉及的知识如系统需求分析；条件和资源分析；系统集成技术；项目管理；测试和质量保障体系；开发组织和体系结构等。

这是信息技术专业的学生应当关注的知识领域。

7.1.8 软件工程学

随着计算机软件日益庞大和复杂，软件开发不是用程序设计语言写个程序这么一回事，也不是靠一两个、三五个人就能胜任的。今天必须以工程化的方法从事软件开发，才有可能多快好省地完成软件开发任务。下面列出的知识领域体现了软件工程学多年的研究成果。它们是计算学科，尤其是软件工程专业的知识基础，但是无论在理论还是在技术方法方面，软件工程学仍有宽阔的发展空间。

1. 计算机系统工程

计算机系统工程是软件工程学导论性的基础知识，内容包括软件的生命周期、需求获取和分析、需求规格说明、软件体系结构设计、软件实现、软件测试和维护、软件开发项目管理、系统的可靠性和容错性控制、专用系统开发等。

2. 软件建模与分析

软件建模与分析是软件需求分析的技术方法，涉及的知识单元有软件模型概念、需求分析基础、需求获取和确认、需求分析文档的编写等。

3. 软件设计

（1）软件设计是指软件结构设计的技术方法而不是程序设计。领域涉及知识单元包括设计概念和策略、软件系统体系结构设计、人机界面设计、软件详细设计、软件设计工具、软件设计评价、设计文档的编写等。

（2）基于构件的软件设计，包括基本问题、技术、应用，基于构件的软件结构，面向构件设计，API 应用，中间件技术等。

4. 软件验证与确认

软件验证与确认是评审软件开发的技术方法。知识单元包括基本概念、软件评审方法、软件的测试方法、人机用户界面的测试和评价、软件问题分析报告的编写等。

5. 软件演化

软件演化是关于开发过程中软件演化过程和演化活动的知识。

6. 软件过程

软件过程是指从用户需求出发到得出有效的软件解决方案的一系列活动。正确评估、明确定义和有效管理各种软件过程是重要的。要有把软件过程涉及的所有人员，包括用户、技术人员、管理人员，组织起来协调工作的指导方针和规程，才可能得到最佳的可行方案，降低开发风险并增强对全景的预见性。

核心知识在于如何实现软件过程的控制。例如，过程管理框架、软件过程的基本活动、控制过程的管理技术、过程的数量控制和过程演变的优化等。

7. 软件质量

软件质量保证是软件工程的主要目标之一。涉及的知识包括软件质量概念和质量标准、质量保证任务、质量保证过程、质量保证计划和程序、质量保证人员、质量验证和确认等。

8. 软件管理

在软件的工程化开发中,管理工作是全方位的。除了软件过程管理外,人们还关注软件项目管理和软件配置管理。

项目管理知识单元包括项目策划原则、项目计划制定、项目管理人员和组织、项目跟踪和控制等。

软件产品开发过程不断发生变化,配置管理的重点在于实施一致性管理。软件配置是指开发过程中产生的大量中间软件产品及描述文档。配置繁多、彼此关联而又易变,这就带来复杂的管理问题。软件配置管理的基本任务是标识系统特定时刻的软件配置,控制配置发生的更改,全过程维护配置的完整性和可跟踪性。关注的内容包括配置标识、版本控制、变更管理、状态统计、配置审计、产品优化和配置管理工具等。

9. 软件工程的形式化方法

用形式化方法表示软件开发过程是软件工程学的研究目标之一。知识内容有形式化方法概念、形式化规格说明语言、可执行和不可执行规格说明、断言机制、形式化软件验证等。

7.1.9　特定的应用系统

开发特定的计算机应用系统需要特别的行业知识和技术知识。

1. 特定系统和应用

开发特定的信息应用系统有必要掌握相关应用领域的业务知识。典型的应用系统包括信息处理系统、金融系统、电子商务系统、安全性有极高要求的系统、生物学系统、科学系统、电信系统航空和交通系统、工业过程控制系统、游戏和娱乐系统、移动平台系统等。

2. 嵌入式系统

嵌入式系统是指嵌入到对象体系当中的专用计算机应用系统,基本目标是实现针对对象体系的智能控制。对象体系可以是各种工业设备、仪表仪器、家用电器、手机甚至玩具。嵌入式系统极其广泛的应用引发控制领域的一场革命。虽然嵌入式系统源自通用计算机,特别是微型机和微控制器,但是已经具有完全不同的特点。其软硬件可以剪裁,功能专一,具有和对象体系相适应的接口,能够适应对象体系的工作环境,可靠性高,成本低,体积和能耗小。

嵌入式系统知识包括历史和概述、嵌入式微控制器、嵌入式程序、实时操作系统、低功耗计算、系统设计方法、可靠系统设计、设计支持工具、嵌入式多处理器、网络嵌入式系统、接口和混合信号系统等。

3. 智能系统

人工智能是一个已经研究了几十年的学科分支,目标是让计算机具有人类特有的智能,即类似人类的感知、思维和行为的能力。人工智能的研究领域极其广泛,其中对知识的研究尤为核心,包括知识获取、表示、存储、传递和推理等众多课题。人工智能研究成果已经成为各种计算机智能应用系统的理论基础,如机器人、博弈、自然语言处理、机器证明、模式识别、专家系统和知识库系统等。

学习的基本知识内容包括智能系统基本问题、搜索和约束满足、知识表示和推理、自然语言处理、机器学习和神经网络、智能规划系统、机器人学等。

7.1.10　计算机网络

基于计算机系统和通信系统来构建的计算机网络,已经对现代社会产生了极大的影响。网络的硬件软件体系架构支持着丰富而且仍然不断扩展的应用。网络技术在计算学科中的地位日益重要。

1. 网络计算

网络计算领域关心的知识包括了计算机网络和协议、网络和多媒体系统、分布式计算、移动和无线计算等。所属的知识单元主要有:

(1)通信和组网技术。核心知识点是网络标准和标准体系、网络协议架构的典型模型、ISO 的 7 层参考模型和实用的 TCP/IP 模型。

(2)网络安全控制。知识点包括密码学基础、密钥算法、认证协议、数字签名等。

(3)网络管理。知识点有网络访问控制机制、域名服务、安全问题和防火墙、网络服务等。

(4)数据压缩和解压。知识点有数据编码和解码算法,无损压缩和有损压缩,一般数据、音频数据、视频数据的压缩和解压算法,执行的性能问题等。

(5)多媒体数据技术。知识点包括多媒体数据格式标准、多媒体输入输出设备、多媒体存储标准、多媒体服务器和文件系统、支持多媒体数据的开发工具等。

(6)无线和移动计算。知识点有无线网络和本地环路、无线标准和移动网络协议、移动计算模型、移动数据访问、支持工具、性能问题等。

2. Web 系统和技术

以因特网为代表的互联网技术基于 TCP/IP 协议,应用广泛,如电子邮件、WWW 网站访问和 B/S 方式架构等,在网络计算中占据重要地位。

Web 系统可以看作在因特网上实现的客户/服务器计算体系的一个实例。知识内容包括:

(1)Web 技术概念。例如服务器端程序、客户端脚本、Java 小程序、网关接口程序等;Web 服务器特点,如体系结构、文件管理和处理许可等;客户机的角色;Web 协议;创建管理Web 网站的工具;客户端程序开发、因特网信息服务器开发等。

(2)Web 系统应用。包括了网络应用层协议、Web 系统工程原则、数据库驱动 Web 网站、远程过程调用、分布式对象、中间件技术、开发支持工具、基于 Web 的企业级应用等。

7.1.11　信息技术

信息处理是计算机系统的基本功能。信息技术和信息系统是计算学科下属专业,它们的侧重点在于以计算机科学和计算机工程技术为支撑平台,研制满足用户需求的信息系统。除了共同的学科知识领域外,还应关注下列有针对性的知识领域。主要涉及信息资源的获取、部署、加工、管理和使用各方面的技术。

1. 信息技术基础

基础知识包括信息技术的主题和历史、信息原则、组织问题、信息技术的应用领域、数学和统计学在信息技术中的应用等。

2. 信息管理和信息管理系统

信息管理是计算机最广泛的应用领域之一,信息管理系统是一种应用软件。因为涉及海量数据的收集、存储、加工和检索等管理动作,信息管理系统用数据库系统作为支撑平台。除了通用的数据库技术外,信息管理领域还要关注以下知识:

(1) 大量信息的存储和检索技术。如电子文档、标记语言、语法和词法分析、文献信息、信息搜索策略、信息汇总和可视化、协议和搜索引擎等。

(2) 数据挖掘技术,就是在数据库访问过程中导出数据应用规律的技术。有关的知识点包括数据挖掘作用、关联和顺序模式、数据聚类技术、数据分析、数据清洗、数据可视化等。

(3) 多媒体信息系统。图像、视频、音频是常用的信息载体,即所谓的超文本和超媒体数据。有关的知识点包括超文本模型和结构,信息的表示、制作和同步,链接服务,协议,系统的实现技术等。

(4) 典型信息管理系统示例,比如数字图书馆。知识点有体系结构、提供的服务、知识产权管理、数据隐私和保护、归档保存和完整性等。

3. 信息保障与安全

在现代社会,信息系统已成为各种事务的平台,因此建立信息保障机制以保证信息系统安全运行极为重要。领域的知识包括安全领域的基础知识、信息安全机制、操作性问题、信息保障策略、威胁分析模型、攻击和抵御方法、安全服务、系统薄弱环节等。

7.1.12 职业素养

随着计算机应用渗透到人类社会的每一个角落,计算学科不仅要面对技术问题,而且要面对经济、文化、哲学和法律等方方面面的问题。学生不仅要学习专业理论和技术,还必须有能力分析计算技术和社会的双向影响,要认识专业的法律权利和责任,要遵守职业道德和行为规范。相关的知识领域如下。

1. 社会与职业问题

领域包含的有关知识点分列如下:

(1) 计算的历史和社会背景。计算机硬件、软件、网络的发展史,计算社会和网络社会内涵,因特网的社会影响,国际化问题。

(2) 哲学框架。功利主义和道德理论、科学道德问题、科学方法和哲学方法、道德争论及评价问题、道德选择和价值观。

(3) 职业责任和道德责任。职业化本质、职业依赖的社会价值和法律、职业从业员作用、对行为后果的清醒认识、道德和行为规范、骚扰和歧视处理、计算的"可接受使用"政策。

(4) 相关法律。计算机犯罪问题,包括历史实例、"黑客"行为、计算机病毒、犯罪预防策略。知识产权问题,包括版权、专利、商标、商业秘密,软件版权的侵犯,软件专利,知识产权的国际问题。隐私和公民自由问题,包括隐私保护法律和道德基础、数据库数据隐私含义、隐私保护技术策略、计算机空间中的言论自由问题、不同文化的影响。

（5）经济事务。垄断及其对经济的影响，熟练劳动力供求对计算产品质量的影响，计算领域的定价策略，访问计算机资源的差别及其影响。

（6）风险与责任。软件风险案例、软件复杂性含义、风险评估和管理。

2. 职业实践

知识单元包括团队工作的概念和问题、团队激励心理学、交流沟通技能、专业精神。

7.2　计算学科的社会与职业问题

计算学科的学生不但要学习专业技术知识，而且要了解和学科有关联的人文知识，包括社会问题、法律问题、职业道德问题和职业素养问题。影响计算学科发展的不仅是技术，还有社会、文化、法律、道德和职业素养等重要的人文因素。

7.2.1　计算技术对社会的冲击

自古以来，人类就从来没有停止过对计算技术的研究和改进。几千年以来，针对数据存储、数据加工个别环节的技术进步缓慢地推进着，从未间断。19 世纪末，机械式、电动式、电子式的通用计算机陆续研制成功。公认的第一台高速通用电子计算机 ENIAC 于 1946 年诞生。

然而，现代计算机的结构体系是由冯·诺依曼奠定的。从 20 世纪 50 年代至今，从主要元器件、软件，乃至体系结构的变迁使计算机经历了 4 代的发展历程，但是冯·诺依曼提出的基本结构体系仍未被根本取代。致力于非冯结构的新一代计算机虽然一直是近几十年的研究热点，但何时能够成为应用主流的前景并未明朗。

就像历史上蒸汽机和电的发明使人类进入了工业社会一样，计算机特别是计算机网络的应用使人类社会又出现了一次新的革命性巨变。

现代的每一种产业都离不开计算机，计算机的广泛应用产生了巨大的经济效益和社会效益。人类的工作方式和社会方式发生了翻天覆地的变化。比较一下人们现在相互通信和获取信息的方式与 30 年前的差别就够了。今天，连小玩具都是嵌入了计算机芯片的。不能想象今天人们离开计算机的情景，就像无法想象重回没有电和机器的世界一样。

正如核物理的发展既给人类带来核电站也带来了原子弹。工业文明使全球气候变暖，也有可能让人类面临灭顶之灾。就连工业化大养猪场出来的猪，味道都远不如农家猪那么香。科技从来都是一把双刃剑，计算机也不会只给社会带来正面的影响。基于计算机的犯罪手法、信息侵权，乃至对主权国家以及和谐社会的颠覆行为层出不穷。这就给人类社会带来新的挑战，这是 IT 行业每一个从业人员都应该意识到的。

7.2.2　相关法律

除了预防性的技术手段之外，法律是抑制计算机犯罪的重要手段。这是人类社会运行的常态。不但要研制各种锁，而且还要制定审理偷窃罪的法律。各国已经制定了针对滥用计算机、利用计算机进行欺诈和其他犯罪活动，以及保护计算机资源知识版权的相关法律。

我国在法制建设的过程中，也开始重视制定和计算机有关的法律和法规。近年来，已经颁布多部有关网络服务管理办法、保密和安全、出版物管理、软件和音像制品版权保护等方面的法律或者行政规定。同时也参加了保护知识产权的各种国际公约。当然,在法制建设特别是在执法方面我们还有很长的路要走。重要的是,每个IT产业从业人员都要有法律意识,使用计算机时要清醒什么是可以做的、什么是不能够做的。其次要认识到,各种法律法规是在保护IT产业的根本利益。软件公司投资千万,历尽艰辛开发的产品,卖了几个,然后全世界就都有了。不仅如此,有人还要给这种侵权行为戴上"反垄断""反暴利"的光环。如此下去,行业如何维持? 对我们这些从业人员和行业后备军又有什么好处? 虽然,遵守法律法规"知易行难",但无视它们的存在终究会受到惩罚。

我国刑法已明确的计算机犯罪行为包括非经授权入侵计算机系统,擅自删改系统数据或程序;故意制作、传播计算机病毒等。

法律不仅要保护国家安全,企业或个人的经济利益,也要保护公民隐私权。我国刑法、诉讼法都有公民隐私权的保护条文。有关网络安全和网络管理的法律法规也规定了用户的通信自由和通信秘密受法律保护,同时也不得侵犯他人隐私和合法权益。

现代社会对计算机和计算机网络的依赖形成了一个"网络世界",虚拟而又真实。人类热衷于在这个空间上交流信息和情感,甚至无法自拔。于是在这个"虚拟现实"世界中,应该维持什么尺度的言论自由就引起了广泛争议。如何规范网络上的信息发布自由仍然是国际社会面临的共同难题。

"人肉搜索"是否违法、是否侵犯他人隐私权? 美国总统提出《通信正当行为》法案,旋即被最高法院裁定侵犯了公民的言论自由权利,谁是谁非? 行政机关强行规定在计算机安装过滤软件,以防止人们接触不良信息,是否合法? 这种主观的好意是否太过"霸道",有可能剥夺人们获得信息自由之虞? 这些疑问都是全社会始终要回答的法律问题。

至于软件知识版权问题在3.1.4节已有概述。

7.2.3 职业道德和职业素养

信用机制和职业道德是支撑市场经济体系的两块基石,但是似乎仍然是历经多年改革已经成功转型的中国经济的短板。

如果说法律是警世的利剑,那么道德就是世人自律的支柱。道德选择依赖于对价值观和利益的选择,而选择的关键又在于道德评价准则。有人提出过评价道德选择的5项基本原则:自律、正义、行善、非邪恶、诚实。

除了一般意义的为人道德外,还存在职业道德,即从业人员、企业、享受服务的公众三者之间应有的关系准则。必须认识到,不管从事何种职业都必须遵从相应的职业道德,这样个人和企业才能够得以生存和发展,像IEEE和ACM这样著名的学术团体都制定了计算机软件从业人员应该遵守的行为规范。

道德规范要求我们关注服务对象的利益;忠实充当客户和雇主利益的代理人和委托人;尽量确保产品的可用性、高质量、完成期限、合理定价;坚持独立自主做出专业的判断;促进规范的管理方法;为人正直,维护职业声誉;有团队精神,公平对待同事;关注职业规范,提高职业能力。

在职业道德的指引下,从业人员就可以用正确的方式行事,不断提高自己的职业素养。IEEE提出过一些非常具体的职业行动指导方针,如充分理解和采纳不同的技术观点,行事避免主观,不带感情色彩;及早发现问题并在最低的管理层解决问题;利用企业的争端仲裁机构解决问题;独断独行要慎重;保留处事记录和备份重要文件;无法化解矛盾冲突时慎重考虑辞职行动;反映问题可以考虑采用匿名报告的方式;慎重考虑是否谋求让外部介入企业内部的冲突。

由于职业的特点,团队合作能力是 IT 行业从业人员非常重要的一种职业素养。团队有共同的业绩目标和利益,因此具有协同工作的责任和力量。团队的运作机制可以是单一领导的,也可以是集体领导的。评价团队成效的标准是业绩、是结果,而不能是工作活动的过程。虽然获取利益和承担责任是团队这个群体,但激发团队每一个成员的能力也是至关紧要的。

从管理的角度,要制定团队的物质激励和精神激励措施。前者的着眼点应该是团队整体,而后者的着眼点应该是成员个体。分配团队成员任务时要顾及个人能力和兴趣。要设计各种不同的沟通管道,充分沟通是团队同心协力的前提。鼓励成员参与决策,以增强团队凝聚力。注意使成员获得工作成就感。要给成员不断进修学习、增长才干的机会。

当然,从业人员也要主动融入团队。不但要提高团队合作的意识,而且本着团队原则和责任感,不断磨练自己的业务技能和沟通技巧。在完成团队整体绩效目标的过程中,体现出个人的价值。

计算学科把"社会和职业"列入知识领域是意味深长的(见 7.1.12 节)。大企业和社会机构的职业培训课程非常重视从业人员的职业道德和职业素养教育,这是国内大多数高等院校课程体系的薄弱环节,值得注意改进。

7.3 计算机安全

像计算机这样能够极其广泛、极其深刻地改变整个社会面貌的单一机器在人类历史中从来没有出现过,也许以后也难以再出现。社会运行对计算机的依赖使保障计算机安全的理论和技术研究成为计算学科十分重要的知识领域。我们必须采取技术和管理措施来保证计算机硬件、软件和数据的安全,使它们不会遭受恶意或者无意的破坏和泄露。防止数据丢失是计算机安全面临的首要问题。

7.3.1 计算机安全风险

计算机面临的安全风险可以分为三类:外部风险、内部风险和意外风险。

1. 外部风险

外部风险首先来自入侵者假冒合法用户身份,入侵系统发动攻击。黑客(hacker)采用非法手段避开计算机系统的存取控制进入系统。尽管黑客自己声称的目的形形色色,但是他们对计算机安全的威胁是确确实实的。

计算机病毒的传播是危害计算机安全的另一种外来风险。病毒是一类人为编写的小程序,运行目的是破坏计算机正常运行功能,或者篡改、窃取数据。病毒程序常常可以自我复制,通过网络蔓延到其他计算机系统。病毒的爆发和传染还可以设计成由特定条件引发,破坏更加隐蔽和突然。目前已经发现的病毒种类数不胜数,新病毒仍然在不断产生。

木马程序(Trojan virus)是比较流行的一种病毒。它不会自我繁殖也不主动感染其他文件,而是隐藏起来向远程黑客提供被感染计算机的门户,以便非法进入用户的机器。木马可以和正常程序甚至图片文件绑定,在用户不经意之时潜入系统藏匿,以后每当系统启动,木马程序都能自动运行,和黑客的远程控制端程序连接通信。可见木马病毒主要目的不在于破坏用户的系统而在于窃取用户信息。

有些病毒可以虚耗用户系统的资源,使系统拒绝正常服务请求,实际上陷入瘫痪状态。多种病毒会删改或者封锁用户程序和数据,以达到特定的破坏目的。

总之,黑客和病毒这样的外来威胁已经成为政治、经济、军事的斗争手段,甚至可以作为战争武器,其例子屡见不鲜。

2. 内部风险

企业内部和计算机系统有业务联系的人员众多。内部人员的无意错失或者有意作弊都会带来安全风险。而技术上的局限性使得计算机硬件和软件本身存在固有的缺陷,这也是不能忽视的内部安全风险。

从 CPU 芯片到存储器、电源都不可能绝对排除发生故障的可能,对于像航天飞行这样的应用就会带来致命的风险,不可能不采取预防性安全措施。操作系统是计算机必不可少的基础软件,但存在脆弱性。操作系统可以动态连接服务和操作,可以创建远程控制进程,可以有权限无限的超级用户,种种固有的系统功能构造显然可以被非法入侵者利用,

3. 意外风险

计算机系统和网络处在自然环境中,不可能没有环境风险。除了可以想到的各种自然灾害之处,一些容易忽略的问题,如机器和传输线路对环境的电磁波辐射,都会带来意外的安全风险。

7.3.2　计算机安全措施

针对计算机的各类安全风险,必须按照系统的重要程度,从技术、管理、设备和环境各个方面采取措施,以保障系统的安全运行。

1. 服务权限控制

首要的安全措施是访问权限控制。系统必须设防,使入侵者不能以合法身份轻易进入系统。不但要设立用户标志和进入口令,而且要有预设的规定。比如一些系统会强制规定和核查用户的口令,有长度要求,有组成字符类别数量的要求,还可以有必须包含大写字母、运算符之类的特别要求,目的是尽量增加标志和口令的猜测难度。又如可以细分用户服务权限,使不同级别的用户进入系统后只能执行相应操作,访问相应数据;可以设立运行日志,记录系统内所有操作动作和涉及数据,起"监视录像"的作用。

2. 数据加密

数据加密是更有效的安全措施。即使所有权限控制措施都未能阻止入侵,如果被窃取的是加密的数据,那么破解信息含义也不会是一件轻而易举的事。对网络环境的数据传送而言,加密技术是基本的信息安全措施。

信息发送方把发送数据经加密钥匙(encryption key)和加密函数转换成为密文,从而把信息隐藏起来。接收方则利用解密钥匙和解密函数,把密文重新还原为原文。各种不同的数据加密算法都要考虑如何选择密钥,如何规定加密、解密过程。对加密算法的研究是计算

学科知识领域的重要组成部分。

最初的一类算法只使用一个密钥，发送方加密后把密钥传给接收方解密，通常称为对称密钥或专用密钥。优点是处理简单、速度快、效率高，缺点是密钥的管理和传送容易出漏洞。密钥一旦丢失加密就完全失败，这是许多文艺作品都出现过的情节。

另一类算法规定加密、解密必须使用不同的密钥，一个可以公开，另一个保持私密；一个用于加密，另一个用于解密，所以又称非对称密钥。用户拥有一对公钥、私钥，它们之间存在数学关系，但是难以由公钥推导出私钥。因此公钥可以公开发布。通常，向用户发送信息时要取用这个公钥进行数据加密。用户接收到密文之后，必须使用单独持有的私钥才能够进行解密。所以不必担心第三方窃取数据。

如果有必要确认数据的确切出处，就要使用身份认证技术了。电子认证技术旨在确认数据传送过程中发送方和接收方的合法身份。数字签名和数字证书是常用的认证手段。

3. 数字签名

数字签名基于非对称密钥算法。用加密函数把文本转换为一个数值，用发送方的私钥对这个值加密形成数字签名，连同文本一起发送。接收方对接收到的文本用加密函数进行相同的转换得到一个数值，再用发送方公钥对数字签名解密又得到一个值。如果这两个数值相等，则说明文本来自确定的发送方。注意数字签名用私钥加密而成，而且和传送数据相关，这样就可以确保：信息的确由签名者发出，不存在假冒；文本从签发到接收过程中，不存在被伪造或者篡改。

4. 数字证书

数据传送过程中，可以利用数字证书识别参与通信各方的身份。数字证书由证书授权中心发行。授权中心由政府部门认定，充当权威、公正、可以信赖的第三方机构。数字证书文件的基本信息包括：用户身份标志、拥有的公钥、证书授权中心的电子签名。开展计算机应用业务的任何合法机构都应该申领它的数字证书，如同每个人都应该申领身份证一般。

5. 杀毒软件

计算机病毒已经泛滥，构成重大安全威胁，配备杀毒软件是必不可少的防范措施。杀毒软件通过扫描分析发现病毒并使之失效。一般用户应定期启动查杀操作，重要用户要立足于防范，应当安装实时监测功能的杀毒软件。计算机病毒层出不穷，杀毒软件必须不断升级，要随时更新病毒样板库，这样才能抵御新出现的计算机病毒。用户要养成良好操作习惯，不要随意点击自己不熟悉的网络链接，避免误入假冒的"钓鱼网站"。不下载不打开来历不明的文件，这样才能最大限度地防范病毒入侵。

病毒流行会有一些区域特征，可以考虑选择国内厂商的产品。

6. 其他安全技术措施

技术上还有其他可以采用的安全措施，比如安装"防火墙"（firewall）。防火墙由软件和必要的硬件组成，用以隔离内部网络和外部网络、专用网络和公共网络、个人计算机和接入网络。防火墙的基本功能是在信息传输过程中提供检查控制，确定是否允许数据通过，过滤未授权服务以降低风险，从而起一种"安全网关"的作用。

鉴于操作系统的固有风险，以及国外主流产品不可能公开源代码，这就给计算机系统带来了安全隐患。在政府、国防、国民经济重要部门运行的计算机系统必须考虑采用国产具有高安全性能的操作系统,以提高信息安全保护的级别。

即使采取多种安全防范措施,也难以做到万无一失。系统崩溃可以重启,软件被破坏可以重装,而数据受损只能依靠备份数据恢复。更改数据时,系统软件通常会实时记录数据的改前、改后值。维护人员日常必须定期备份数据。备份应在数据重要程度、数据量、允许的操作时间等诸因素之间取得平衡,为此要制定详尽的备份计划。多长时间间隔做一次全量备份,多长的时间做增量备份,甚至哪些备份要异地保存,都要有严格规定。管理维护人员必须按章执行。

7. 管理层面的安全措施

只采用技术手段来防范计算机安全风险是不够的,必须结合全面的、多层次的管理措施才能使技术手段避免失效。例如使用非对称密钥算法加密数据,第三方解密是极其困难的,但是如果私钥丢失外传,安全技术手段必然彻底失效。因此需要有严密制度管理私钥分发、保管、使用、作废的全过程,才能有效防范安全风险。

管理防范措施是多层面的。国家必须颁布专门法律,如安全法、保护法、保密法等,明确涉及人员的权利义务和法律责任,惩罚计算机犯罪及危害计算机安全的行为,努力开展国际合作共同维护计算机安全,否则难以应对在因特网这样的跨境应用环境中出现的犯罪行为。行业领导机构要制定各种法规,规范行业行为,堵塞安全漏洞。企业要设立计算机安全管理制度,约束企业所有员工。

典型的企业计算机安全管理制度应该包括下列内容:

建立安全保障组织机构体系,明确各级安全负责人,规定员工应有的安全职责。

对计算机安全涉及的方方面面制定具体的、可以明确执行的操作规定和行为规范,包括机房、办公环境及相关设备硬软件的管理规定。

对企业内部计算机系统立项、开发、集成、运行、操作、废止的管理规定。

对企业和外部网络,特别是和因特网的连接,及网络日常运行,客户端使用的管理规定。

对企业文档、数据、口令、密钥的储存、使用、备份、恢复细则的管理规定。

对企业外部人员进入系统的管理规定。

对企业计算机安全措施的监测、检查、评估、审核的管理规定。

发生自然灾难或突发事件时的应对预案。

执行安全管理制度的奖惩规定。

8. 环境和设备的安全措施

计算机系统的物理环境条件是安全的基本因素。机房的选址要求地质稳定,自然灾害稀少,出入方便。要配备充足的环境参数控制手段,控制好温度、湿度、空气洁净度,能抵御腐蚀、虫害,尤其不能忽略场地的电磁波封闭性能。外来电磁波可能对系统产生干扰,而系统工作时产生的电磁辐射外泄是信息被窃取的隐秘渠道。至于在有关区域采取各种物理措施,防止外来入侵的必要性是不言而喻的。

计算机安全防范已经成为计算学科重要的研究领域,但安全风险依然会长期存在。尽管技术措施和管理措施越来越有效,但是计算机用户的自律更为重要。今天因特网的触角已经伸展到社会每一个角落,网上的有害信息数不胜数,诈骗网站比比皆是,这是目前技术和管理水平无法杜绝的。有害信息或内容反动、危害国家安全,或宣传封建迷信、海淫海盗毒害心灵,或鼓吹暴力引诱犯罪,或散布虚假消息实施诈骗。此外,有害信息还往往隐藏了计算机病毒、间谍软件,伺机潜入访问用户的系统,造成计算机安全隐患。所以人人必须有法律、规章制度、安全防范的自觉意识,不放纵自己使用计算机的行为。这样做有利于个人,有利于所服务的企业,有利于国家。

习 题

1. 讨论:把社会和职业问题列入计算学科知识领域的意义。
2. 列出标识计算机各个发展阶段中主要元器件和软件的不同特征。
3. 用你身边的事例说明计算机和计算机网络如何影响社会。
4. 尽量收集和 IT 行业有关的我国法律和行政规定。
5. 依据我国相关的法律,使用盗版软件是否违法?
6. 离职时,复制或删除自己以往开发的软件是否违法?
7. 讨论:IT 行业法律法规"知易行难"的原因何在?
8. 人们不太会偷东西,但会不假思索地使用盗版软件。请分析这种现象的原因。
9. 讨论:遍布都市公共地域的监视录像头是否侵犯了公民隐私权?
10. 讨论:政府管理机构是否有权自行决定封闭哪些网站?
11. 列出软件从业人员应该遵从的职业道德规范要点。
12. 一个团队和一个班级会有哪些差别?
13. 讨论:以个人的能力和贡献奖励个体有助于激励团队合作吗?
14. 你觉得哪些个人品格和职业素养会有利于团队合作?
15. 讨论:如何才能保护软件的知识产权?
16. 讨论:遇到过哪些计算机安全问题?如何防范?

木 章 小 结

计算学科研究信息描述和变换信息算法的知识总和,包括理论、设计、实现和应用等不同层次。

计算学科可设立计算机科学、计算机工程、软件工程、信息技术和信息系统等计算学科专业。它们具有不同侧重点的知识领域。

由 ACM 和 IEEE 等学术团体提出的计算学科的知识领域、知识单元和知识点结构,为高等院校的学科建设、专业建设指引了方向,也是相关专业学生制定职业规划和自主学习计划的指南。

计算学科的学生不但要学习专业技术知识,而且要关注和学科有关联的人文知识,包括社会问题、法律问题、职业道德问题和职业素养问题。

保障计算机安全的理论和技术是计算机学科重要的知识领域。

涉及本章内容的后续专业课程包括社会与职业道德、社会信息学、计算机信息安全等。

参 考 文 献

[1] Brookshear J G. 计算机科学概论. 8 版. 俞嘉惠,方存正译. 北京:清华大学出版社,2005.

[2] Brookshear J G. 计算机科学概论. 6 版,北京:人民邮电出版社,2002.

[3] Forouzan B A. 计算机科学导论. 刘艺,段立,钟维亚,等,译. 北京:机械工业出版社,2004.

[4] Hutchinson S E. 信息技术与应用导论. 7 版. 北京:高等教育出版社,2002.

[5] O'Leary. 计算机科学引论. 北京:高等教育出版社,2000.

[6] Tanenbaum A S. 计算机网络. 3 版. 熊桂喜,王小虎,译. 北京:清华大学出版社,2000.

[7] Stallings W. 计算机局部网络导论. 胡道元,吴建平,史美林,等,译. 北京:清华大学出版社,1988.

[8] 王珊,等. 数据库系统概论. 4 版. 北京:高等教育出版社,2006.

[9] Date C J. 数据库系统导论. 7 版. 北京:机械工业出版社,2003.

[10] Tanenbaum A S. Operating Systems. NJ:Prentice Hall,1987.

[11] 汤子瀛,等. 计算机操作系统. 西安:西安电子科技大学出版社,1999.

[12] 钱能. C++程序设计教程. 北京:清华大学出版社,2003.

[13] 严蔚敏,等. 数据结构. 北京:清华大学出版社,1999.

[14] 白中英. 计算机组成原理. 北京:科学出版社,2000.

[15] Pfleeger S L. 软件工程. 北京:高等教育出版社,2001.

[16] 杨文龙,等. 软件工程. 北京:电子工业出版社,1997.

[17] 黄思曾,等. 软件开发规范的实施文档. 广州:中山大学出版社,1991.

[18] 郭平欣,等. 汉字信息处理技术. 北京:国防工业出版社,1985.

[19] 董荣胜. 计算机科学导论——思想和方法. 北京:高等教育出版社,2007.

[20] 教育部高等学校计算机科学与技术教学指导委员会. 高等教育计算机科学与技术发展战略研究报告暨专业规范. 北京:高等教育出版社,2006.